动物细胞培养技术

主　编　王永芬　杨　爽
副主编　赵绪永　谢亚利　田　锦
主　审　边传周(郑州牧业工程高等专科学校)
编　委　(按姓氏笔画排序)
马　辉(郑州牧业工程高等专科学校)
王永芬(郑州牧业工程高等专科学校)
田　锦(北京农业职业学院)
李华玮(郑州牧业工程高等专科学校)
杨　爽(黑龙江生物科技职业学院)
郑　鸣(郑州牧业工程高等专科学校)
赵绪永(郑州牧业工程高等专科学校)
陶海静(郑州牧业工程高等专科学校)
谢亚利(新疆轻工职业技术学院)

华中科技大学出版社
中国·武汉

内 容 提 要

本教材根据高职学生的特点与动物细胞培养技术相关职业岗位的任职要求，以学生综合职业能力的培养为核心编写而成，分为基础篇、应用篇、实践技能操作篇三个模块，每个模块下设若干工作项目，工作项目由若干工作任务组成，工作任务后设有思考题和知识拓展栏目。本教材重点讲解了动物细胞培养前的准备工作、原代培养与传代培养操作技术和细胞冷冻保存与复苏技术等基本技能；以病毒的细胞培养、单克隆抗体的制备为载体，详细介绍了动物细胞培养技术在实践中的关键应用；以操作流程为主线，以团队互动、多元化评价的教学组织为特色，设计了十二个实践项目。教材编写力求通俗易懂、图文并茂，可读性强、实用性强；适于高职院校生物类专业、医药类专业以及相关专业的教学使用，同时也可作为生物技术类企业员工培训或其他相关技术人员的学习参考用书。

图书在版编目(CIP)数据

动物细胞培养技术/王永芬　杨　爽　主编. —武汉：华中科技大学出版社，2012.7（2022.1重印）
ISBN 978-7-5609-8072-0

Ⅰ.动…　Ⅱ.①王…　②杨…　Ⅲ.动物-细胞培养-高等职业教育-教材　Ⅳ.Q954.6

中国版本图书馆 CIP 数据核字(2012)第 112198 号

动物细胞培养技术　　　　王永芬　杨　爽　主编

策划编辑：王新华
责任编辑：王新华
封面设计：刘　卉
责任校对：何　欢
责任监印：徐　露
出版发行：华中科技大学出版社(中国·武汉)　　电话：(027)81321913
　　　　　武汉市东湖新技术开发区华工科技园　　邮编：430223
录　　排：华中科技大学惠友文印中心
印　　刷：广东虎彩云印刷有限公司
开　　本：787mm×1092mm　1/16
印　　张：14
字　　数：336 千字
版　　次：2022 年 1 月第 1 版第 6 次印刷
定　　价：39.80 元

本书若有印装质量问题，请向出版社营销中心调换
全国免费服务热线：400-6679-118　竭诚为您服务

全国高职高专生物类课程“十二五”规划教材建设单位名单

（排名不分先后）

天津现代职业技术学院
信阳农业高等专科学校
包头轻工职业技术学院
武汉职业技术学院
泉州医学高等专科学校
济宁职业技术学院
潍坊职业学院
山西林业职业技术学院
黑龙江生物科技职业学院
威海职业学院
辽宁经济职业技术学院
黑龙江林业职业技术学院
江苏食品职业技术学院
广东科贸职业学院
开封大学
杨凌职业技术学院
北京农业职业学院
黑龙江农业职业技术学院
襄阳职业技术学院
咸宁职业技术学院
天津开发区职业技术学院
江苏联合职业技术学院淮安生物工程分院
保定职业技术学院
云南林业职业技术学院
河南城建学院
许昌职业技术学院
宁夏工商职业技术学院
河北旅游职业学院
山东畜牧兽医职业学院
山东职业学院
阜阳职业技术学院
抚州职业技术学院
郧阳师范高等专科学校
贵州轻工职业技术学院
沈阳医学院
郑州牧业工程高等专科学校
广东食品药品职业学院
温州科技职业学院
黑龙江农垦科技职业学院
新疆轻工职业技术学院
鹤壁职业技术学院
郑州师范学院
烟台工程职业技术学院
江苏建康职业学院
商丘职业技术学院
北京电子科技职业学院
平顶山工业职业技术学院
亳州职业技术学院
北京科技职业学院
沧州职业技术学院
长沙环境保护职业技术学院
常州工程职业技术学院
成都农业科技职业学院
大连职业技术学院
福建生物工程职业技术学院
甘肃农业职业技术学院
广东新安职业技术学院
汉中职业技术学院
河北化工医药职业技术学院
黑龙江农业经济职业学院
黑龙江生态工程职业学院
湖北轻工职业技术学院
湖南生物机电职业技术学院
江苏农林职业技术学院
荆州职业技术学院
辽宁卫生职业技术学院
聊城职业技术学院
内江职业技术学院
内蒙古农业大学职业技术学院
南充职业技术学院
南通职业大学
濮阳职业技术学院
七台河制药厂
青岛职业技术学院
三门峡职业技术学院
山西运城农业职业技术学院
上海农林职业技术学院
沈阳药科大学高等职业技术学院
四川工商职业技术学院
渭南职业技术学院
武汉软件工程职业学院
咸阳职业技术学院
云南国防工业职业技术学院
重庆三峡职业学院

前言

动物细胞培养技术是一门实践性很强的学科，已经成为当今生命科学各研究领域的基础技术和基本技能，在整个生物技术产业发展中起着关键作用。目前我国各类高等院校中的生命科学类相关专业都纷纷开设了动物细胞培养技术这门课程。在华中科技大学出版社的大力支持下，我们按照教高[2006]16号文件精神要求，以工学结合为突破口，以动物细胞培养工作流程为导向，以学生综合职业能力的培养为本位，以实践性、职业性、应用性为特色，进行了《动物细胞培养技术》高职类教材的开发与建设。

本教材以动物细胞培养技术的“基本技能——实践应用——实操训练”为主线分为三个模块，每个模块下设若干工作项目，工作项目由若干工作任务组成，工作任务后设有思考题和知识拓展栏目。在基础模块和应用模块中，按照学生认知规律和动物细胞培养的基本流程，先介绍细胞培养前的准备工作、原代培养与传代培养操作技术及细胞冷冻保存与复苏技术；然后以病毒的细胞培养、单克隆抗体的制备为载体，介绍动物细胞培养技术在实践中的具体应用。在实践技能操作模块中，设置与生产实践相结合的项目背景，以操作流程为主线，以团队互动、多元化评价的教学组织为特色，激发学生的学习兴趣，提升学生的职业素养。

本教材的编写体现“以就业为导向、必需、够用”的原则，不仅关注到了高职学生特点与动物细胞培养技术相关职业岗位要求的有机结合，而且在语言上力求通俗易懂，言简意赅，在形式上讲究图文并茂，可读性强。本教材适于高职院校生物类专业、医药类专业以及相关专业的教学使用，同时也可作为生物技术类企业员工培训或其他相关技术人员的学习参考用书。

本教材的编写得到郑州后羿制药有限公司、洛阳普莱柯生物工程有限公司、郑州方欣生物科技有限责任公司等生物制品类企业专家们的悉心指导，得到了参编院校领导和老师的大力支持和帮助，国家级教学名师、生物技术及应用专业国家级教学团队带头人——郑州牧业工程高等专科学校边传周教授对全书进行了审订，华中科技大学出版社的编辑们为本书的出版付出了艰辛的劳动，在此本书作者特向他们表示衷心的感谢！

由于动物细胞培养技术发展迅速，企业生产工艺更新快，编者深感知识浅薄，能力、水平有限。虽然经过多次讨论修改，但疏漏之处在所难免，敬请各位专家同仁批评指正，并欢迎广大读者提出宝贵意见。

编　者

2012 年 3 月

目录

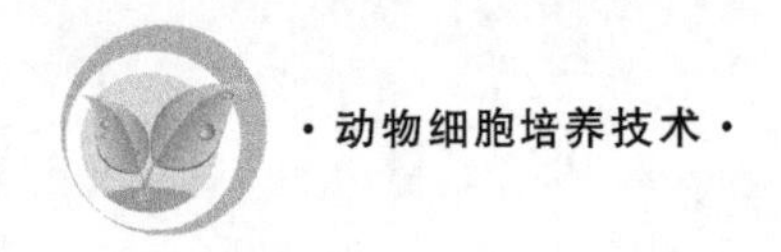

模块一

基 础 篇

动物细胞培养是指从动物体内取出组织或细胞，在体外模拟体内环境使其生长繁殖，并维持其结构和功能的一种培养技术。动物细胞培养广泛应用于生物学和医学的各个领域，且在整个生物技术产业的发展中具有关键作用。本模块是动物细胞培养技术的基础篇，主要讲述动物细胞培养的基础知识和常规操作技术，包括动物细胞培养技术的内涵和基本要求、动物细胞培养前的准备工作、动物细胞的原代培养、动物细胞的传代培养、培养细胞的常规检查和生物学检测、污染的检测和排除、动物细胞的大规模培养、动物细胞的冷冻保存与复苏等。通过本模块的学习，不仅可使学生熟悉动物细胞培养实验室的布局、常用仪器设备的功能和使用方法，掌握动物细胞培养的常规实验技术，而且可培养学生的团队合作精神，让学生养成良好的实验习惯和无菌操作意识。

项目一　认识动物细胞培养技术

有人认为，做细胞培养工作，只要掌握了培养技术，细胞生长了，就算大功告成，其他的似乎无关紧要。这是一种片面的观念。从事细胞培养不能仅满足于技术操作，尤其在设备完善和科技快速发展的今天，掌握培养方法并非难事，更为主要的，一是需要明白各种操作的基本原理，二是具备判断细胞生长好坏以及是否发生污染的能力，三要熟悉体外培养细胞的生存条件、细胞的生物学性状和与此有关的基本理论知识。这些对于科研工作者和辅助技术人员都是必要的。本项目主要阐述动物细胞培养技术的内涵与应用、体外培养的动物细胞的生物学特性及动物细胞培养的基本要求和工作方法。通过本项目的学习，了解动物细胞培养的发展史，掌握动物细胞培养的基本概念、优缺点以及动物细胞培养在生产领域中的应用。

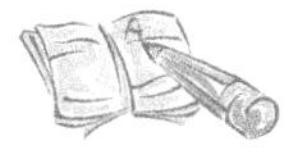

任务 1　动物细胞培养技术的内涵与应用

一、细胞培养的基本概念

细胞培养是一种体外培养技术，细胞培养和传统的组织培养既有区别又有联系。

体外培养(in vitro culture)是指从生物体活体内取出组织(多指组织块),在模拟体内特定的生理环境等条件下,进行培养,使之生存并生长。体外培养可分为细胞培养、组织培养和器官培养。

(1) 细胞培养(cell culture)是指细胞(包括单个细胞)在体外条件下的生长。动物细胞培养(animal cell culture)是指将从动物活体内取出的组织用机械或消化的方法分散成单细胞悬液,然后模拟体内环境,进行培养,使其生存、生长并维持其结构与功能的技术。动物细胞培养的对象为单个细胞或细胞群,细胞不再形成组织,但在实际工作中,常将它扩展至组织培养与器官培养。

(2) 组织培养(tissue culture)的本意是指从体内取出组织和细胞,模拟体内生理环境,在无菌、适当温度和一定营养条件下,使之生存和生长并维持其结构和功能的技术。但在培养组织的过程中,现代的培养技术尚不能在体外维持组织的结构和机能长期不变,生存环境的改变、培养时间过长,特别是反复传代,都很容易导致细胞发生变化或出现单一化现象,即趋向于变成单一类型细胞,最终便也成了细胞培养。

(3) 器官培养(organ culture)的对象是器官的原基、器官的一部分或整个器官(一般是胚胎器官),应用和组织培养相似的条件,使之在体外生存、生长并保持一定的结构和功能特征的技术。器官培养的对象在体外也可能发生一定程度的分化,但始终保持着器官的基本结构和功能特征。

体外培养过程如图 1-1 所示。

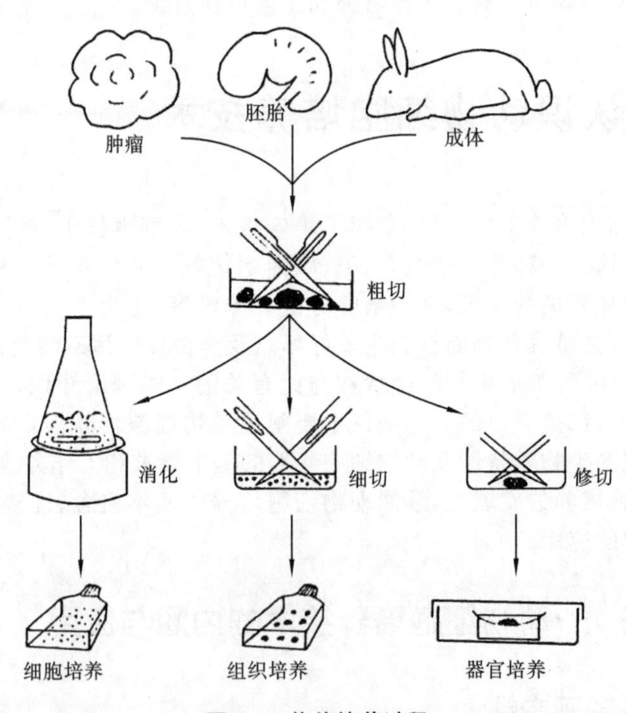

图 1-1 体外培养过程

二、动物细胞培养的发展史

细胞培养技术的发展经历了百余年的时间，现已广泛应用于生物学和医学等研究领域。1885 年，德国人 W. Roux 用温热的生理盐水在体外培养鸡胚髓板，使之存活了数天，第一次取得组织块人工培养的成功，并首次采用了“tissue culture”这个词组，被认为是组织培养的萌芽实验。1906 年，Beebe 和 Ewing 用盖玻片悬滴培养法，以动物血清做培养基，培养狗淋巴细胞，使之存活了 72 h，并观察到了细胞生长现象。

现代细胞培养是从 R. Harrison 和 A. Carrel 两人开始的。1907 年，Harrison 参考前人的经验，创建了盖玻片覆盖凹窝玻璃悬滴培养法（图 1-2）。此法的基本技术是在无菌条件下，将蛙胚髓管部的小片神经组织接种于一加有蛙淋巴液的盖玻片上，然后翻转盖玻片，使组织小片和淋巴液悬挂在盖玻片的表面，再将这块盖玻片密封在一个下凹的载玻板之上。通过这种技术，在体外培养存活了数周，并观察到了神经细胞突起的生长过程，建立了体外培养组织和细胞的基本模式系统，Harrison 被称为动物细胞培养的奠基人。

Carrel 在进一步改进组织培养技术方面也作出了很大贡献，他把严格的外科无菌操作引进到组织培养技术中来。1912 年，Carrel 用血浆包埋组织块外加胎汁的培养法，并采用了更新培养基和分离组织的传代措施，在没有抗生素的情况下，培养鸡胚心肌组织长达数年之久。他指出，用反复传代的方法使细胞系存活三四年之久是可行的。1923 年，他又设计了卡氏培养瓶（Carrel flask）（图 1-3）。使用这种瓶容易避免组织的偶然性污染，扩大组织的生存空间，同时也能简化许多维持长期培养所需的操作。卡氏培养瓶至今仍被实验室采用。

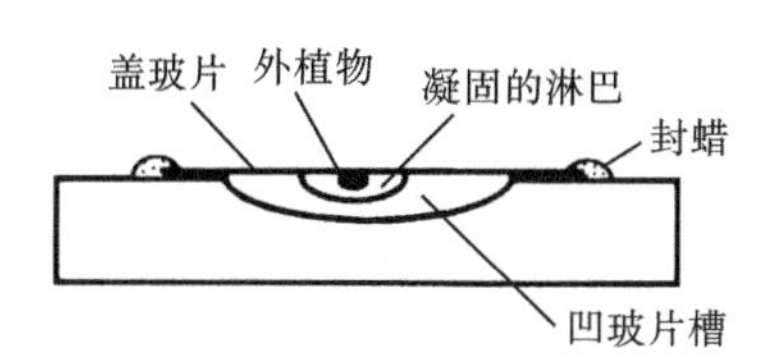

图 1-2 Harrison 悬滴培养法

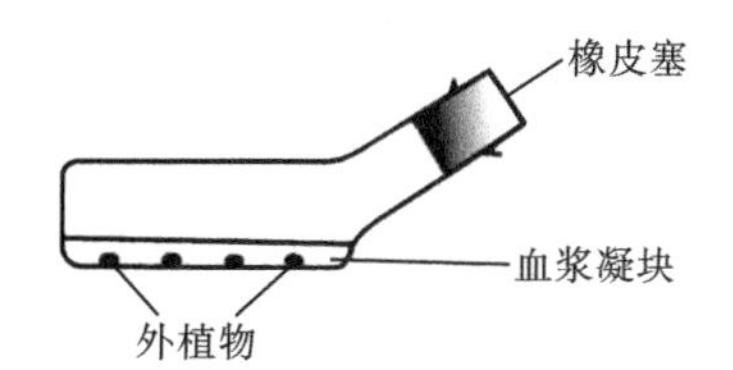

图 1-3 卡氏培养瓶

从 20 世纪 50 年代起，细胞培养开始进入迅速发展的阶段。相继有很多学者从改进培养操作方法、培养容器和培养基三个方面，进行了很多革新。在卡氏培养瓶设计原理的启示下，相继出现了各种类型的培养瓶、培养皿、试管、多孔培养板。培养基也由天然动物血浆改进为人工合成培养基，促细胞生长物质也由胎汁改进为动物血清。与此同时，培养操作方法的革新也非常迅速。1952—1957 年，Sanford 和 Dulbecco 等人采用胰蛋白酶消化处理和应用液体培养基的方法，建立了单层细胞培养技术，此后单层细胞培养技术便成为组织培养普遍应用的技术，并建立了许多细胞系和细胞株，大大促进了组织培养技术的发展。1952 年，Gey 等建立了第一个连续的人细胞系，即 HeLa 细胞系；随着 X 射线照射的饲养层概念被引入克隆技术，1955 年 Puck 克隆了 HeLa 细胞。20 世纪 50 年代也是化学合成培养基快速发展的年代，并最终导致无血清培养基的问世。

20 世纪 50 年代末，随着生物科学和技术的相互渗透，遗传学和生物化学的相互结

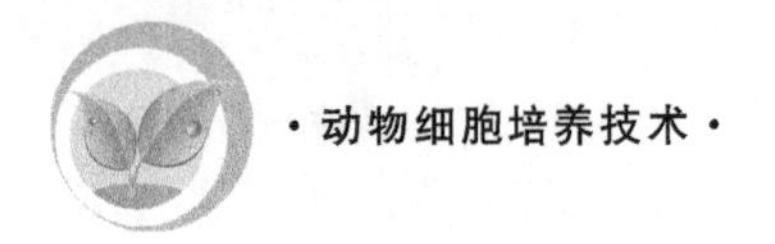

合，出现了分子遗传学、分子生物学、细胞工程等新兴科学，这些新科学的形成和发展都与细胞培养有着密切关系。

1962年，Okata发现仙台病毒(Sendal virus)可诱发艾氏腹水瘤细胞融合形成多核细胞，为动物细胞融合技术的发展奠定了基础。1975年，诺贝尔医学和生理学奖获得者Cesar Milstein和Geoger Kohler将免疫小鼠的脾细胞和小鼠骨髓瘤细胞进行融合，获得了既能在体外无限繁殖，又能产生特异性抗体的杂交瘤细胞，有力地促进了免疫学的发展。

细胞培养技术发展迅速，试管植物、试管动物、转基因生物反应器等相继问世。以色列科学家用胚胎干细胞培养出人类心脏组织，它可以正常跳动；美国科学家培养出造血先驱细胞，中国科学家培养出胃和肠黏膜组织等。1977年，英国科学家利用胚胎工程技术成功地培养出世界首例试管婴儿；1997年，英国科学家首次克隆出绵羊“多利”；2001年，英国科学家又培育出首批转基因猪。

早在20世纪30年代，细胞培养技术就已传入我国。张钧、鲍鉴清曾分别在上海和北平倡导过细胞培养方法，并进行了一些实验工作。1952年，鲍鉴清在天津建立了组织培养实验室并编写了《组织培养技术》，之后，北京、上海、武汉、长春等地也相继建立了一些用于研究或制备生物制品的细胞培养室。20世纪60年代细胞培养技术有了进一步的发展。20世纪70年代后，细胞培养技术在我国已不再是个别实验室所拥有的技术，而成为医学和生物学研究中普遍应用的手段。近二十年来我国已建立了人和各种动物肿瘤及其他细胞系。细胞培养技术已被广泛用于生物学和医学研究的各个领域，包括用各种理化措施诱发遗传欠缺细胞株、应用细胞杂交瘤技术制备单克隆抗体、用培养细胞检测环境中可疑致癌物质、癌基因转染和细胞转化等。

细胞培养和组织培养发展史中的关键事件见表1-1。

表1-1 细胞培养和组织培养发展史中的关键事件

时　间	事　件	参考文献
1907年	蛙胚神经纤维在体外的生长	Harrison,1907
1912年	鸡结缔组织外植块培养，心肌收缩达2～3个月	Carrel,1912;Burrows,1912
1916年	胰蛋白酶消化和外植块传代	Rous and Jones,1916
20世纪二三十年代	成纤维细胞系传代	Carrel and Ebeling,1923
1925—1926年	器官培养的体外分化	Strangeways and Fell,1925,1926
20世纪40年代	抗生素用于组织培养	Keilova,1948
1943年	小鼠成纤维细胞系L-细胞的建立，第一个连续细胞系	Earle et al,1943
1948年	L-细胞的克隆化	Sanford et al,1948
1949年	病毒在细胞培养中的生长	Enders et al,1949
1952年	胰蛋白酶用于复制传代，病毒蚀斑实验	Dulbecco,1952

续表

时　间	事　件	参考文献
1952 年	从宫颈癌中建立第一个人细胞系(HeLa) 核移植	Gey et al,1952 Briggs and King,1952
1954 年	成纤维细胞运动的接触抑制 在猴肾细胞中制备脊髓灰质炎疫苗	Abercrombie and Heaysman,1954 Griffiths,1991
1955 年	在同源饲养层上克隆化 HeLa 细胞 合成培养基问世 合成培养基需要血清生长因子	Puck and Marcus,1955 Eagle,1955,1959 Sanford et al,1955;Harris,1959
20 世纪 50 年代后期	认识到支原体(PPLO)感染的重要性	Coriell et al,1958;Nelson,1960
1961 年	正常人细胞有限生命期的定义 细胞融合-体细胞杂交	Hayflick and Moorhead,1961 Sorieul and Ephrussi,1961
1962 年	BHK21 的建立和转化 (垂体和肾上腺肿瘤)分化的维持	Hacpherson and Stoker,1962 Buonassisi et al,1962;Yasamura et al,1966
1963 年	3T3 细胞和自发性转化	Todaro and Green,1963
1964 年	胚胎干细胞的多能性 在琼脂上选择转化细胞	Kleinsmith and Piece,1964 Marcpherson and Montagnier,1964
1964—1969 年	用 WI38 人肺成纤维细胞生产狂犬病、风疹疫苗	Wiktor et al,1964;Andzaparidze,1968
1965 年	中国仓鼠细胞无血清克隆化 异核体细胞——人-小鼠杂种细胞	Ham,1965 Harris and Watkins,1965
1966 年	神经生长因子 大鼠干细胞癌的分化	Levi-Montalcini,1966 Thompson et al,1966
1967 年	表皮生长因子 HeLa 细胞交叉污染 细胞增殖的密度限制 成淋巴样细胞系	Hooher and Cohen,1967 Gartler,1967 Stoker and Rubin,1967 Moore et al,1967;Gerper et al,1969;Miller et al,1971
1968 年	培养的正常成肌细胞保持分化状态 停泊非依赖性的细胞增殖	Yaffe,1968 Stoker et al,1968
1969 年	造血细胞的集落形成	Metcall,1969,1990
20 世纪 70 年代	层流超净台的问世	Kruse et al,1971;Collins and Kennedy,1979
1973 年	DNA 转移,磷酸钙	Graham and Van der Eb,1973
1975 年	成纤维细胞生长因子 杂交瘤-单克隆抗体	Gospodarowicz et al,1975 Kohler and Milstein,1975

续表

时　间	事　件	参考文献
1976 年	胚胎干细胞的全能性 补充生长因子的无血清培养基	Illmensee and Minz,1976 Hayashi and Sato,1976
1977 年	证实许多细胞系被 HeLa 细胞交叉污染 3T3 饲养层和皮肤培养	Nelson-Rees and Flandermeyer, 1977;Rheinwald and Green,1977
1978 年	MCDB-选择性无血清培养基 基质相互作用 细胞形态和生长控制	Ham and McKeehan,1978 Gospodarowicz et al, 1978; Reid and Rojkind,1979 Folkman and Moscona,1978
20 世纪 80 年代	基因表达调控 癌基因,恶性和转化	Darnell,1982 Weinberg,1989
1980 年	从 EHS 肉瘤提取基质细胞周期调控	Hassell et al,1980
1980—1987 年	SV40 引起的永生化 众多特化细胞系的建立	Evans et al,1983;Nurse,1990 Huschtscha and Holliday,1983 Peehl and Ham, 1980; Hammond et al,1984;Knedler and Ham,1987
1983 年	重组的皮肤培养物	Bell et al,1983
1984 年	在哺乳动物细胞中生产重组组织型纤溶酶原激活物	Collen et al,1984
20 世纪 90 年代	利用转化细胞以工业化的规模进行生物制药	Butler,1991
1991 年	人成体间充质干细胞的培养	Caplan,1991
1998 年	组织工程软骨 人胚胎干细胞培养	Aigner et al,1998 Thomoson et al,1998
2000 年至今	人类基因组计划:基因组学、蛋白质组学、遗传缺陷和表达失误 组织工程探索	Dennise et al, 2001; Atala and Lanza,2002 Vunjak-Novakovic and Freshney, 2004
2010 年	WAVE 生物反应器平台灵活用于多种宿主细胞培养工艺和规模放大	Kristin DeFife, 2010; Leigh Pierce,2010

三、动物细胞培养的优点和缺点

细胞培养是一种方法和技术,也是一门实验科学,在现代医学和生物科学研究中应用极为广泛,这与其一系列的优点是分不开的,具体包括以下几个方面。

(1) 研究对象是活的离体细胞。根据要求可始终保持细胞的活力,并可长时间监控、检测,甚至定量评估一部分活细胞的情况,包括其形态、结构和生命活动等。

(2) 研究内容便于观察、检测和记录。利用细胞培养技术研究细胞的生命活动规律，可以很方便地采用各种实验技术和方法来观察、检测和记录。例如，通过倒置相差显微镜等直接观察活的细胞；应用缩时电影技术、摄像或者通过闭路电视长时间连续记录和观察培养细胞的体外生长情况，可以直观揭示培养细胞的生命活动规律以及对所施加因素的反应；利用同位素标记、放射免疫等方法检测细胞内的物质合成和代谢变化等。

(3) 研究条件可以人为地控制。进行体外细胞培养实验时，可以根据需要控制 pH 值、温度、O_2浓度、CO_2浓度等物理化学条件，并且可以做到相对的恒定。同时，可以施加化学、物理、生物等因素作为实验条件，这些因素同样可以处于严格控制之中。细胞培养技术使得在细胞存活的基础上独立研究细胞的生命活动、逐项研究细胞生存条件和细胞功能成为可能。

(4) 样品的特征和均一性。细胞培养可同时提供大量均一性较好的细胞群，降低实验成本。取自一般组织的样本，其细胞类型多样，即使是来源于同一组织，也不可能做到均一性。但是体外培养一定代数的细胞，所得到的细胞系或细胞株则可达到细胞类型单一、细胞周期同步、生物学性状基本相同以及对实验因素反应一致等。这是因为每次传代时细胞随机混合，培养条件的选择性压力利于最有活力的细胞生长，进而产生性质较均一的培养物。需要时，还可采用克隆化等方法使细胞达到纯化。因此，细胞系的特征在经过几次传代后可能固定下来，如果储存于液氮中则该特性可永久保持。由于实验的复制样品基本上是相同的，因此不需要进行变异性的统计学分析。由于细胞培养可以提供大量均一性较好的实验样本，有时可比体内实验成本低得多。例如，一个需要 100 只鼠才能得出结论的实验可能只用 100 片盖玻片或几个多孔培养板就可获得具有相同统计学意义的结果。

(5) 经济性、规模化和机械化。在进行体外培养对某种物质的筛选和重复性实验时，培养细胞可以受到低浓度、成分明确的试剂的直接作用，而体内注射时 90% 的试剂因排泄或并未分布到所研究的其他组织中而丢失，因此体外实验更经济，并且可避免动物实验存在的法律、道德和伦理问题。多孔培养板和自动化技术方面的新进展也使细胞培养更加经济有效，细胞培养已成为生物制品、单克隆抗体和基因工程制品等的生产手段。通过扩大细胞培养系统容量，可以大规模培养动物细胞以生产生物制品。目前，利用动物细胞大规模培养技术所生产的生物产品包括酶、单克隆抗体以及多种疫苗等生物制品或基因工程产品。

细胞培养的优点见表 1-2。

表 1-2 细胞培养的优点

范 畴	优 点
生理-化学环境	控制 pH 值、温度、渗透压、可溶性气体
生理条件	控制激素和营养物质的浓度
微环境	调控基质、细胞-细胞间相互作用及气体弥散
细胞系均一性	可应用选择性培养基，克隆化方法
性质确定	易用细胞学和免疫染色来完成

续表

范　畴	优　点
保存	在液氮中保存
真实性和可信性	可鉴别并记录其来源、历史及纯度
复制和变异性	易定量分析
节省试剂	容积减少，直接作用于细胞，成本较低
CXT 控制	可确定剂量、浓度(c)和时间(t)
机械化	可微量滴定和自动化
减少动物的使用	药物、化妆品等的细胞毒性实验和筛选

当然，细胞培养虽然具有以上一系列的优点，但也有以下几点不足之处。

(1) 细胞培养环境与体内环境相比，仍有很大的差异。组织和细胞离体以后，独立生存在人工培养环境中，即使当前模拟体内技术发展很快，但与体内环境相比，仍有很大差异。因此在利用培养细胞做实验对象时，不应视为与体内细胞完全一样，轻易得出与体内等同的结论。

(2) 体外培养的动物细胞对营养的要求比较高。动物细胞培养液中往往需要多种氨基酸、维生素、辅酶、核酸、嘌呤、嘧啶、激素和生长因子等，在很多情况下还需加入10%的胎牛血清或新生牛血清。

(3) 动物细胞生长缓慢，对环境条件要求严格。动物细胞培养必须在严格的无菌条件下进行，因为动物细胞的生长比常见的污染微生物都要慢得多。此外，与微生物不同，正常状态下多细胞动物的细胞不能孤立存在，因而如果没有一个复杂的环境刺激和血浆或组织液的作用，它们将不能维持独立的存活状态。动物细胞培养不仅需要严格的防污染措施，同时还需用空气、氧、二氧化碳和氮的混合气体进行供氧和调节 pH 值。

(4) 量的问题。细胞培养的一个主要局限性在于所付出的大量劳动和物质只能够生产相当少的一些组织。对于绝大多数小型实验室，每批的实际最大产量可能只有1～10 g细胞，一个较大型的实验室，如稍作努力并在设备上多些投入，每批的产量则有可能达到10～100 g，100 g 以上的产量则意味着达到了企业化的小规模生产水平，这是大多数实验室难以做到的。用培养的方式来生产细胞所需的投入要比直接用动物组织高出10倍，因此，当要采用培养的方法生产10 g 以上的组织时，就必须提供足以令人信服的理由。

(5) 不稳定性是许多连续性细胞系所面临的主要问题。这是由它们的染色体组成不稳定所导致的。即便是未转化的细胞经过短期培养，细胞群体中生长速率和分化能力上的异质性也能导致细胞代与代之间的差异。

四、动物细胞培养技术的应用

现代生物技术包括基因工程、细胞工程、酶工程和发酵工程，这些技术的发展几乎都与细胞培养有密切的关系，特别是在生物和医药领域，细胞培养具有特殊的作用。比如基因工程药物或疫苗在研究和生产过程中很多是通过细胞培养来实现的，基因工程乙肝疫苗大多是以CHO细胞作为载体，基因工程抗体药物的制备也离不开细胞培养；细胞工程领域更离不开细胞培养技术，杂交瘤单克隆抗体的研究和制备完全是通过细胞培养来实现的；发酵工程和酶工程也与细胞培养密切相关。总之，细胞培养在整个生物技术产业的发展中起到了核心作用。

（1）动物细胞培养技术在生物学基础研究中的应用。

体外培养的动物细胞具有培养条件可人为控制且便于观察、检测的特点，因而可广泛应用于生物学领域的基础研究中。

① 细胞生物学。动物细胞培养可用于研究动物的正常或病理细胞的形态、生长发育、营养、代谢以及病变等微观过程。

② 遗传学研究。除可用培养的动物细胞进行染色体分析外，还可结合细胞融合技术建立细胞遗传学，进行遗传分析和杂交育种。

③ 病毒学研究。细胞培养为病毒的增殖提供了场所，细胞是分离病毒最好的和最方便的基质，利用细胞培养可准确进行病毒定性和定量的研究。另外，用细胞进行病毒增殖也是制备减毒活疫苗和诊断用抗原的一种主要方法。用培养的动物细胞代替实验动物做斑点分析，不仅方法简便、准确，而且重复性好。

（2）动物细胞培养技术在临床医学上的应用。

① 可用于疾病的诊断。目前，人们已经能够用羊膜穿刺技术获得脱落于羊水中的胎儿细胞，经培养后进行染色体分析或甲胎蛋白检测，可诊断出胎儿是否患有遗传性疾病或先天畸形，以此可避免先天残疾儿的诞生。现在用这种方法已能检测出几十种代谢性遗传缺陷疾病和先天畸形疾病。我国的科学工作者改进了淋巴细胞的培养方法，从而使癌基因携带者的染色体表现出明显高于常人的畸变率，这就从细胞分子水平揭示了癌症的病理、病因，并为癌症的早期诊断和预防提供了科学依据。

② 可用于临床治疗。目前已有将正常骨髓细胞经大量培养后植入造血障碍症患者体内进行治疗的报道。另外，利用动物细胞培养技术生产的生物大分子制品也可用于治疗某些代谢缺陷疾病，如利用动物细胞培养技术生产的重组人促红细胞生成素(rHuEPO)在临床上可用于治疗肾衰性贫血、癌症患者化疗后贫血，并对择期手术者的自身输血血液储备有极显著的效果。

③ 可用于新药筛选和药物效应的检测。例如，可用于化学合成药物药效研究、中药有效成分筛选与鉴定等。采用体外培养的动物细胞测试药物效应，不仅比用动物做实验经济，而且药物能直接与细胞接触，获得的实验结果更迅速、直观。同时，检测具有组织特异性的药物时，可选用相应的细胞，如检测抗癌药物可选用癌细胞，检测治疗肝病的药物可选用肝细胞。

（3）动物细胞培养技术在动物育种上的应用。

在胚胎工程中，体外培养卵母细胞并进行体外受精、胚胎分割和移植已发展成为一种较成熟的技术而应用于家畜的繁殖生产中。另外，分离和培养具有多潜能性的胚胎干细胞，还可用于动物克隆、细胞诱导分化、动物育种的研究，并可作为基因转移的高效表达载体。胚胎干细胞的研究成果和克隆羊“多利”的问世已为动物遗传育种开辟了一条新途径。

(4) 动物细胞培养技术在大分子生物制品生产上的应用。

利用动物细胞大规模培养技术生产大分子生物制品始于20世纪60年代，当时是为了满足生产FMD(foot-and-mouth disease，口蹄疫)疫苗的需要。后来随着大规模培养技术的逐渐成熟和转基因技术的发展与应用，人们发现利用动物细胞大规模培养技术来生产大分子药用蛋白比利用原核细胞表达系统更有优越性。

① 疫苗的生产。例如，病毒性疫苗(肝炎病毒疫苗、艾滋病疫苗等)、肿瘤疫苗(多肽疫苗)等的生产。用Vero细胞高密度培养工业化生产疫苗，用鸡胚细胞生产鸡法氏囊病、新城疫、马立克氏病等多种疫苗。

② 基因工程药物的生产。例如，在临床医学中具有治疗价值的一些细胞生长因子(如干扰素、粒细胞生长因子、胸腺肽等)的生产。用转基因技术克隆hEPO基因，并在GHO-DHFR细胞中表达，生产重组人促红细胞生成素等。

③ 诊断用和药用单克隆抗体的生产。包括诊断用单克隆抗体、治疗用单克隆抗体的生产。

④ 细胞工程药物的生产。包括生物细胞内的一些生物活性多肽和生物活性物质(如人参皂甙、紫杉醇等)的生产。

目前，可用动物细胞生产的生物制品有各类疫苗、干扰素、激素、酶、生长因子、病毒杀虫剂、单克隆抗体等，其销售收入已占到世界生物技术产品的一半以上。随着动物细胞培养技术的发展，以后还会有更多的生物制品被开发，并造福于人类。

知识拓展

突破性技术:高通量培养细胞

细胞培养已经成为一种在生命科学领域的基础研究和临床应用研究中被广泛应用的实验技术，从药物研发到疫苗研制，再到基因功能的分析，都离不开细胞培养。细胞培养基本上是一项繁重的、大多需要手动的操作技术，但是近期Fraunhofer制造技术与自动化研究所联合马普协会分子细胞生物学研究所等研发了一个可完全自动培养细胞的系统。这台仪器(图1-4)的出现意味着细胞培养全自动时代的到来。

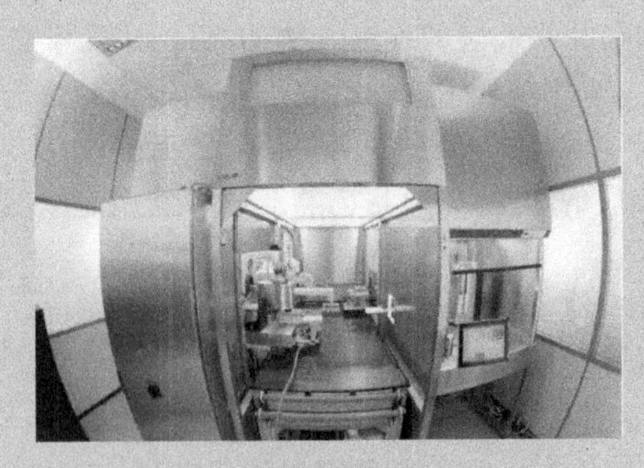

图1-4　全自动培养细胞系统

思考题

1. 动物细胞培养技术现已应用到哪些领域？请举例说明。
2. 什么是细胞培养？它与组织培养有何区别和联系？
3. 细胞培养技术有何优点和缺点？

任务 2　体外培养动物细胞的生物学特性

体外培养的组织细胞源于生物体内，其生物学特征具有两重性。一方面，它的基本生物学特征仍与体内细胞的相似；另一方面，培养物在体外条件下生长，由于生长环境的差异，尤其是失去了有机体整体的生长调节机制，许多生长生物学行为将会发生改变，形成了其特有的生长、分化及增殖规律。

一、体外培养细胞的生长方式及类型

体外培养的细胞，按其生长方式可分为贴附生长型与悬浮生长型两大类。

1. 贴附生长型细胞

贴附生长型细胞为能附着于底物（支持物）表面生长的细胞，又称为贴壁依赖性细胞。活体体内的细胞当被置于体外培养时大多数以贴附型方式生长。

目前已有很多种细胞能在体外培养生长，这些细胞在活体体内时，各自具有其特殊的形态，但是处于体外培养状态下的贴附生长型细胞则常在形态上表现单一化而失去其在体内原有的某些特征。贴附生长的体外培养的细胞从形态上大体可分为以下几类（图 1-5）。

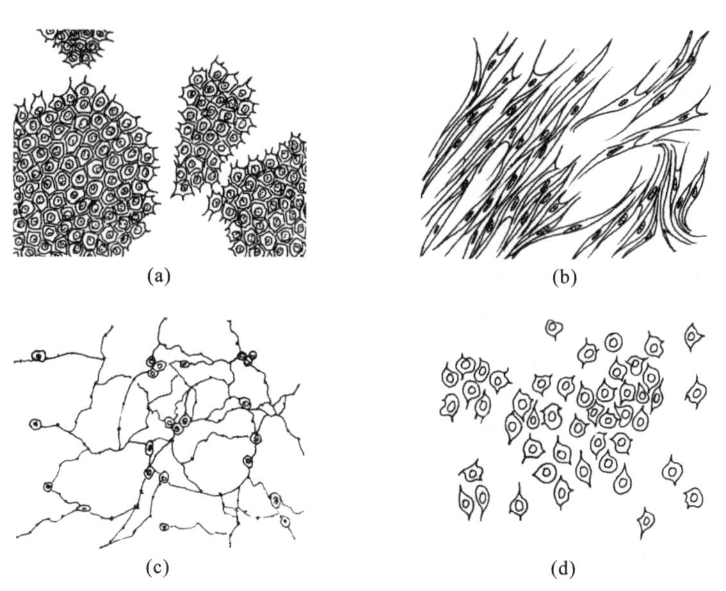

图 1-5　细胞的不同形态

(a)上皮型细胞；(b)成纤维型细胞；(c)游走型细胞；(d)多形型细胞

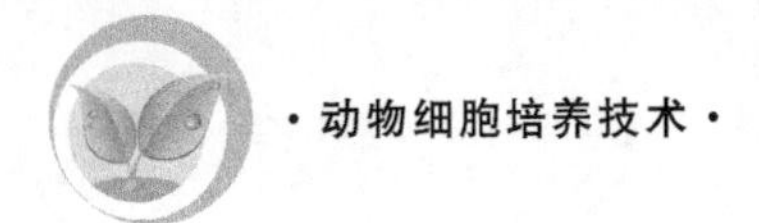

（1）上皮型细胞。这类细胞在形态上多呈扁平不规则多角形，卵圆形的细胞核位于细胞质的中央，细胞紧密相靠、互相衔接成片，或呈镶嵌状紧密排列，相互拥挤而呈现"铺路石"样。生长时呈膜状移动，处于膜边缘的细胞总与膜相连，很少单独行动。起源于内、外胚层的细胞（如皮肤表皮及其衍生物，消化管上皮，肝、胰、肺泡上皮等的细胞）皆为上皮型细胞。

（2）成纤维型细胞。起源于中胚层的组织细胞，体外培养时属于此类，如纤维结缔组织、平滑肌、心肌、血管内皮等在体外培养条件下都为成纤维型细胞。这类细胞的形态为纤维状，具有长短不等的数个细胞突起，因而多呈梭形、不规则三角形或扇形，核靠近细胞质的中央。其生长特点为，细胞不紧靠相连成片，而是排列为旋涡状、放射状或栅栏状。

（3）游走型细胞。游走型细胞在支持物上呈散在生长，一般不连成片，细胞质常伸出伪足或突起，呈活跃游走或变形运动，运动速度快而方向不规则，此型细胞不稳定，有时难以和其他细胞相区别。

（4）多形型细胞。多形型细胞由于难以确定其形态而得名，如神经细胞，难以确定其稳定的形态，可统归于此类。

以上分类仅是为了实际工作的方便而进行的笼统提法。体外的细胞不能等同于体内相应类型的细胞，仅是其形态与体内的上皮细胞的形态类似，而且仅是描述细胞的外形而并非说明细胞的起源，两种形态类似的细胞可能来自不同性质的细胞亚类。取自不同组织的上皮细胞，其生化特征及其原来的形态会有差异，而来自不同组织的形态相似的成纤维细胞，其发展的趋向可能并不相同。例如，可从脾脏及骨髓分别分离出形态相似的"成纤维细胞"，当接种这些细胞于同源的动物时，只有那些来自骨髓的"成纤维细胞"才有可能形成骨样组织。因此，采用上皮样细胞或成纤维样细胞这样的名词更为恰当。此外，体外培养的细胞的形态并不完全恒定，可因各种因素而发生改变，包括 pH 值、细胞密度、污染等的影响。例如，Vero 细胞（图 1-6）本身是上皮型细胞，但若培养的环境酸性或碱性过强，则可呈现为梭形而似成纤维细胞；有些细胞在高血清浓度生长时为细长的成纤维细胞状，在低血清浓度生长时则更似上皮细胞。

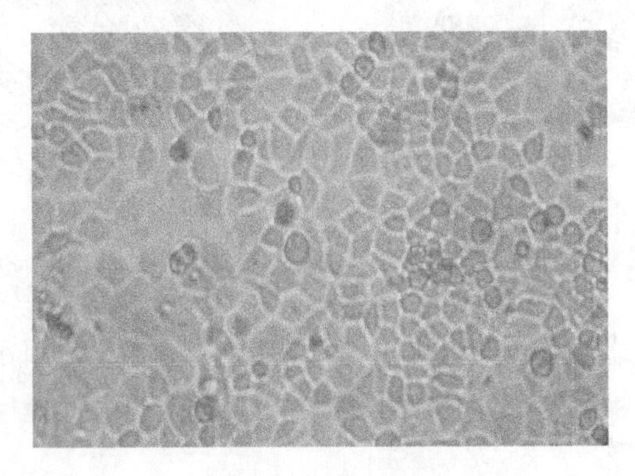

图 1-6　Vero 细胞

2. 悬浮生长型细胞

少数类型的细胞在体外培养时不需要附着于底物而在悬浮状态下即可生长，包括一些取自血、脾或骨髓的细胞(尤其是血液细胞)以及癌细胞。这些细胞在悬浮状态生长良好,多呈圆形。由于悬浮生长于培养液之中,因此其生存空间大,具有能够提供大量细胞、传代繁殖方便(只需稀释而不需消化处理)、易于收获等优点,并且适于进行血液病的研究。其缺点是不如贴附生长型细胞观察方便,而且并非所有的培养细胞都能悬浮生长。图 1-7 所示为悬浮生长的红细胞。

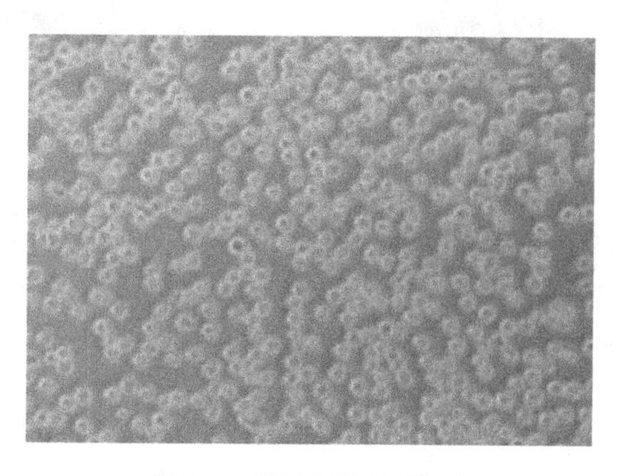

图 1-7 悬浮生长的红细胞

二、体外培养细胞的生长特点

细胞在体外培养生长时具有一些特点,突出的特点是贴附、接触抑制和密度抑制。

1. 贴附

贴附并伸展是多数体外培养细胞的基本生长特点。虽然血细胞(如淋巴细胞)在活体体内并无聚集的倾向并在体外可于悬浮状态下生长,但是大多数的哺乳动物细胞在体内和体外均附着于一定的底物而生长,这些底物可以是其他细胞、胶原、玻璃或塑料等。培养细胞在未贴附于底物之前一般呈球体样;当与底物贴附后,细胞将逐渐伸展而形成一定的形态,呈成纤维细胞样或上皮细胞样等。

细胞的贴附和伸展可分为几个阶段,以成纤维细胞为例,一般在接种细胞后 5～10 min 便可见细胞以伪足附着,与底物形成一些接触点;接着细胞逐渐呈放射状伸展开,细胞体的中心部分也随之变扁平;最后细胞呈成纤维细胞的形态。细胞的贴附和伸展如图 1-8 所示。图 1-9 所示为扫描电镜下大鼠成纤维细胞的贴附伸展过程。

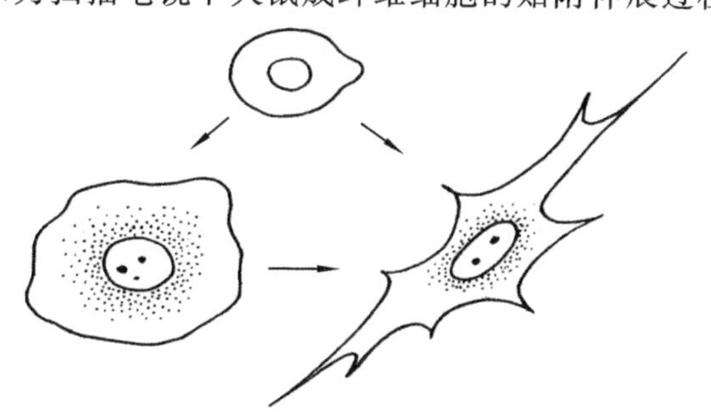

图 1-8 细胞的贴附和伸展

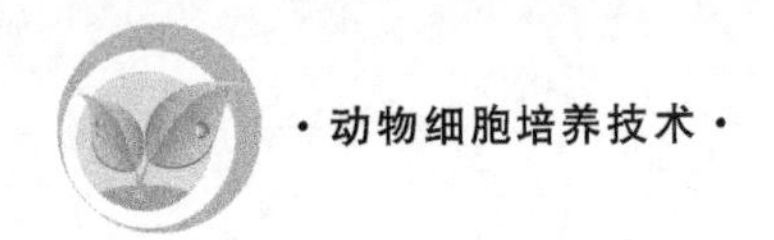

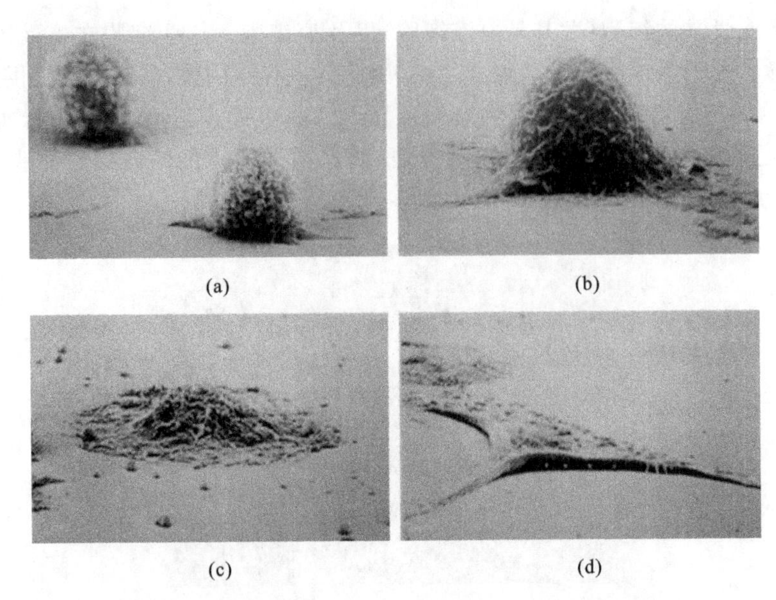

(a)　(b)　(c)　(d)

图 1-9　扫描电镜下大鼠成纤维细胞的贴附和伸展过程

(a)30 min,吸附;(b)60 min,接触;(c)2 h,贴壁;(d)24 h,扩展

细胞附着于底物是一种不需要能量的过程,一般认为与电荷有关。一些特殊的促细胞附着的物质(如基膜素、纤维连接素、Ⅲ型胶原、血清扩展因子等)可能参加细胞的贴附过程。这些促细胞附着因子均为蛋白质,存在于细胞膜表面或培养液血清之中。在培养过程中,这些带正电荷的促贴附因子先吸附于底物上,悬浮的圆形细胞再与已吸附有促贴附因子的底物附着,随后细胞将伸展成其原来的形态。一般来说,从底物脱离下来的贴附生长型细胞不能长时期在悬浮状态下生长,除非这是一些转化了的细胞或恶性肿瘤细胞。

细胞的贴附和伸展,首先需要底物具备一定的条件(如上述的促贴附因子等),此外还受一些其他因素的影响。例如:

(1) 离子的作用,如细胞的伸展需要有钙离子的存在,钙浓度低的培养液不利于细胞的伸展;

(2) 机械、物理因素也可影响细胞的附着,如低温或培养液的流动过快均可妨碍细胞的附着。

有些生物因素对细胞的伸展可能有影响,如表皮生长因子可刺激神经胶质细胞的皱褶样活动,成纤维细胞生长因子能减少 3T3 细胞在底物上的扁平程度。

2. 接触抑制

接触抑制(contact inhibition)是体外培养中某些贴附生长型细胞的生长特性之一,是指当一个细胞被其他细胞围绕以致无处可去而发生接触时,细胞不再移动,接触区域的细胞膜皱褶样运动停止的现象。在培养细胞的数量适宜的情况下,细胞膜会出现特征性的皱褶样活动,细胞快速生长增殖。随着细胞数量不断增多、生长空间渐趋减少,最后细胞相互接触汇合成片,发生接触抑制。接触抑制保证了正常细胞在培养中不会发生重叠,而恶性肿瘤细胞无接触抑制现象,因此接触抑制可作为区别正常细胞与转化细胞或恶性肿瘤细胞的标志之一。转化细胞或恶性肿瘤细胞由于无接触抑制而能继续移动和增殖,导致细胞向三维空间扩展,使细胞发生堆积。细胞接触汇合成片后,虽发生接触抑制,只要营养充分,细胞仍然能够维持生命活动。

3. 密度抑制

培养器皿中细胞过少或过密都会影响细胞的生长、增殖。当细胞贴附生长、汇合成单层时,细胞变得较为拥挤,而扁平的程度减少,与培养液的接触面减小,同时,培养液中的一些营养物逐渐被消耗掉,一些代谢产物的增加使 pH 值改变,此时单层细胞的分裂活动停止,这种细胞可在静止状态下存活一段时间,但不发生分裂增殖,这种生长特性称为密度抑制(density inhibition)。由于转化细胞和肿瘤细胞与正常细胞不同,因此可以生长至很高的细胞密度。

三、体外培养细胞的生长过程

(一) 单个细胞的生长过程:细胞周期

细胞周期(cell cycle) 是为研究细胞的生长行为而提出来的。细胞生长包括 DNA 合成及细胞分裂两个关键过程。细胞周期即一个母细胞分裂结束后形成新细胞至下一次分裂结束形成两个子细胞的时期,可分为间期和 M 期(分裂期)两个阶段。细胞群中多数细胞处于间期,少数细胞处于 M 期。一般间期较长,占细胞周期的 90%~95%;M 期较短,占细胞周期的 5%~10%。细胞种类不同,一个细胞周期的时间也不相同。

在间期,细胞完成生长过程,主要为 DNA 的合成,即遗传物质 DNA 的复制。在间期中,DNA 合成仅占其中的一段时间,称为 DNA 合成期(S 期);在 S 期之前和 S 期之后,分别有两个间隙阶段,称为 DNA 合成前期(G_1 期)及 DNA 合成后期(G_2 期)。因此,可将细胞周期归纳如下:

$$间期=G_1期+S期+G_2期$$

$$细胞周期=间期+M期=G_1期+S期+G_2期+M期$$

M 期为有丝分裂期,是细胞周期的终结期,此时每个细胞将分裂成 2 个子细胞。在 M 期,细胞所完成的主要是分裂,即遗传物质的分配。细胞处于分裂时称为分裂相。细胞分裂相的多少可作为判断细胞生长状态和增殖旺盛情况的重要参考指标。M 期很短,也较稳定,一般只有 1~2 h。细胞分裂的进程又分为前、中、后、末 4 期。

细胞周期见表 1-3 及图 1-10。

表 1-3 细胞周期

时期		细胞变化
间期	G_1 期	转录大量的 RNA 和合成大量的蛋白质,为 DNA 复制作准备
	S 期	DNA 复制,一个 DNA 分子复制出的两个 DNA 分子通过着丝点连在一起,与蛋白质结合形成 2 个姐妹染色单体
	G_2 期	为进入分裂期作准备

续表

时　期		细 胞 变 化
分裂期	前期	染色质转变成染色体；核膜解体，核仁消失；形成纺锤体
	中期	着丝点排列在赤道板中央；染色体数目最清晰，形态最固定
	后期	着丝点分裂，染色单体分裂，在纺锤丝牵引下移向细胞两极
	末期	染色体转变成染色质；核膜重建，核仁出现；纺锤体解体 赤道板→细胞板→细胞壁

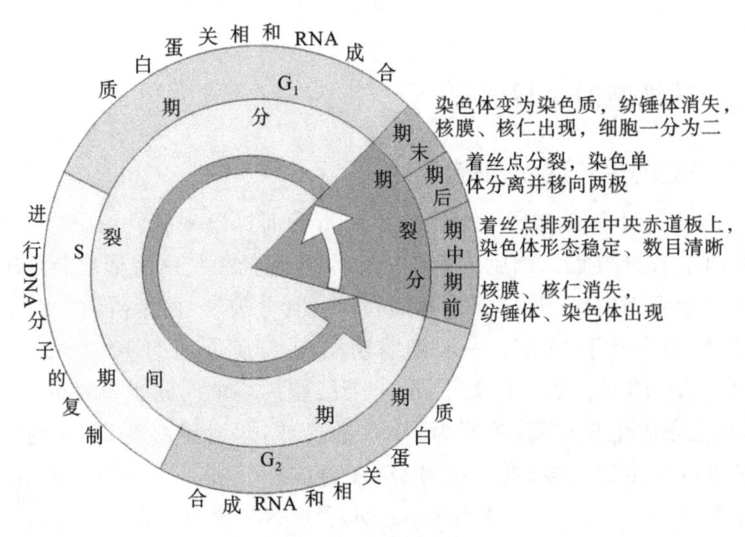

图 1-10　细胞周期

(二) 细胞系的生长过程

1. 概述

取自动物并置于体外培养中生长的细胞在其传代之前称为原代培养或原代细胞。当细胞持续生长繁殖一段时间，达到一定的细胞密度之后，就应将细胞分离成两部分(或更多)至新的培养器皿并补充更新培养液，此即传代(passage)或再培养(subculture)。传代生长以后，便成为细胞系(cell line)。一般正常细胞的这种细胞系的寿命只能维持一定的时间期限，称为有限生长细胞系(limited growth line)。

因此，在体外培养的细胞，其生命的期限并非无限的。当细胞自动物体内取出后，在培养中大多数的细胞仅在有限的时间内持续生长，然后将自行停止生长。即使提供这种细胞生长所需的包括血清在内的营养物质，细胞最终仍会死亡。细胞系在培养中能够存活时间的长短主要取决于细胞来自于何种动物。例如，人胚成纤维细胞约可培养 50 代；恒河猴的皮肤成纤维细胞能传代超过 40 代；鸡胚胎成纤维细胞在培养中则最多只有少数克隆能群体倍增 30 多次；小鼠成纤维细胞的寿命最短，正常者多数生长 8 代左右。

在体外培养时，不同组织来源以及不同年龄的人成纤维细胞的平均寿命也是不同的。例如，从年老的个体取得的成纤维细胞的寿命比取自年轻者的短。此外，可能影响培养细胞寿命的因素还有培养的条件等，如在上皮细胞的培养液中加入表皮生长因子，则可使之延缓衰老，寿命可从 50 代延长到 150 代。虽然体外培养的细胞最终会死亡，但还是可以生长一段时间。例如，培养成纤维细胞，若从 10^6 个细胞开始，理论上成倍生长 50 次即可产生 $10^6 \times 2^{50}$ 个细胞。因此，若小心地按一定的操作要求维持其生长，一个培养物有可能用于研究一段相当长的时间。

2. 体外培养细胞的寿命过程

体外培养细胞的寿命过程一般分为以下三个阶段。图 1-11 所示为体外培养细胞的整个生命活动过程。

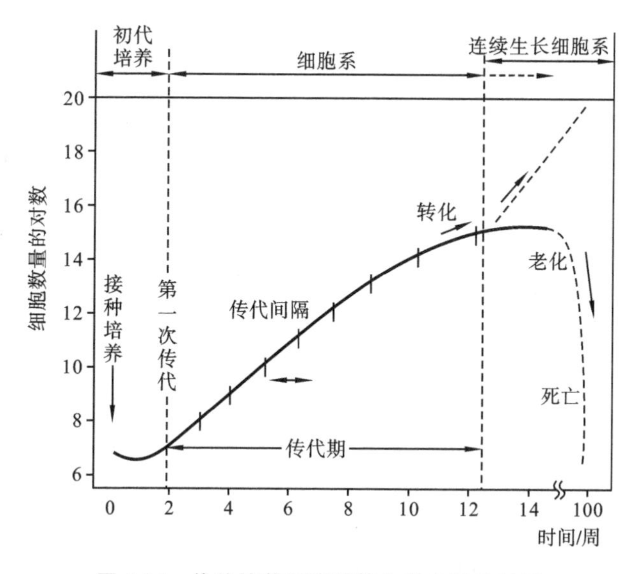

图 1-11　体外培养细胞的整个生命活动过程

（1）原代培养或初代培养期：指新鲜组织自体内取出并在体外培养生长至第一次传代的时期，一般为 1～4 周。原代培养通常为异质性，含较少的生长组分，为二倍体核型。此期中的细胞移动比较活跃，有细胞分裂但并不旺盛。原代培养的细胞与体内相应的细胞性状相似，更能代表其来源组织的细胞类型及组织特异性。因此，原代细胞是良好的实验对象，如用于药物实验等。但需要注意的是此期生长细胞包含的类型较多。

（2）传代期：原代培养的细胞生长一定时间后，即融合成片而逐渐铺满底物的表面。此时，便应将原代细胞分开接种至 2 个或更多个新的培养器皿中，即传代。传代大约数天至一周即可重复一次，持续数月，即为细胞系，一般是有限细胞系。传代期的细胞增殖旺盛，一般仍然是二倍体核型，并保留原组织细胞的很多特征。但当继续长期反复传代，细胞将逐渐失去其二倍体性质，至一定期限后（一般为传代 30～50 次后）细胞增殖变慢以至于停止分裂，于是进入衰退期。

（3）衰退期：一般有限细胞系在此期开始时虽仍然存活，但增殖已很缓慢并逐渐完全停止，进而细胞发生衰退、死亡，此即体外培养细胞的“危机期（crisis）”。有限细胞系在生长过程中若不能通过“危机期”，将进入衰退期而趋于死亡。但是，并非所有原代培养的传代细胞最后全部发生死亡，传代中偶尔可有极少的后代细胞能通过“危机期”，获得不死性而具有持久或无限增殖的能力。这种细胞称为无限细胞系或连续生长细胞系（infinite cell line)。培养细胞是否可以获得无限繁殖生长的能力，与其种族、来源及性质有关。例如，鸡细胞在数次成倍生长后即死亡，即使是鸡的肿瘤细胞也不能成为连续生长细胞系；人的肿瘤细胞有可能无限地生长；啮齿类动物的胚胎期细胞较易形成不死性的连续生长细胞系。至今，国际及国内已建立了许多细胞系，其中大多数来自肿瘤。

3. 细胞的生长过程

如上所述，置于体外培养的细胞，如条件合适，将生长繁殖。在培养器皿中，细胞繁殖到一定程度后，供培养生长的区域被细胞占满，培养液中的营养物质被耗尽，如不及时传代，原代细胞最终死亡。有限细胞系经过一定的代数之后，最终衰退而死亡；连续生长细胞系则因具不死性而可永久地传代、生长。细胞自接种至新培养瓶中，至其下一次再传代接种的时间为细胞的一代(generation)。每代细胞的生长过程可分为三个阶段：细胞先进入生长缓慢的滞留阶段，然后为增殖迅速的对数生长期，最后到达生长停止的平台期。每一代细胞的生长过程如图 1-12 所示。

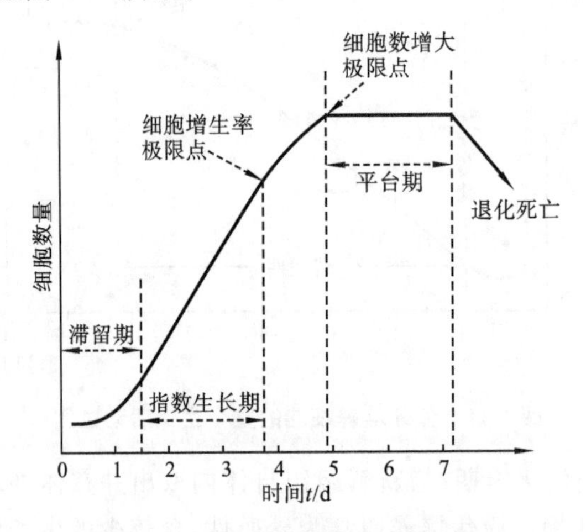

图 1-12　每一代细胞的生长过程

(1) 滞留期：包括悬浮期(游离期)及潜伏期。当细胞接种入新的培养器皿，不论是何种细胞类型，其原来的形态如何，此时细胞的细胞质回缩，胞体均呈圆球形。这些细胞先悬浮于培养液中，短时间后，那些尚可能存活的细胞即开始附着于底物，并逐渐伸展，恢复其原来的形态。再经过潜伏期，此时细胞已存活，具有代谢及运动活动但尚无增殖发生。然后出现细胞分裂并逐渐增多而进入对数生长期。一般细胞滞留期不长，为 24～96 h。肿瘤细胞及连续生长细胞系则更短，可少于 24 h。

(2) 对数生长期：又称指数生长期。此期细胞增殖旺盛，成倍增长，活力最佳，适用于进行实验研究。细胞生长增殖状况可以细胞倍增情况(细胞群体倍增时间)及细胞分裂指数等来判断。在此阶段，若细胞处于理想的培养条件，将不断生长繁殖，细胞数量日渐增加。细胞将接触连成一片，逐渐铺满培养器皿底物，提供细胞生长的区域逐渐减少甚至消失，因接触抑制细胞运动停止，因密度抑制细胞终止分裂，细胞不再繁殖而进入平台期。此期的长短因细胞本身特性及培养条件而不完全相同，一般可持续 3～5 d。

(3) 平台期：又称生长停止期。此期可供细胞生长的底物面积已被生长的细胞所占满，细胞虽尚有活力但已不再分裂增殖。此时细胞虽已停止生长，但仍存在代谢活动并可继续存活一定的时间。若及时分离培养、进行传代，将细胞分开接种至新的培养器皿并补充新鲜培养液，细胞将于新的培养器皿中成为下一代的细胞而再次繁殖。否则，若传代不及时，细胞将因中毒而发生改变，甚至脱落、死亡。

每次传代接种后，若在细胞的生长繁殖过程中进行检测计数，可以绘制成曲线，称为生长曲线。细胞的生长曲线各具特点，是该细胞生物学特性指标之一。

四、影响动物细胞体外生长的因素

体外培养的细胞脱离了在体内时的调节和控制，独立面对生长环境中的各种因素，只有适应体外环境条件才能生长。除了向培养基(液)中释放代谢产物或者分泌一些生物活性物质而影响培养基(液)之外，几乎对生长环境产生不了较大的主动影响。但是，如果环境因素发生改变，将会对细胞生长带来明显的影响。

(一) 营养成分与生长基质

营养条件是细胞体外生长的基本条件，体外培养细胞的营养条件主要是通过培养液来提供的。在培养液中，除了细胞生命活动所需的各种营养物质之外，还必须具有调节细胞生长与功能活动的激素、生长因子以及生长基质成分等。尽管已开发的各种人工合成培养基成分复杂而且明确，但始终缺乏某些尚不清楚的与细胞生长发育和功能活动有关的微量成分。培养液中一般仍需要加入5%～20%的血清。建立完全满足细胞体外生长要求的无血清培养基是目前研究的热点。

(二) 温度

温度能够影响体内细胞的代谢活动。在生理温度范围内，温度越高，酶活性越高，细胞代谢越快，这种相关性同样适用于体外的情况。

大多数动物的生命活动在10～45 ℃的外界温度范围内进行。然而，每种动物有其最适宜的温度，例如，鸡的适宜温度是38 ℃，在36～39 ℃也可以生长，鸡胚组织甚至在26～44 ℃范围内都可以生长，但生长的速度会受到一定的影响。HeLa细胞最适宜的温度是38 ℃，在24～40 ℃范围内仍能生长。大多数动物细胞在25～35 ℃范围内仍然能够生存和生长。若将培养细胞放在4 ℃下，数小时后再放回37 ℃，细胞仍然能够继续生长。

体外培养动物细胞最常用的温度是37 ℃。培养的细胞对较低温度的耐受能力比对较高温度(一般不超过39 ℃)的耐受能力强。高于生理温度阈值时，温度越高，对细胞损伤越大。培养的细胞处在39～40 ℃下1 h，即会受到一定的损伤，但仍然可以恢复；在41～42 ℃下1 h，细胞便会受到严重损伤，绝大多数细胞将死亡；当培养温度高达43 ℃时，1 h内细胞将全部死亡。

在生理温度范围内，温度越低，酶活性越低。当温度降至细胞所能忍受的最低限度时，细胞的生命活动即会受到抑制。如果将鸡胚细胞在0.5 ℃环境下冷处理4 h，恢复至正常温度时仍可以很好地生长，只不过要有一定的恢复期。不同细胞能够忍受的低温阈值不同，能够忍受低温环境的时间长短也不同。低温条件能造成一定的细胞死亡。例如，人的淋巴细胞对低温比较敏感，当在3 ℃培养时，死亡率可达30%；当在19 ℃培养时，死亡率为20%；当在36～39 ℃培养时，死亡率仅为1.6%；当在40 ℃培养时，死亡率又升至4.6%。当将细胞暴露在冰点温度时，细胞外环境中的水结冰，细胞外溶液的渗透压增高，细胞内的水向外移动，细胞发生缩水，结果使得细胞浆浓度增大，引起细胞死亡。同时，细胞的代谢受到抑制。冰晶的形成也会对细胞造成一定的伤害。

(三) 气相环境

培养细胞的气相环境尤其是O_2和CO_2对细胞生长也有影响。O_2参与细胞的能量代谢过程，而CO_2对维持培养液的酸碱度很重要。体外培养的气相条件主要取决于培养物的类型、培养液的类型、培养系统(开放式或密闭式系统)以及需要的缓冲能力等因素。细胞培养与器官培养的气相环境差别较大。

对于绝大多数开放式培养系统来讲，动物细胞培养的气相环境都是采用5% CO_2与95%空气的混合气体。个别类型细胞生长需要有别于此的气相条件。

除少数可以糖酵解途径获得能量的动物细胞及微生物之外，大多数动物细胞在缺氧条件下不能生存。对于封闭式培养的单层细胞，氧分压的适宜范围为1995～9975 Pa。培养液中的溶解氧浓度一般为7.6 μg/mL。因此，无论是开放式培养还是密闭式培养，不论是常规实验室培养还是大规模培养，给培养物提供足够的O_2是必需的。然而，气相环境中O_2含量超过大气中的O_2含量时，对培养细胞也会产生毒害作用。

(四) 培养液的酸碱度

大多数细胞能在pH6.0～8.0的环境中生存，最适宜的pH值范围是7.2～7.4。人类血液的pH值一般恒定在7.4左右。当人类血液的pH值降至7.0时，可引起酸中毒，导致昏迷甚至死亡；当pH值升至7.8时，能引起手足抽搐甚至死亡。培养的细胞若处于过酸或过碱的环境中，同样会发生酸中毒或碱中毒。

体外培养的正常细胞耐酸能力要强于耐碱能力。发生恶变的细胞常常比正常细胞能忍受更广的pH值范围。继代培养的细胞忍受酸碱度变化的能力略强于原代培养的细胞。研究发现，有机酸对细胞的损害比无机酸要大，一般的顺序是：硫酸或盐酸＜磷酸＜柠檬酸＜乳酸＜醋酸。

酸碱度可以影响各种弱酸进出细胞。在酸性环境中生长时，H^+可使H_2CO_3以分子的形式进入细胞，并在细胞内进行分解而使得细胞内酸化。相反，当在碱性环境中生长时，H_2CO_3可以从细胞内出来，与培养液中的碱结合，形成重碳酸盐。

CO_2是细胞代谢产物，直接释放到培养液之中，积累较多时会引起培养液变酸。一般需在培养液中加入缓冲剂以维持pH值在适宜范围。

(五) 辐射

动物细胞一般在持续黑暗的条件下培养。能够对体外培养的细胞生长产生影响的射线包括可见光、紫外线、X射线、β射线以及γ射线等。

1. 可见光

由于动物细胞在体内时是生长在黑暗环境中，故培养动物细胞一般也是在黑暗条件下进行。如果给培养的细胞提供光照条件，将会对细胞的生长产生一定的影响。多数有关光照与动物细胞生长关系的研究结果表明，光线能够促使培养的细胞发生退化。此外，不同波长的光线对细胞生长的作用有所不同，不同细胞对于光线照射的反应有差异。

2. 紫外线

紫外线在细胞培养方面的应用主要是灭菌或消毒。紫外线能够影响细胞的生命活动，对细胞生长造成破坏。不同波长的紫外线对细胞造成的伤害程度不同，波长越短的紫外线损伤越严重。不同细胞对紫外线的敏感性是不同的。例如，HeLa 细胞相对于成年人的成纤维细胞，对紫外线的反应更敏感，而胚胎成纤维细胞又比成年人的成纤维细胞对紫外线更敏感。紫外线对细胞生长的影响主要在于能破坏细胞的遗传物质和蛋白质结构。

3. X 射线、β 射线与 γ 射线

不同类型的细胞对 X 射线、β 射线与 γ 射线的反应不同，反应也因射线剂量与细胞生长条件不同而有所不同。低剂量时将缓慢降低细胞的增生率，高剂量时将对培养细胞产生致死效应。X 射线照射后，尽管细胞的运动与代谢活动仍可进行，生长仍在继续，但分裂活动受到抑制。例如，HeLa 细胞在受到 10 Gy 剂量 X 射线照射后，部分细胞可发展成为巨细胞，细胞体积会比正常 HeLa 细胞的体积大许多倍。随着照射剂量的加大，HeLa 细胞迅速退化。1000 Gy 的高剂量可引起全部细胞即刻停止活动而死亡。现已明确，X 射线照射能够引起染色体发生畸变。

β 射线与 γ 射线对培养细胞造成的影响与 X 射线相似，主要也是通过引起染色体发生畸变而致细胞分裂活动发生异常或受到抑制。若超过一定剂量，会引起细胞死亡。

射线对细胞生命活动的影响也有有益的应用。例如，体外培养某些难以存活的细胞或者某些有特殊需要的细胞(如胚胎干细胞、单细胞克隆等)时，经常将这些细胞接种在一些能分泌促分裂增殖活性因子、促生长活性物质或干细胞因子的饲养层细胞上，为了防止饲养层细胞增殖，一般先以一定剂量射线照射饲养层细胞，这样既能在一定时间内保持饲养层细胞产生促生长活性物质的能力，又能抑制饲养层细胞的分裂增殖活动。

(六) 超声波

超声波对培养的细胞一般会产生破坏作用，强度稍大时，会造成细胞破裂。超声波主要是通过空化作用而引起细胞死亡的。另外，超声的机械作用、热学作用以及化学作用等都能对细胞产生很大影响。不同的细胞对超声波的敏感性不同。衰老的细胞对超声波的破坏作用特别敏感。成纤维细胞、成肌细胞和内皮细胞对超声波都很敏感，而上皮细胞对超声波有较强的抵抗力。

(七) 影响细胞生长的其他因素

1. 橡胶的毒性作用

橡胶制品(如胶塞、橡皮垫、吸管帽和各种橡皮管等)是体外培养工作中常用的物品，而普通的橡胶对细胞都有毒。有人曾将普通胶塞浸于合成培养液中 1 周，然后用这种培养液培养细胞，发现这种培养液能在 48 h 内造成培养细胞死亡。许多实验室为了去除新胶塞上的污垢，常常用热碱与热酸煮沸处理，事实上并不能明显降低其毒性作用。如果用乙醚或者乙醚、丙酮和乙醇联合处理，能够较好地降低橡胶制品的毒性作用。一般来说，纯橡胶与硅胶的毒性较弱，黑橡胶的毒性较强。

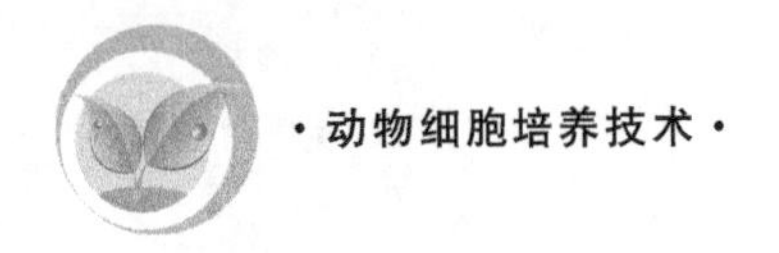

2. 离心处理

离心处理是培养过程中不可缺少的环节。在用消化酶作用后，为了去除细胞悬液中的含酶溶液，需要通过离心除去上清液；在原代培养前分离目的细胞，需要使用密度梯度离心法处理。离心力对细胞是有影响的。离心力越大，对细胞造成的伤害越大。普通离心比密度梯度离心所造成的伤害要大。普通离心一般使用低于 1000 r/min 的转速，离心时间常为 5～10 min。如果离心的目的只是排除细胞悬液中的含酶溶液，尽量不要采用过高的速度和过长的时间，应尽可能减少离心的次数，只要能将细胞沉淀下来即可。离心处理对生命力脆弱的细胞(如神经元)的伤害要比生命力旺盛的细胞(如肿瘤细胞)大。

3. 培养液的冲击力

由于大多数动物细胞属于贴附生长型细胞，如果受到培养液的冲击而致细胞脱壁，必将对细胞生长造成影响，这在用旋转管培养法以及各种大规模培养方法时尤其要注意。培养液的过激流动除了直接对细胞产生冲击力之外，液体流动时产生的气泡对培养细胞的影响更为突出。

4. 培养液的渗透压

尽管大多数操作者都知道细胞必须生长在等渗溶液中，但在具体培养过程中往往不注意或者不容易控制培养液的渗透压，尤其在往合成培养基中添加其他成分时会忽视培养液的渗透压问题。人血浆的渗透压约为 290 mOsm/kg，此值可作为培养液渗透压的理想参考值。大多数细胞的适宜渗透压范围为 260～320 mOsm/kg，但不同细胞的适宜渗透压值可能有差异，须视具体情况进行调整。

知识拓展

Vero 细胞(非洲绿猴肾细胞)是从非洲绿猴的肾脏上皮细胞中分离培养出来的，是细胞培养中常用的一个细胞系。这个细胞系由日本千叶大学的 Yasumura 和 Kawakita 于 1962 年扩增出来。该细胞系取“Verda Reno”(世界语，意为“绿色的肾脏”)的简写而命名为“Vero”，而“Vero”本身在世界语中也有“真相”的意思。该细胞易于培养，适合大规模生产。这种细胞作为人用疫苗的细胞基质是安全可靠的，已经被世界卫生组织推荐作为生产人用疫苗的理想细胞基质。

3T3 细胞是指 G. J. Todaro 等从 Swiss 系小鼠胎儿里得到的细胞株。由于它显示出强烈的接触抑制作用，所以能明确地识别已发生转化的细胞，并可作为一种重要的细胞材料应用于由肿瘤病毒和致癌剂等所引起的体外致癌研究。这一细胞系是将 3×10^5 细胞接种在底部直径为 5 cm 的培养皿上，根据每三天进行一次连续培养的方法而建立的，“3T3”这一名称便由此而得。同样，由 6×10^5 细胞或 12×10^5 细胞进行接种而得的细胞株分别称为 3T6 和 3T12，这些细胞的接触抑制作用很弱。此外，在与 3T3 同一类的细胞中，有来自 Balb/C 系小鼠的 Balb 3T3 细胞。

电离辐射传递给每单位质量的被照射物质的平均能量，称为吸收剂量。吸收剂量的国际单位是戈瑞(Gy)，专用单位是拉德(rad)，两者的换算关系是 1 Gy $=1$ J/kg$=100$ rad，1 rad$=10^{-2}$ Gy$=100$ erg/g。单位时间内的吸收剂量称为吸收剂量率，其单位是戈瑞/小时(Gy/h)。

思考题

1. 什么是贴附生长型细胞和悬浮生长型细胞？
2. 上皮型细胞的起源及主要形态学特征是什么？
3. 什么是细胞的接触抑制？
4. 成纤维型细胞的起源及主要形态学特征是什么？
5. 简述体外培养细胞的生长类型。
6. 简述体外培养细胞的生长过程。
7. 影响细胞黏附和贴壁的因素是什么？
8. 简述传代培养期的概念及特点。

任务 3　动物细胞培养工作的基本要求和工作方法

体外培养的细胞缺乏抗感染能力，所以防止污染是培养成功的先决条件和首要条件。动物细胞培养是一项操作程序比较复杂、需求条件多而严格的实验性工作，即便是在设备完善的实验室，若实验者粗心大意、技术操作不规范，也会导致污染。因此，为在一切操作中尽最大可能地保证无菌，每一项工作都必须做到有条不紊和完全可靠。

一、动物细胞培养的基本要求

1. 实验前的准备要求

准备工作的内容包括制订实验计划和操作程序，器皿的清洗、干燥与消毒，培养基与其他试剂的配制、分装及灭菌，无菌室或超净工作台的清洁与消毒，培养箱及其他仪器的检查与调试。

实验前必须分门别类地制作操作卡片，如清洗卡、消毒卡、细胞常用液（细胞培养液、平衡盐溶液、消化液）配制卡、牛血清检测分装卡、细胞原代和传代操作卡等。各卡片上应注明实验所需器材的名称、规格、数量、操作要领和实验注意事项等。实验前应按卡片收集、清点所需用品，一并放入超净工作台内，这样可以避免操作时因物品不全而往返拿取所造成的污染。

同时，根据每个实验的要求，准备好瓶管支架、器械消毒盒等。实验器材准备数要大于实验使用数，瓶盖数大于瓶数。这样才能有条不紊地做实验，减少忙乱操作所造成的污染。

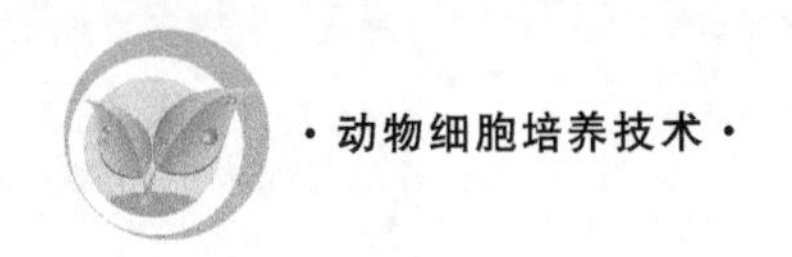

2. 无菌室和操作间的消毒

无菌操作工作区域应保持清洁和宽敞，必要物品如试管架、吸管吸取器或吸管盒等可以暂时放置，其他实验用品用完即应移出，以利于气流的流通。无菌室每周用乳酸蒸气(或过氧乙酸)加紫外线消毒1～2次；每天都要用0.2%新洁尔灭拖洗地面一次(拖布要专用)，紫外线照射消毒30～50 min。用70%酒精擦拭无菌操作台面，实验前将实验器材以70%酒精擦拭后放入超净工作台内，开启紫外灯照射30～60 min以灭菌，并启动超净工作台风扇，运转10 min后才可以开始实验操作。实验完毕后，将实验物品拿出工作台，以70%酒精擦拭无菌操作台面。实验操作应在台面的中央无菌区域进行，勿在边缘的非无菌区域操作。

3. 无菌操作的要求

(1) 勿碰触吸管尖头部或容器瓶口，如触及，须更换器材或灼烧后再使用(如瓶口)。

(2) 减少手与器材的接触面，学会手指操作。

(3) 一切操作，如打开或封闭瓶口、安装吸管与注射器等，都要在火焰前方进行。瓶口、吸管使用前要经过火焰消毒后使用。不要在打开的容器正上方操作。

(4) 容器打开后，以手夹住瓶盖并握住瓶身，倾斜约45°取用，尽量勿将瓶盖盖口朝上放置于桌面。试剂用后立即封闭瓶口，瓶口长时间敞开会增加落菌机会。

(5) 每次操作只处理一株细胞株，即使培养基相同也不共享培养基，以避免混淆或细胞间污染。操作间隔，应让无菌操作台运转10 min以上，再进行下一株细胞株的操作。对不同的细胞同时操作时，要专管专用，并要勤换吸管，以防止扩大污染和交叉污染。

(6) 瓶口液滴不能倒回瓶内。液滴用干酒精棉球擦拭，再经火焰消毒。

(7) 操作时动作要准确敏捷，尽量避免空气流动。

4. 实验中的操作要求

着装、洗手与外科临床要求相同。双手用肥皂洗净后，浸泡于消毒液中2 min，并用75%酒精擦拭。

细胞培养用液、培养基等从冰箱取出，试剂瓶口和外壁经酒精棉球擦拭后入超净工作台。

超净工作台上的物品应布局合理，污物废液缸、酒精棉球缸在右侧位置，酒精灯在中央位置，试剂瓶在左侧位置。火焰无色或微黄色表示酒精杂质少，酒精燃烧完全，不能使用废酒精或工业酒精，这类酒精燃烧时产生的化学物质易附着到吸管或其他器皿上，带入培养液中会伤害细胞。浸泡在75%酒精中的金属器械用已消毒的镊子取出，经无菌干纱布擦拭后，迅速从火焰上通过(器械不能在火焰上灼烧过长时间)，冷却后使用，避免烫伤细胞。

取用细胞培养液、牛血清、酶液的吸管，使用后不能再用火焰消毒，因为吸管中残留的培养液被烧焦炭化，再使用时，会把有害炭化物带入培养液中毒害细胞。操作中手指被污染时，可用酒精棉球擦拭。在实验过程中，不要面向操作台讲话或咳嗽，避免唾沫将微生物带入超净工作台内，污染空气。实验者离开超净工作台时，立即用肘关节关闭侧窗口，避免无菌室内细菌随空气流入净化操作区。

5. 实验后的要求

实验完毕，关闭超净工作台风机和电源，将未使用过的器材放入盒内，用过的玻璃器材投入清水中浸泡，用包装纸叠卷、绳束后分类归放。最后，将超净工作台台面用酒精纱布或棉球擦拭，紫外线消毒。

二、动物细胞培养的工作方法

进行细胞培养工作时必须注意一定的方法，主要有以下几点。

（1）由于工作环节多，为保证操作上的一致性，避免造成人为的差异，应对所有操作程序如洗刷、配液、消毒等，制订出统一的规范和要求，在一定时间内保持相对稳定，并要求人人遵守。

（2）各种用液（培养液、胰蛋白酶、Hank's 液、抗生素液等）均应由专人负责配制，并保证做到浓度精确、除菌可靠。所有装制备好的溶液的试剂瓶上都要有标签，注上名称、浓度、消毒与否和制备日期。

（3）一切培养用品都要有固定的存放地点，其中尤为重要的是，培养用品和非培养用品应严格分开，已消毒品与未消毒品应严格分开存放。

（4）工作人员应注意自身安全，须穿实验服、戴手套后才能进行实验。对于来自人类或病毒感染的细胞株应特别小心地操作，并选择适当等级（至少 Class Ⅱ）的无菌操作台。操作过程中，小心毒性药品如二甲基亚砜等，并避免尖锐物（如针头）的伤害等。

以上一切措施都是为了避免各种杂质混入细胞生存环境、防止微生物感染和细胞污染。所谓细胞污染，是指不同细胞之间因操作不当造成的相互混杂，使细胞群体不纯的现象。

知识拓展

细胞培养减少污染的小细节

许多实验者洗手不规范，用 70%酒精喷一下手就去做实验了，这是错误的。事实上，仔细洗手比喷酒精效果更好。正确的方法是用肥皂仔仔细细地洗手，一直洗到手腕，指甲缝也要洗，最好洗两遍，然后用酒精擦拭。另外，不能穿半截袖白大褂去做实验，白大褂袖口要长，最好是袖口扎紧的那种，如果不是，把袖口窝向手臂，裸露的手腕部分也一定要喷酒精。戴上手套后手应避免接触工作台外面，如果不得已接触，应再喷酒精。拿培养瓶和培养液的时候应托住下面，切忌拿瓶颈部位。每天开始实验的时候，超净工作台与实验间应用紫外光照射 20 min。有一点要注意的是，超净工作台里面一定要尽量少放东西，放得越多越容易造成污染。尽量避免在操作时说话，尤其是严禁在操作间打闹说笑。

每天观察细胞的状态，发现细胞出现问题（如生长缓慢）应立即扔掉。有些污染（如支原体污染），镜检时是看不到的，但是细胞生长异常。所以如果细胞生长异常，请扔掉，同时由于支原体在空气中的传播，请检查培养液和培养箱是否被污染。

思考题

1. 细胞培养实验有哪些基本要求和工作方法？

2. 实验人员进入无菌操作间之前，应做哪些准备工作？

3. 无菌操作的注意事项有哪些？

4. 怎样理解有菌环境和无菌环境？

项目二　动物细胞培养前的准备工作

准备工作对于开展细胞培养异常重要，工作量也较大，应给予足够的重视，准备工作中任一环节的疏忽都可导致实验的失败。准备工作包括器皿的清洗、干燥、包扎与消毒，培养基与其他试剂的配制、分装及灭菌，无菌室或超净工作台的清洁与消毒，培养箱及其他仪器的检查与调试。通过本项目的学习，应能够安全、规范使用各种仪器设备和对其进行日常维护等工作，能独自处理简单的仪器故障；会清洗和包扎各种玻璃器皿、橡胶制品、塑料制品等；能无菌化处理培养瓶、培养皿、滤器、瓶塞等物品；能将无菌意识贯穿于各工作过程。

任务 1　认识动物细胞培养室

根据体外培养细胞的生长特点和条件，一个无菌实验室或操作室、一个超净工作台和一个恒温培养箱是细胞培养的三大重要设施。无菌实验室或操作室的设计原则是，有防止微生物污染和有害因素影响的措施，要求工作环境清洁、空气清新、干燥和无烟尘。无菌实验室或操作室最好能单独设置。超净工作台也称净化工作台，这种工作台占据空间小，安装方便，操作简单，投资少，效果不比无菌实验室或操作室的效果差，即使不设置单独的无菌实验室或操作室，只要购置安装了超净工作台，也能进行简单的细胞培养工作。

一、细胞培养实验室的设计

设计细胞培养实验室时最基本、最需要保证的是，能进行无菌操作，避免微生物及其他有害因素的影响。一般在细胞培养实验室能完成以下工作内容：①清洗工作；②配液工作；③消毒灭菌工作；④无菌操作；⑤细胞培养；⑥储藏工作。细胞培养实验室一般可分为以下几个操作区。

1. 无菌操作区

无菌操作区（图 1-13）是只限于细胞培养及其他无菌操作的区域。也可把超净工作台置于操作区中，这样更为安全。此区最好能与外界隔离，不能穿行或受其他因素干扰。操作区的大小依需要而定，一般由更衣间、缓冲间和操作间三部分组成。更衣间在外，主要供更换衣帽、鞋子等用。缓冲间位于更衣间与操作间之间，也可同时和几个操作间相通。操作间在内，主要供无菌操作和细胞培养用，房间应不受日光直射，大小适当，高度适宜（不超过 2.5 m）。

图 1-13　无菌操作区

(1)更衣间。

① 更衣间的作用:更换衣服(主要指白大褂),换鞋子(一般换成拖鞋),戴一次性口罩。

② 更衣间的要求:更衣间是进入细胞培养室的第一道屏障,因此在更衣间的门上贴有“不是细胞培养室内需要的物品不准带入,是细胞培养室内需要的物品不准带出”的标示语。

③ 更衣间的消毒要求:每次实验前将紫外灯打开,30 min 后方可进入更衣间;在开紫外灯前,最好将更衣间里的白大褂尽可能地展开,以利于紫外线充分发挥作用。

(2) 缓冲间。

① 缓冲间的作用:缓冲间位于更衣间和操作间之间,主要目的是保证操作间的无菌要求,同时可在此完成一些简单的实验操作,如离心、观察细胞长势或进行简单的细胞计数等。

② 缓冲间消毒的要求:实验人员进入缓冲间后,应先用消毒液浸泡双手,再用酒精棉擦拭手部,关键是手指甲部位,同时用消毒液浸泡拖鞋底部,以免细菌通过拖鞋进入操作间。

(3) 操作间。

在操作间完成的工作内容主要有无菌操作和细胞培养。

操作间的要求如下。

① 操作间自身要求:不宜太大,不宜太高。

② 墙体光滑,易于清理消毒且无死角。

③ 对某些内置物的要求:工作台不宜紧靠墙壁,实验台面要光滑,并呈白色或灰色。

④ 消毒要求:每周用乳酸蒸气(或过氧乙酸)消毒 1～2 次;每次实验前用紫外灯消毒 30 min;每次实验后再用紫外灯消毒 30 min。

2. 制备区

主要进行培养液及有关培养用液体的制备。

液体制备合格与否直接关系到组织细胞培养的成败,因此必须严格无菌操作。

3. 储藏区

被储藏物品以及盛放这些物品的容器应清洁、无灰尘。

二、细胞培养实验室的设施

1. 超净工作台

超净工作台(图 1-14)种类繁多,主要有三大类:侧流式(图 1-15);直流式;外流式,或称为水平层流式(图 1-16)。它们的基本工作原理大同小异:内设鼓风机,驱动空气通过高效滤器过滤净化后,让净化空气徐徐通过台面空间,使操作区构成无菌环境。

图 1-14 超净工作台

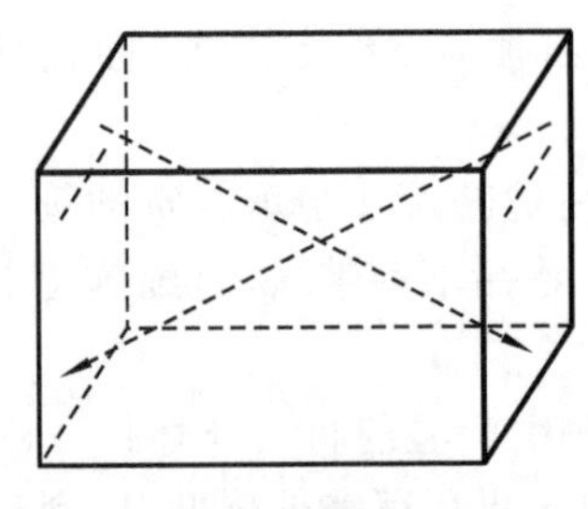

图 1-15 侧流式

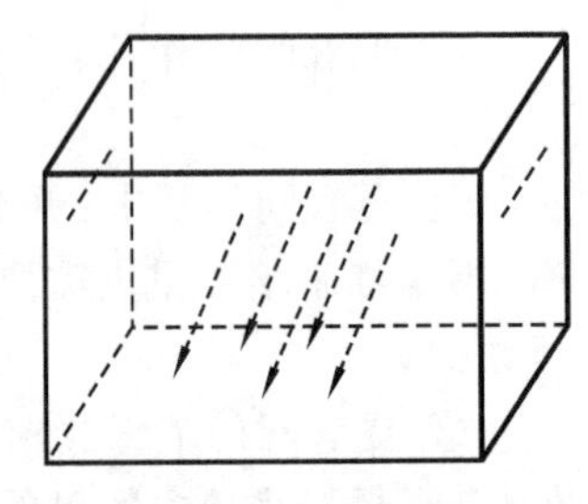

图 1-16 水平层流式

(1) 超净工作台的使用方法:①安装在无阳光直射、无灰尘的房间内;②长时间未使用的,应在使用前彻底清洗、消毒;③用前打开紫外灯消毒 30 min,同时开启风机预热 10～15 min;④用后再次清洗消毒,或用 75%酒精擦拭或开启紫外灯消毒 30 min。

(2) 使用超净工作台时的注意事项:①操作区内摆放物品不宜太多;②凡进入超净工作台的物品的表面都要用 75%酒精进行消毒处理;③在操作时不能对着操作区说话或打喷嚏;④实验结束后,将用后的、需做进一步处理的物品带出超净工作台,并按要求清理台面。

2. 恒温培养箱

用于细胞培养的培养箱分为普通电热恒温培养箱(简称恒温培养箱)和 CO_2 培养箱。

(1) 恒温培养箱。

图 1-17 所示为隔水式恒温培养箱。

使用方法:先从进水口注水于不锈钢内胆,水位为溢水口下方 2 cm,然后接通电源,将需要培养的物品放入工作室内,关上工作室门,打开电源开关,设定好所需要的温度(数控,误差不大于 0.5 ℃)。

图 1-17 隔水式恒温培养箱

注意事项:①严禁无水干烧,以免烧坏加热管,侧面接进水口软管,竖起时可看到水位;②仪器外壳应妥善接地，以免发生意外；③切勿将仪器倒置，以免水溢出；④为了减少水垢，建议选用蒸馏水。

(2) CO_2培养箱。

最适合于进行细胞培养的培养箱是CO_2培养箱(图 1-18)。

一般细胞生长最适温度为 37 ℃，并要求培养过程中温差变化不超过 0.5 ℃。温度升高 2 ℃细胞即不能耐受，若温度高于 40 ℃，细胞很快就会死亡。因此，进行细胞培养需要温控特别精确的培养箱。

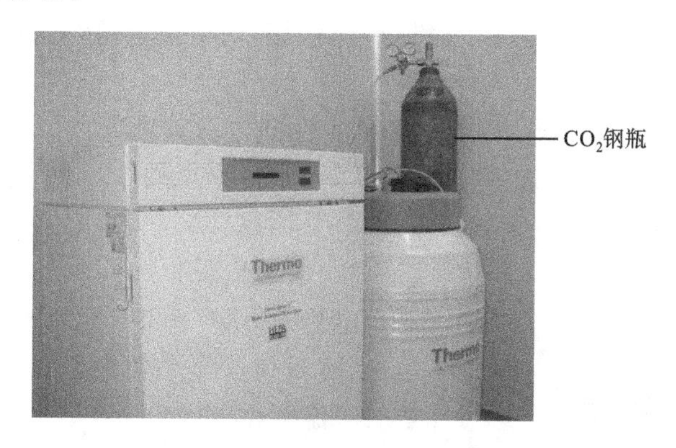

图 1-18　CO_2培养箱

使用方法如下。

① 接通电源前，先将箱内用酒精擦净，再用紫外灯或臭氧消毒器消毒 1 h。

② 培养箱在水箱注水后才能正常工作。操作方法：插上电源，旋紧加水接头，旋开放水闷头，将加水水管接入箱体左侧上部加水口，打开电源开关，此时蜂鸣器响，操作面板低水位指示灯亮，注水至低水位指示灯灭后，继续注水至溢水口处有水溢出。关闭电源，拆除接管及加水接头。拉出放水管，放掉约 100 mL 水后塞紧放水闷头，关闭电源开关。

③ 将CO_2专用减压阀装在CO_2钢瓶上，接头处不得漏气。将减压阀出口套上耐压胶管，并与CO_2培养箱后的进口相连接，随后用压紧圈固紧，接头处不得漏气。CO_2钢瓶气体总阀暂不打开。

④ 开机。

a. 接通电源，总电源开关置于“1”处，电源指示灯亮。

b. 将温度设定值调到需要的温度(如 37.5 ℃)，加热指示灯(绿)应亮，表示正在加热。

c. 将CO_2电磁阀开关置于“0”处(关闭电磁阀，因为在未使用CO_2培养箱时CO_2气体也未接通，电磁阀长期通电会发烫，影响其使用寿命)，随后将CO_2浓度设定为“0.0”。

d. 待温度达到设定值后，将CO_2钢瓶开启(开启前，减压阀应尽量拧松，防止减压阀输出压力过高导致输气管爆裂)，减压阀上进气压力表指示钢瓶内CO_2压力，缓慢地顺时针拧减压阀旋钮，使减压阀输出压力指示为 0.05 MPa，指针处于刻线区中间。此时设定所需CO_2浓度(出厂时调整为 0%)，开启CO_2进气开关，置于“1”处，即有CO_2进入室内。随着浓度升高，LED 显示出CO_2浓度值，到设定值时电磁阀动作，切换到空气及CO_2补气。此时空气流量计浮子应指示在760 mL/min(出厂时已调好),CO_2流量计浮子应指示在40 mL/min(出厂时已调好);若浮子偏离上述数值,可用调节针阀细调到760 mL/min(空气)及40 mL/min(CO_2)(在培养箱门打开后快速恢复时,空气无流量,二氧化碳显示值变化,这是正常现象)。

e. 出厂时流量计指示一般调整为5%±0.3%CO_2浓度。

f. 当温度达到设定值,波动在±0.5 ℃以内,CO_2浓度也达到要求后,即可进行细胞培养。放入水盘,自然蒸发湿度一般可达95%,符合要求。

g. 在首次使用或停用较长一段时期后再使用,均应按上述要求操作,并且在正式培养前应作箱内污染检查。

⑤ 关机。关机前应将CO_2钢瓶关闭,将CO_2进气开关置于"1"处,然后切断电源。若较长时间不用,则应将水盘取出,将箱内擦干,放尽水箱里的水。在CO_2开关置于"0"状态下,箱温在37 ℃下通电2 h保证箱内干燥后,切断电源。

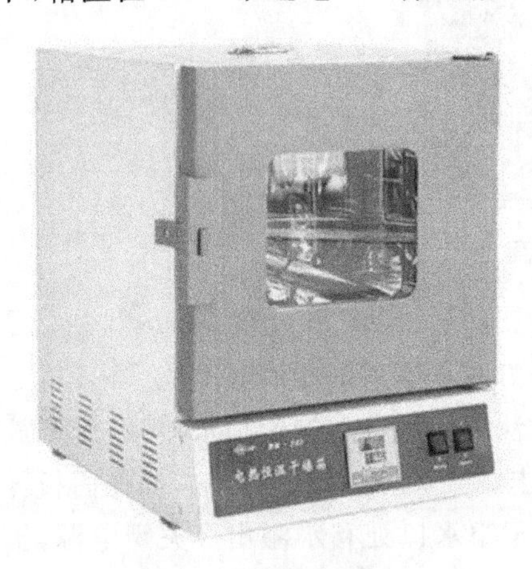

图1-19 电热干燥箱

3. 电热干燥箱

电热干燥箱(图1-19)主要用于烘干消毒玻璃器皿,也可用于干热消毒。在用于干热消毒时,一般要求温度达到160 ℃(灭菌)或180 ℃(去除热原),消毒时间须在2 h以上。细胞培养实验室常用的干燥箱为鼓风式电热干燥箱(规格为560 mm×500 mm×500 mm),虽然升温较慢,但温度均匀,效果较好。鼓风与升温同时开始,待温度达到100 ℃后再关闭,以免玻璃器皿突然遇冷而炸裂。金属解剖器械、塑料制品、橡胶制品等不能放在干燥箱内灭菌。

使用方法:①将待灭菌物品包扎好后放入箱内,关好箱门;②接通电源;③将温度调节器调至160 ℃,启动鼓风机,以使鼓风和升温同时进行,待温度升至100 ℃时,停止鼓风,继续升温,待温度升至160 ℃后需维持2~3 h,灭菌结束后,等箱内温度自然下降至60 ℃以下时,方可开箱取出已灭菌物品。

注意事项:①该设备属大功率高温设备,使用时要注意安全,防止火灾、触电及烫伤等事故;②严禁用来干燥易燃、易爆及酸性物品,样品放置时不能堵塞风道及排气孔,干燥时应逐步缓慢升温;③干燥箱附近严禁放置易燃、易爆物品(如有机溶剂、高压气瓶等)、酸性及腐蚀性物品;④使用时温度不得超过额定温度,以免损坏加热元件;⑤经常清除箱内残留物,保持干燥箱清洁;⑥定期检查电路系统是否连接良好。

4. 离心机

一般细胞培养实验室应配有普通离心机(低速离心机,如图1-20所示),最好配置高速冷冻离心机(图1-21)。普通离心机转速在4000 r/min以下,台式的就可满足要求,主要用于制备细胞悬液、漂洗、分离细胞。

使用方法(以TGL-16 G离心机为例)如下。

(1) 接通电源。首先检查离心机是否放置在坚固的实验台面上,然后将三芯插头插

图 1-20 低速离心机

图 1-21 高速冷冻离心机

入电源插座，将仪器背面左下角的电源开关置于“开”的位置，此时仪表出现数字显示，表示设备进入工作状态。

(2) 参数设置。离心机的参数设置主要是指转速、离心时间和温度的设置。

① 转速设置。在微电脑控制界面按“选择”键，使光标移动到“转速”下的“设置”处，然后按左右移位键，使设定区灯光呈闪烁状，通过上下移位键进行设定，最后按“参数确认”按钮，将设定值保存下来。

② 离心时间设置。在微电脑控制界面按“选择”键，使光标移动到“时间”下的“设置”处，然后按左右移位键，使设定区灯光呈闪烁状，通过上下移位键进行设定，最后按“参数确认”按钮，将设定值保存下来。

③ 温度设置。按控制界面右下角的“制冷”键，通过按动“温度设定”键使光标分别移动到“温度”下的“上限”和“下限”处，然后按左右移位键，使设定区灯光呈闪烁状，通过上下移位键进行设定，最后按“参数确认”按钮，将设定值保存下来。

注意事项：①在离心机中放置离心管时，最好养成总是用同一种方式放置的习惯，如按一定顺序将离心管的塑料柄朝外，这样沉淀总是聚焦在离转头中心最远的离心管内壁；②放置离心管时，一定要注意对称地放入，同时一定要将离心管的管盖盖紧，以防管内液体溅出；③离心结束后，不要人为强制离心机的转头停止转动。

5. 水纯化装置

(1) 纯水机。纯水机(图 1-22)也是细胞培养实验室不可缺少的设备。因为体外培养的细胞对水的要求较高，无论是细胞培养液还是其他各类培养用液等，都应使用蒸馏两次以上的重蒸水(新鲜三蒸水)。

注意事项(以 UPW-30S 型超纯水器为例)：①仪器的使用水为已经过初次净化的蒸馏水，切不可用自来水；②仪器的进水管管口不能脱离蒸馏水水面，以免空气进入仪器内，影响正常出水；③待显示屏显示值达 18.2 时，出水方可使用；④超纯水一般现用现取，不要使用存放数日的水。

(2) 蒸馏水器。

图 1-23 所示为三重蒸水器。

注意事项：①使用时应先开启冷却水水源；②要调节去离子水或蒸馏水流速，使之进

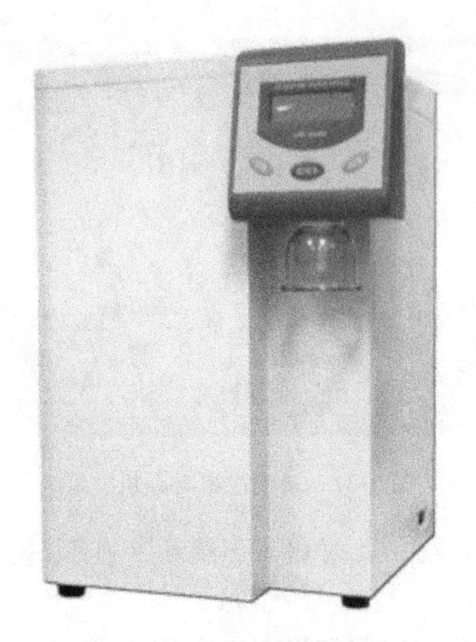

图 1-22　实验室用纯水机

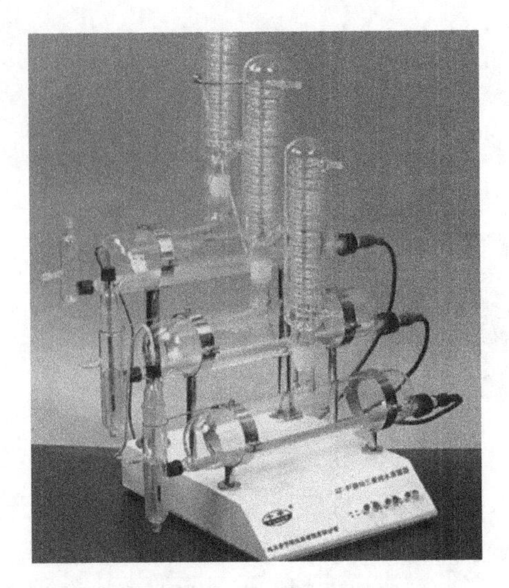

图 1-23　三重蒸水器

入一次横式烧瓶的速度基本上与二次横式烧瓶的蒸馏水流出速度相等，使横式烧瓶内的水位达到二分之一；③停用时应先关闭去离子水，再关闭电源，最后关闭冷却水。

图 1-24　全自动电热压力蒸汽灭菌锅

6. 高压蒸汽灭菌器

高压蒸汽灭菌是将待灭菌的物品放在一个密闭的加压灭菌锅内，通过加热，使灭菌锅隔套间的水沸腾而产生蒸汽，待蒸汽急剧地将锅内的冷空气从放气阀中驱尽，然后关闭放气阀，继续加热，此时由于蒸汽不能逸出，增加了灭菌锅内的压力，从而使沸点增高，温度高于 100 ℃，使菌体蛋白质凝固变性而达到灭菌的目的。全自动电热压力蒸汽灭菌锅如图1-24所示。

使用方法（以全自动电热压力蒸汽灭菌锅为例）如下。

(1) 堆放。将密封手轮向左旋转，推开锅盖，把待灭菌物品妥善包扎，码放在灭菌桶内的筛板上，在码放灭菌包时应注意在安全阀、放气阀的位置必须留出空位，保障气体排放畅通。

(2) 加水。接上与灭菌锅要求一致的电源，将控制面板上的电源开关按至“ON”处，此时断水灯（HL，红灯）亮，显示电源已正常输入。低水位灯（OVT，黄灯）亮，显示蒸发锅内处于断水状态，把水从灭菌桶与蒸发锅夹缝加入，当水位达到低水位时，控制面板上低水位灯和断水灯同时熄灭。此时，应继续加水，到高水位灯（HH，绿灯）亮时，停止加水。

(3) 参数设置。加水程序完成后，数显窗内数显均处于亮状态，红色数显为灭菌桶内温度，绿色数显为设定温度。按动控制面板上增加键或减少键，可在绿色数显上设定所需温度，按动移位键，可将闪烁的绿灯数显进行移位设定，当每次设定所需温度结束时，须按一下确认键进行确认，即可完成设定。此时红色数显随着加热器工作蒸发锅内温度上升而变化。温度设定完毕后，将移位键按一下，可切换到时间状态，设定时间。

(4) 密封。码放与开机程序完成后，将压板推入固定柱内，应注意压板必须全部推到固定柱内，然后将手轮向右旋紧，使锅盖与主体密封。

(5) 灭菌。当按设定的温度与时间灭菌完成时，电控装置自动关闭加热电源，并伴有蜂鸣提醒。关闭电源开关。

由于对灭菌结果要求较高，因此在使用高压蒸汽灭菌锅时要注意以下几个方面。

(1) 无菌包不宜过大(小于 50 cm×30 cm×30 cm)，不宜过紧，各包裹间要有间隙，使蒸汽能对流，易渗透到包裹中央，保证安全阀、放气阀不堵塞，有利于蒸汽流通，而且排气时使蒸汽能迅速排出，以保持物品干燥。消毒灭菌完毕后，关闭贮槽或桶的通气孔，以保持物品的无菌状态。

(2) 布类物品应放在金属类物品上，否则蒸汽遇冷凝结成水珠，使包布受潮，阻碍蒸汽进入包裹中央，严重影响灭菌效果。

(3) 定期检查灭菌效果。经高压蒸汽灭菌的无菌包、无菌容器有效期以 1 周为宜。

(4) 液体灭菌时，应将液体灌装于硬质耐热玻璃容器中，以不超过容器总体积的 3/4 为宜，瓶口选用棉花塞、纱塞或于瓶塞与瓶体间夹一定厚度的干净滤纸。灭菌结束时不准立即释放蒸汽，必须待压力表指针回零位方可排放余气。

(5) 对不同类型、不同灭菌要求的物品，如敷料和液体等，切勿放在一起灭菌。

(6) 灭菌结束时，若压力表指针已回复零位，而盖子无法开启，则可将放气阀置于放气状态，使外界空气进入灭菌锅内，消除锅内真空，盖子即可开启。

(7) 压力表使用日久后，压力指示不正确或不能回复零位时，应及时予以检修，平时应定期与标准压力表相对照，若不正常，应更换新表。

(8) 平时应保持设备清洁和干燥，方可延长设备使用年限，橡胶密封垫使用日久会老化，应定期更换。

(9) 应定期检查安全阀的可靠性。

7. 倒置显微镜

细胞培养实验室应配备普通显微镜和倒置显微镜(图 1-25)。前者用于细胞计数和一般观察，后者用于观察细胞的生长情况和有无污染。若条件许可，应配置照相系统和荧光显微镜。

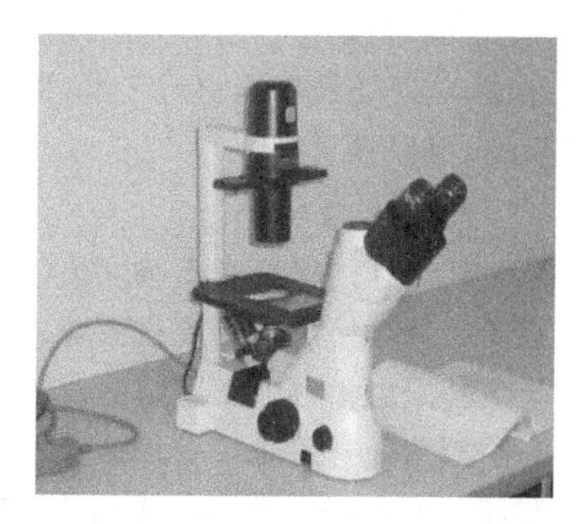

图 1-25 倒置显微镜

倒置显微镜的使用方法如下。

(1) 拨动旋转电位器拨盘，使其处于亮度最低位置，打开仪器电源开关，然后调节电位器使亮度适中。

(2) 安放试样或标本。

① 将所选定的切片板或培养皿板等放入移动尺的载物片框内，注意一定要放置到位，否则影响观察效果。

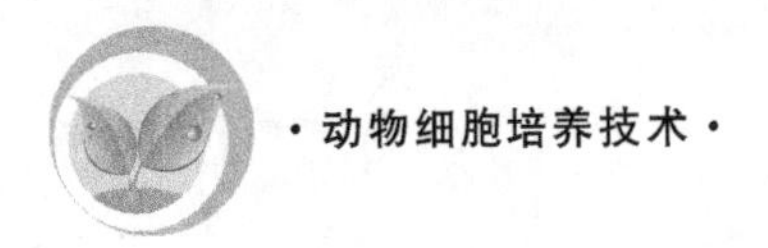

② 将要观察的试样放置在载物片上的合适位置。

(3) 转动物镜转换器(手握转换器外圆的齿纹部分),将低倍物镜置入光路,慢慢转动粗调手轮,用左眼从左固定筒目镜观察,见物像大致轮廓后用微调手轮将像调清晰。然后将高倍物镜置入光路。

(4) 双目瞳距调整及视度调节。

① 瞳距调整。

瞳距(眼距)因人而异,一般来说,中国人的瞳距比西方人的瞳距大,使用双目显微镜前需调整瞳距。

双手分别握住左右支架转动,直至双目中看到的光环完全重合,此时瞳距即已调好。

② 视度调节。

双目观察调焦时,应先以固定筒一侧观察,即左眼从左筒观察,物像调清晰后再从右筒观察,同时调节右筒上的视度调节圈以补偿双目视度上的差异,使两筒成像同样清晰。

(5) 孔径光阑调整。

拨动聚光镜孔径光阑拨杆即可改变孔径光阑的大小,从而改变被观察标本、试样的衬度。

取下目镜,直接从目镜筒观察,调整孔径光阑的大小,使其像充满物镜出瞳直径的70%～80%,即可获得衬度较为良好的图像。

(6) 滤色片使用。

先根据需要选择好合适的滤色片,取下滤色片座,将滤色片装入其中,再插入灯源,组上即可。

(7) 相衬观察。

将与所用相衬物镜相同倍率的环板推入光路,同时将孔径光阑拨至最大,即可进行相衬观察。

(8) 粗调限位装置。

倒置显微镜的限位装置也称快速对焦装置。如用10×物镜调焦清晰后,旋紧仪器左侧限位手柄,物镜、转换器上升位置即被限定。在以后的使用中,旋转粗调手轮上升至该定位位置即可见物像轮廓。

(9) 松紧调节手轮。

仪器长期使用后可能出现载物平台自动下滑的现象。松紧调节圈可以调节粗微动的松紧,以防止载物台自行下滑,同时调节粗微动操作上的舒适感。顺时针旋转,可以放松;反之,可以锁紧。

8. 相差显微镜

利用光的衍射和干涉现象将透过标本的光线光程差或相位差转换成肉眼可分辨的振幅差的显微镜称为相差显微镜。相差显微镜提高了不同密度物质图像的明暗区别,可用于观察未经染色的细胞结构。图1-26所示为倒置相差显微镜。

相差显微镜是荷兰科学家Zernike于1935年发明的,用于观察未染色的标本。活细胞和未染色的生物标本,因细胞各部细微结构的折射率和厚度不同,光波通过时,波长和振幅并不发生变化,仅相位发生变化(振幅差),这种振幅差人眼无法观察。而相差显微镜

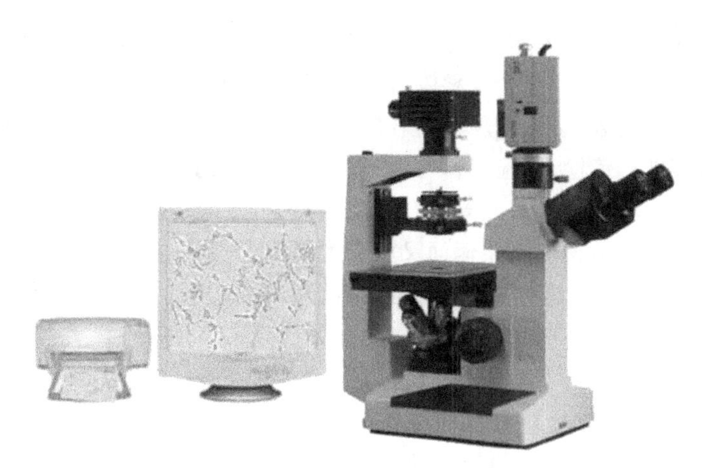

图 1-26　倒置相差显微镜

通过改变这种相位差，并利用光的衍射和干涉现象，把相位差变为振幅差来观察活细胞和未染色的标本。

相差装置为多功能系列显微镜中的附属装置，与普通显微镜配合使用。下面介绍相差显微镜的使用方法。

(1) 相差装置的调换安装。

卸下普通显微镜使用的聚光器，将环状光阑装在聚光器支架上，把绿色滤色片放在上面，它可吸收红色和蓝色光，让波长范围小的单色光线透过进行照明，并有吸热作用，能使相差观察获得良好的效果。再从转换器上旋下普通物镜，换上相差物镜。

(2) 调焦。

打开光源，旋转集光器转盘，将"O"对准标示孔，使普通聚光器部分进入光路。先使用低倍相差物镜，按普通显微镜操作方法进行对光和调焦，再旋转环状光阑，使光阑的直径和孔宽与所使用的相差物镜相适应，如相差物镜为 40×时应用×40 标示孔的光阑。

(3) 合轴调整。

拔出目镜，插入合轴望远镜，一边从望远镜内观察，并用左手固定其外筒；一边用右手转动望远镜内筒使其下降，当对准焦点时就能看到环状光阑的亮环和相板的黑环，此时可将望远镜固定住。再升降集光器并调节其下的螺旋使亮环的大小与黑环一致，然后左右前后调节环状光阑聚光器上的调节钮，使两环完全重合，如亮环比黑环小而位于内侧，应降低集光器，使亮环放大；反之，则应升高聚光器，使亮环缩小。如升到最高限度仍不能完全重合，则可能是载玻片过厚之故，应更换载玻片。合轴调整完毕，抽出望远镜，换回目镜，按常规要领进行观察。在更换不同倍率的相差物镜时，每一次都要使用相匹配的环状光阑并重新进行合轴调整。使用油镜时，集光器上透镜表面与载玻片之间要同时加上香柏油。

(4) 观察。

在相差显微镜下观察活细胞，可清楚地分辨细胞的形态，细胞核、核仁以及细胞质中存在的颗粒状结构。

操作步骤：①根据所观察标本的性质及要求，挑选合适的相差物镜；②将标本片放到载物台上；③进行光轴中心的调整；④取下一侧目镜，换上合轴调节望远镜，调整环状光阑使之与相板上的共轭面圆环完全重叠吻合，然后取下合轴调节望远镜，换回目镜，在使用中，如需要更换物镜倍数，必须重新进行环状光阑与相板共轭面圆环吻合的调整；⑤放上绿色滤色片，即可进行镜检，镜检操作与普通光学显微镜的方法相同。

注意事项：①视场光阑与聚光器的孔径光阑必须全部开大，而且光源要强，因为环状光阑遮掉大部分光，物镜相板上共轭面又吸收大部分光；②不同型号的光学部件不能互换使用；③载玻片、盖玻片的厚度应符合标准，不能过薄或过厚；④切片不能太厚，一般以5～10 μm 为宜，否则会引起其他光学现象，影响成像质量。

9. 冰箱

细胞培养实验室一般配备有各种规格的冰箱（图 1-27），如 4 ℃冰箱、－20 ℃冰箱、－40 ℃冰箱、－80 ℃冰箱。冷藏箱主要用于储存培养液、生理盐水、Hank's 液、试剂等培养用的物品和短期保存的组织标本；冷冻箱用于保存需较长时间存放的制剂，如酶、血清和组织标本或细胞等。冰箱应保持清洁和通风，以防止污染。冰箱内禁止存放有毒、易燃、易挥发物品。

(a)

(b)

图 1-27　冰箱

注意事项：①原则上每位实验操作者的东西均需单独放置；②放置于低温环境下的实验材料最好避免反复冻熔；③需冷冻的实验材料一定要在标签上标明材料所有者、材料名称、制作时间、是否使用；④冰箱内不得存放易挥发、易燃烧的、对细胞有害的物质；⑤－80 ℃冰箱需专人管理。

10. 细胞冷冻储存器

细胞冷冻储存器主要是液氮容器（图 1-28），容积大小根据实验室需求选定。液氮罐有不同的类型及多种规格，常用的有窄瓶颈和宽瓶颈两类，体积从 25 L 到 500 L 不等。

使用液氮罐时一定要注意，液氮溅到皮肤上能引起冻伤。

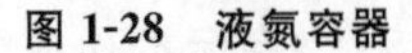

图 1-28　液氮容器

11. 过滤装置

凡在高温或射线下易发生变性或失去功能的物质，如人工合成培养液、血清、消化用胰蛋白酶等都须用滤器过滤除菌。

现市场上销售的滤器多种多样，主要有 Zeiss 滤器、玻璃滤器以及微孔滤膜滤器等。滤器中的滤膜一般用 0.2～0.3 μm 孔径的微孔滤膜。其中 Zeiss 滤器是一种加压式滤器，滤板是由石棉制成的一次性纤维板，可承受一定压力，是过滤血清较理想的滤器，其除菌效果好，但因孔径较小，过滤速度稍慢。

微孔滤膜滤器可分为加压式和抽滤式两种，其中加压式效果更佳。微孔滤膜滤器结构类似于 Zeiss 滤器，但滤膜不同，微孔滤膜滤器的滤膜为一次性混合纤维素酯，滤膜孔径的大小决定过滤效果的好坏，最常见的有 0.6 μm、0.45 μm、0.22 μm 三种孔径，为彻底除净细菌和霉菌，最好选用 0.22 μm 孔径的滤膜。这种滤器可用于包括血清在内的各种培养液体的过滤除菌，其过滤速度快，过滤效果好。

图 1-29 所示为正压式除菌金属滤器，图 1-30 所示为免压式玻璃滤器，图 1-31 所示为正压式一次性针头滤器。

图 1-29 金属滤器

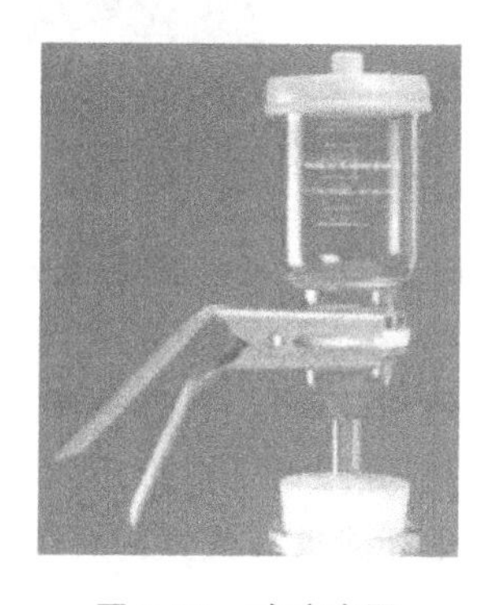

图 1-30 玻璃滤器

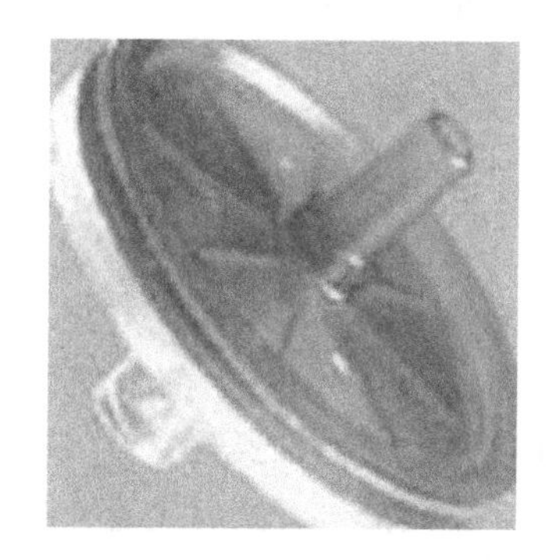

图 1-31 一次性针头滤器

12. 生物反应器

动物细胞培养技术能否工业化、商业化，关键在于能否设计出合适的生物反应器(bioreactor)。由于动物细胞与微生物细胞有很大差异，传统的微生物反应器不适用于动物细胞的大规模培养。动物细胞生物反应器首先必须满足在低剪切力及良好的混合状态下，提供充足的氧以供细胞生长及进行产物的合成。

(1) 生物反应器的分类。

目前，动物细胞培养用生物反应器主要包括转瓶培养器(图 1-32)、塑料袋增殖器、固化床生物反应器、多层板生物反应器、螺旋膜生物反应器、管式螺旋生物反应器、陶质矩形通道蜂窝状生物反应器、流化床生物反应器、中空纤维及其他膜式生物反应器、搅拌生物反应器、气升式生物反应器、鼓泡式生物反应器等。

按其培养细胞方式的不同，这些生物反应器可分为以下三类。

① 悬浮培养用生物反应器，如搅拌生物反应器、气升式生物反应器。

② 贴壁培养用生物反应器，如搅拌生物反应器(微载体培养)、玻璃珠床生物反应器。

③ 包埋培养用生物反应器，如流化床生物反应器、固化床生物反应器。

(2) 常见生物反应器的介绍。

① 搅拌生物反应器。

搅拌生物反应器如图 1-33 所示，这是最经典、最早被采用的一种生物反应器。此类生物反应器与传统的微生物反应器类似，针对动物细胞培养的特点，采用了不同的搅拌器及通气方式。搅拌器的作用是使细胞和养分在培养液中均匀分布，使养分能充分被细胞利用，增大气液接触面，有利于氧的传递。现已开发的有笼式通气搅拌器、双层笼式通气搅拌器、桨式搅拌器、海船式搅拌器等。

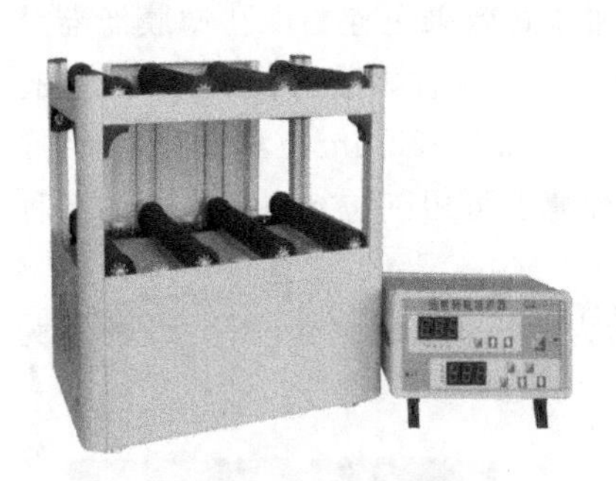

图 1-32 转瓶培养器

图 1-33 搅拌生物反应器

② 气升式生物反应器。

1979 年首次应用气升式生物反应器(图 1-34)成功地进行了动物细胞的悬浮培养。气升式生物反应器的优点：a. 罐内液体流动温和均匀，产生剪切力小，对细胞损伤较小；b. 可直接喷射空气供氧，因而氧传递效率较高；c. 液体循环量大，细胞和养分都能均匀分布于培养液中；d. 结构简单，有利于密封并降低了造价。

常用的气升式反应器有三种：内循环式气升式生物反应器、外循环式气升式生物反应器、内外循环式气升式生物反应器。

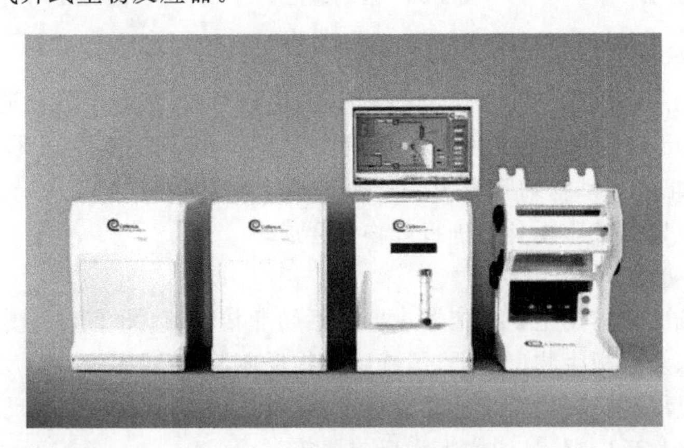

图 1-34 气升式生物反应器

③ 鼓泡式生物反应器。

鼓泡式生物反应器与气升式生物反应器相类似，利用气体鼓泡来进行供氧及混合，其设计原理与气升式生物反应器的设计原理也相同。

④ 中空纤维生物反应器。

中空纤维生物反应器用途较广，既可用于悬浮细胞的培养，又可用于贴壁细胞的培养。

工作原理：模拟细胞在体内生长的三维状态，利用反应器内数千根中空纤维的纵向布置，提供近似于生理条件的体外生长微环境，使细胞不断生长。中空纤维是一种细微的管状结构，管壁为极薄的半透膜，富含毛细管，培养时纤维管内灌流富含氧气的无血清培养液，管外壁则供细胞黏附生长，营养物质通过半透膜从管内渗透出来供细胞利用；血清等大分子营养物必须从管外灌入，否则会被半透膜阻隔不能被细胞利用；细胞的代谢废物也可通过半透膜渗入管内，避免了代谢产物累积对细胞的毒害作用。

设备优点：a. 占地空间少；b. 细胞产量高，细胞密度可达 10^9 数量级；c. 生产成本低，且细胞培养维持时间长，适用于长期分泌的细胞。

三、细胞培养实验室器材

常用的细胞培养器皿有培养瓶、培养板、培养皿等。培养用器皿应采用透明度好、无毒、利于细胞黏附和生长的材料，常用的培养器皿为一次性聚苯乙烯材料制品或中性硬度玻璃制品。玻璃培养器皿透明度好，由无毒的中性硬质玻璃制成，能消毒，可反复使用，便于观察结果，但易碎，清洗麻烦。塑料制培养器皿无毒、光滑且透明，出厂时已经消毒处理，拆开包装即可使用，用后废弃便可，但费用高，浪费大。

1. 培养皿

培养皿如图 1-35 所示。

作用：盛放、分离、处理组织，细胞毒性检测、集落形成、单细胞分离、同位素掺入、细胞繁殖等。

规格：10 cm、9 cm、6 cm、3.5 cm 等。

图 1-35 培养皿

2. 细胞培养瓶

不同种类的细胞培养要求使用不同规格的细胞培养瓶(图 1-36)，细胞传代培养要求培养瓶壁薄厚均匀，便于细胞贴壁生长和观察，瓶口要大小一致，口径一般不小于 1 cm，允许吸管伸入瓶内任何部位。常用的规格有 200 mL、100 mL、50 mL、25 mL、10 mL 等几种。用于外周血细胞培养的为普通圆瓶，常见规格为 10 mL。细胞培养瓶均要求选用优质玻璃制成。

(a)

(b)

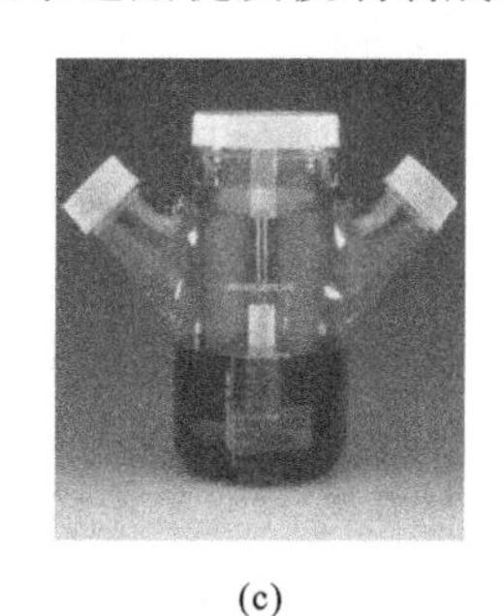

(c)

图 1-36 细胞培养瓶

3. 多孔培养板

多孔培养板如图 1-37 所示。

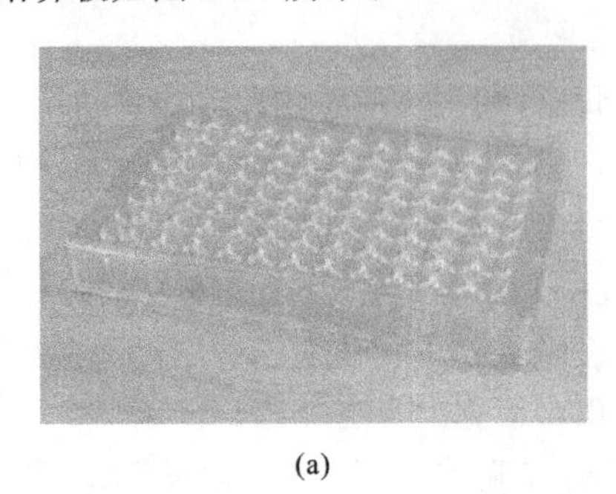
(a)

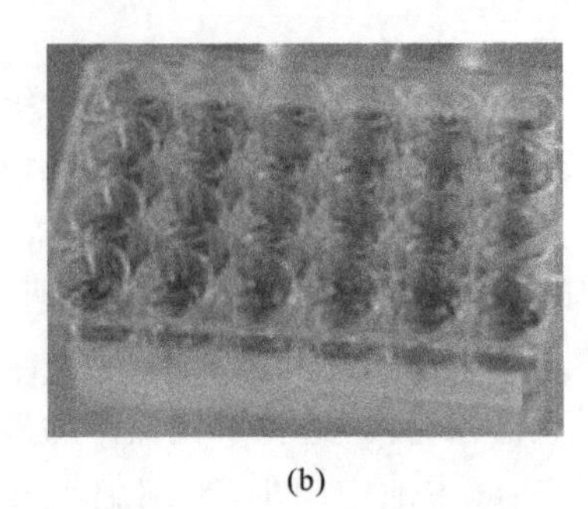
(b)

图 1-37　多孔培养板

作用:细胞培养、细胞理化性质检测、细胞毒性检测等。

规格:4 孔、6 孔、12 孔、24 孔、48 孔、96 孔。

优点:可同时进行大量样品的培养,由于培养室相对独立、窄小,在一定程度上可节省实验样品和实验试剂。

4. 移液器

移液器(图 1-38)主要用于吸取、移动液体或滴加样本,可根据需要调节量的大小,吸量准确、方便。尤其是微量移液器,可保证实验样品(或试剂)含量精确,重复性良好。

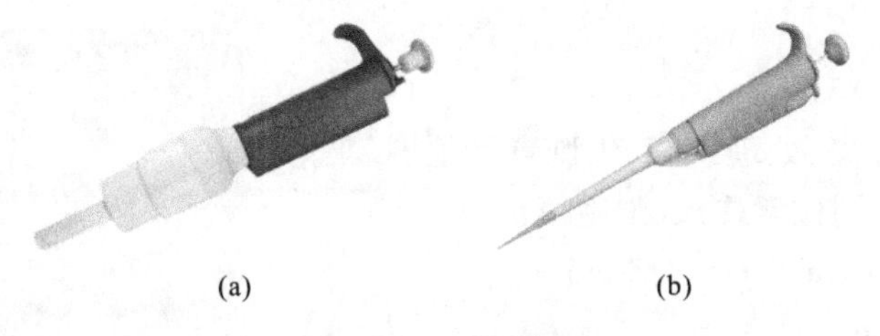
(a)　　(b)

图 1-38　移液器

(1) 常用移液器的规格。微量移液器有多种规格,在移液器量程范围内能连续调节读数。移液器常见的四种规格分别是 0.5～10 μL(读数窗显示 0.5～10.0,每转 1 挡为 0.1 μL)、10～100 μL(读数窗显示 10.0～100,每转 1 挡为 1 μL)、20～200 μL(读数窗显示 20.0～200,每转 1 挡为 1 μL)、100～1000 μL(读数窗显示 100～1000,每转 1 挡为 5 μL)。

移液器的枪头如图 1-39 所示。

(2) 使用方法:①将微量移液器装上枪头(不同规格的移液器用不同的枪头);②将微量移液器按钮轻轻压至第一停点;③垂直握持微量移液器,使枪头浸入液面下几毫米,千万不要将枪头直接插到液体底部;④缓慢、平稳地松开控制按钮,吸上样液,否则液体进入吸嘴太快,会导致液体倒吸入移液器内部,或吸入体积减小;⑤等 1 s 后将吸嘴提离液面;⑥平稳地把按钮压到第一停点,再把按钮压至第二停点以排出剩余液体;⑦提起微量移液器,然后按退枪头钮到底,将枪头弹出。

(3) 移液器使用注意事项:①改变移液量程时应从大调到小,由小值调到大值时应先

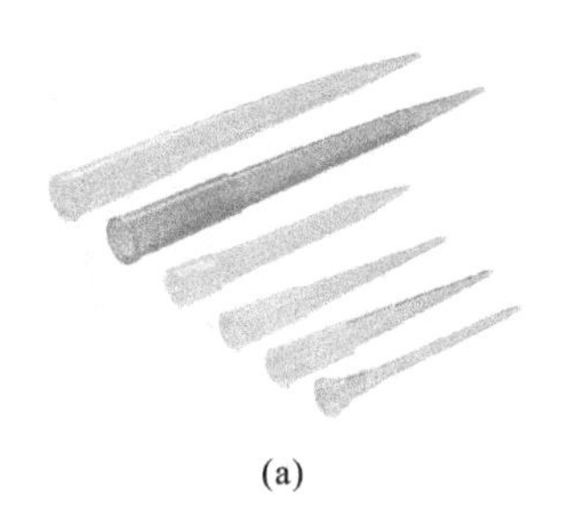
(a)

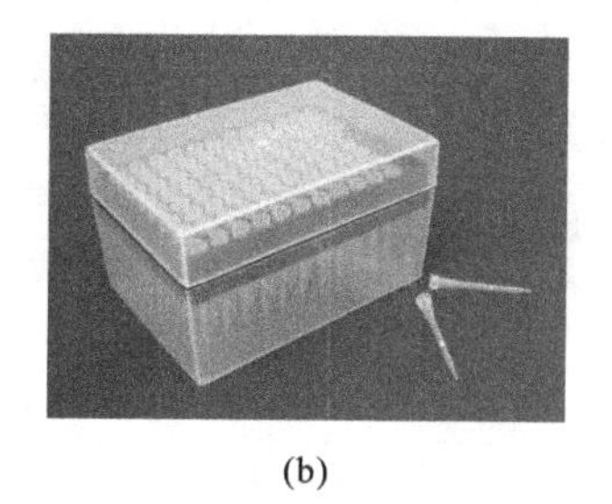
(b)

图 1-39 枪头

多调 1/3 圈再反调至设定值;②更换的新枪头尖应进行预洗,吸取有机溶液时最好预洗 2～3 次;③操作移液器要平稳、缓慢,释放按钮时不可过快,以免将液体吸入吸液杆内;④枪头内尚存液体时切勿将移液器平放或倒置,以防止液体流进吸液杆内;⑤吸取了强酸或其他腐蚀性溶液后,应将移液器拆开,用蒸馏水清洗活塞和密封圈,完全干燥后再组装;⑥若刻度与实际取液量相差甚大,可以用精密天平检测其精度,若精度差别很大,则应送专业维修点进行维修;⑦微量移液器有不同的移液范围,超过其量程易损坏其精度,而且不能再回到原来位置,对此应特别注意;⑧漏液可能是微量移液器内部润滑油已耗尽,或吸液杆头部破损所致,自己可以修复。

(4) 移液器枪头使用注意事项:① 移液器枪头在出厂前已经进行过消毒处理,平时不用时请不能随便将其包装袋打开;② 各规格的枪头要在无菌的条件下分装到枪头盒内再次进行高温灭菌处理,灭菌后的枪头一定要注意规范使用,以防二次污染;③ 枪头盒需定期进行清洗,清洗方法为洗衣粉水刷洗→自来水冲净→蒸馏水冲洗 3 次→超纯水冲洗 3 次。

5. 试剂瓶

试剂瓶用于储存各种配制好的培养用液、血清等液体,常用规格有 500 mL、250 mL、100 mL、50 mL 等几种,常以生理盐水瓶或血浆瓶代替。

6. 其他

在细胞培养实验室还需配备足够量的烧杯、能灭菌处理的药匙、容量瓶以及移液管等常规器材。

知识拓展

洁净室(区)的空气洁净度标准

细胞培养室可参照洁净室(区)的空气洁净度标准进行设计。空气洁净度是洁净环境中空气含悬浮粒子多少的程度。通常空气中含尘浓度低则空气洁净度高,含尘浓度高则空气洁净度低。按空气中悬浮粒子浓度来划分,洁净室及相关受控环境中空气洁净度等级就是以每立方米空气中的最大允许粒子数来确定的。一般来说,万级或十万级洁净度的环境都可以认为是洁净度级别比较高的环境,但进行细胞培养无菌操作时还需要在超净工作台内进行,超净工作台内的洁净度是百级。中国药品生产洁净室(区)的空气洁净度标准如表 1-4 所示。

表 1-4　中国药品生产洁净室(区)的空气洁净度标准

洁净度级别	尘粒最大允许数/m^{-3}		微生物最大允许数	
	≥0.5 μm	≥5 μm	浮游菌/(个/m^3)	沉降菌/(个/皿)
100	3500	0	5	1
10000	350000	2000	100	3
100000	3500000	20000	500	10
300000	10500000	61800	NA	15

另外,洁净室的设计有正压和负压之分。一般细胞培养如不涉及病原微生物,洁净室采用正压即可,但如果用于病毒等病原微生物的培养,应考虑到生物安全性,洁净室应为负压,超净工作台也应替换为生物安全柜,防止病原微生物外逸。

疫苗生产过程中的自动化仪器设备

在兽用疫苗生产过程中,大都使用自动化的仪器设备,彻底改变了传统的生产工艺过程,这不仅大大提高了生产效率,减少了人力、物力,而且降低了生产成本和污染的风险,提高了产品质量,有利于实现产品质量的均一性。

图 1-40 所示为生产过程中的自动化仪器设备。

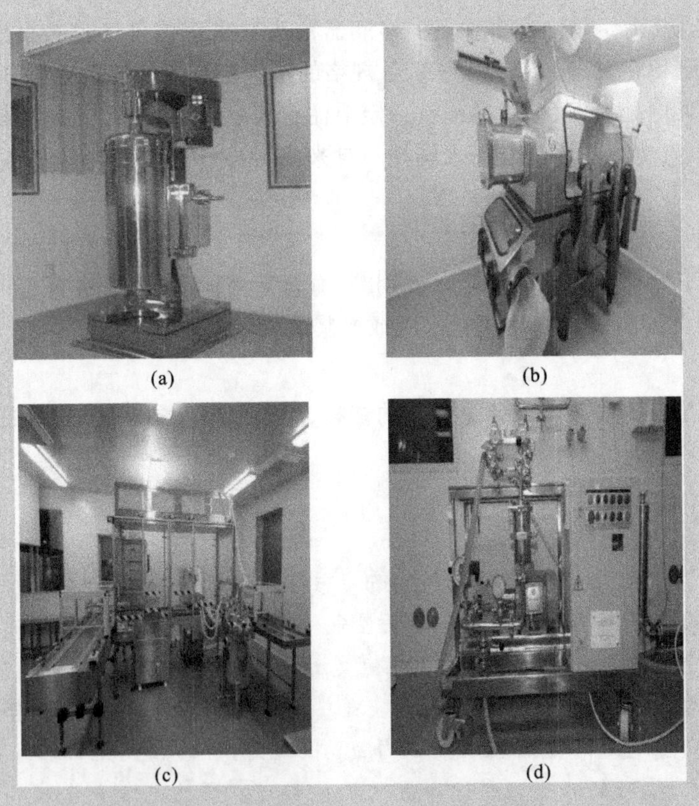

图 1-40　生产过程中的自动化仪器设备

(a)高速离心机;(b)正负压隔离器;(c)全自动接种收获机;(d)浓缩机

思考题

1. 自己设计细胞培养实验室，并列出所需购置仪器设备的清单和预算。
2. 倒置显微镜的使用方法和注意事项有哪些？
3. CO_2培养箱的使用方法和注意事项有哪些？
4. 对高压蒸汽灭菌器的使用方法、物品存放和消毒有何要求？
5. CO_2培养箱中的水盘如何保持清洁？

任务 2　动物细胞培养用品的清洗、消毒和灭菌

清洗与消毒灭菌是细胞培养的第一步，也是细胞培养中工作量最大、最基本的步骤。体外培养细胞所使用的各种玻璃或塑料器皿对清洁和无菌的要求很高。细胞培养不好与清洗不彻底有很大的关系。清洗后的玻璃器皿，不仅要求干净透明，无油迹，而且不能残留任何对细胞生长不利的毒性物质。如有毒的化学物质，哪怕残留 0.1 μg，也可能影响细胞生长。灭菌手段的选择十分重要，对不同的物品须采用不同的灭菌方法。如果选用的方法不当，使被灭菌药品丧失了营养价值、生物学特性或其他使用价值，即使达到了无菌效果也不行。

一、培养用品的清洗

清洗工作是细胞培养实验室最为重要的工作，也是最为繁重和艰辛的工作。目前我国某些细胞培养实验室仍使用能反复利用的玻璃器皿和塑料制品，这样就需要对这些培养用器材进行清洗。清洗的主要目的是清除各种器材上携带的杂质和微生物，使器材上不残留任何影响细胞生长的成分，因而在细胞培养中清洗和消毒是一项极为重要的工作。

在细胞培养过程中，体外细胞对任何有害物质都非常敏感。微生物产品附带杂物、上次细胞残留物及非营养成分的化学物质均能影响培养细胞的生长。因此，对新使用和再次使用的培养器皿都要严格、彻底地清洗，且要根据器皿组成材料的不同，选择不同的清洗方法。

1. 玻璃器皿的清洗

玻璃器皿可能有的杂质
- 碱性物质
  - 新玻璃器皿
  - 用洗衣粉等碱性洗涤剂清洗后呈碱性
- 铅：新玻璃器皿
- 砷：新玻璃器皿
- 许久未用又没有包装而带有的灰尘
- 上次使用后的残留物
- 病毒
- 细菌

一般玻璃器皿的清洗包括浸泡、刷洗、浸酸和冲洗四个步骤。

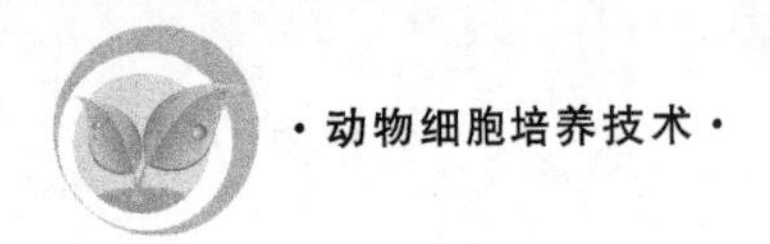

(1) 浸泡。

初次使用和已使用过的玻璃器皿均需先用清水浸泡，以使附着物软化或被溶解掉。初次使用的玻璃器皿，表面带有生产和运输过程中落下的大量的灰尘，且玻璃表面常呈碱性并带有一些对细胞有害的物质等。新玻璃器皿在使用前应先用自来水简单刷洗，然后用2%～5% HCl溶液浸泡过夜，以中和其中的碱性物质。

再次使用的玻璃器皿表面常附着一些细胞、蛋白杂质，干涸后极难脱落，故用后的玻璃器皿须立即浸入水中。浸泡时玻璃器皿要完全浸入，瓶内不能留有气泡，也不能浮在液面上。

注意事项：①强酸、强碱、琼脂等能腐蚀或阻塞管道的物质不能直接倒在洗涤槽内，必须倒在废物缸内；②一般的器皿都可用去污粉、肥皂或5%的热肥皂水(热的肥皂水去污能力更强，可有效地洗去器皿上的油污)来清洗。沾有很多油脂的器皿应先将油脂擦去。沾有焦油及树脂一类物质的器皿，可用浓硫酸、40%氢氧化钠溶液浸泡；③吸取过血清、Hank′s等含糖溶液或含酚红染料溶液的玻璃吸管(包括毛细吸管)，使用后应立即投入盛有自来水的洗盆内，免得干燥后难以冲洗干净，若吸管顶部塞有棉花，则冲洗前先将吸管尖端与装在水龙头上的橡皮管连接，用水将棉花冲出，然后进行洗涤；④用过的载玻片与盖玻片如滴有香柏油，要先用皱纹纸擦去香柏油或浸没于二甲苯内摇晃几次，使油垢溶解，再在肥皂水中煮沸5～10 min，用软布或脱脂棉花擦拭，立即用自来水冲洗，然后在稀洗涤液中浸泡0.5～2 h，用自来水冲去洗涤液，最后用蒸馏水换洗数次，待干后浸于95%酒精中保存备用，使用时在火焰上烧去酒精，用此法洗涤和保存的载玻片和盖玻片清洁透亮，没有水珠。

(2) 刷洗。

浸泡后的玻璃器皿一般要用毛刷蘸洗涤剂刷洗，以除去器皿表面附着较牢的杂质。注意不能使用有腐蚀作用的化学试剂，也不能使用比玻璃硬度大的物品来擦拭玻璃器皿，刷洗时动作要适度，以防损害器皿表面光泽度及留下划痕。

(3) 浸酸。

刷洗后的玻璃器皿自然干燥或烤干后要浸泡于清洁液中，浸泡时间一般为过夜，不得少于6 h。

清洁液由重铬酸钾(或重铬酸钠)、浓硫酸和蒸馏水按一定比例配制而成，用清洁液处理玻璃器皿的过程称为浸酸。清洁液可根据需要，配制成不同的强度，常用的有下列三种：强清洁液、次强清洗液和弱清洁液。具体配方如表1-5所示。

表1-5 各强度清洁液的配方

清洁液	组成		
	重铬酸钾质量/g	浓硫酸体积/mL	蒸馏水体积/mL
强清洁液	63	1000	200
次强清洗液	120	200	200
弱清洁液	100	100	1000

清洁液的配制：首先将重铬酸钾固体粉末溶解于蒸馏水中，缓慢加热使其充分溶解，

待重铬酸钾溶液冷却后徐徐加入浓硫酸，边加边用玻璃棒搅动以帮助散热，并注意防止液体外溢。

清洁液的工作原理：重铬酸钾与硫酸作用后形成铬酸，铬酸的氧化能力极强，从而使清洁液具有极强的去污作用。

清洁液使用注意事项：①清洁液中的浓硫酸具有强腐蚀作用，玻璃器皿在其中浸泡时间太长，会使玻璃变质，因此切忌长时间浸泡玻璃器皿；②若清洁液沾污衣服或皮肤，应立即用清水冲洗，再用苏打水或氨水溶液冲洗，如果溅到桌椅上，应立即用水洗去或用湿布抹去；③玻璃器皿投入清洁液前，应尽量保持干燥，以避免清洁液被稀释；④清洁液的使用范围仅限于玻璃和瓷质器皿，不适用于金属和塑料制品；⑤携带有大量有机物质的器皿应先将有机物质擦洗掉，然后浸泡于清洁液中，因为有机物质太多会加快清洁液的失效，此外，清洁液虽为强去污剂，但也不是所有的污迹都可清除；⑥清洁液一般盛放于陶瓷容器内，平时应加盖保护，以防变质；⑦新配制的清洁液为棕红色，被还原之后的清洁液为墨绿色，其去污能力将大大降低，不可再用；⑧无论是在清洁液中浸泡物品还是捞取物品，均须戴耐酸手套和穿围裙，动作要缓慢，并要保护好面部及其他身体裸露部分，要定期检查耐酸手套，防止它被玻璃碎片扎破漏液，从而发生危险。

(4) 冲洗。

浸酸后的玻璃器皿必须用水充分冲洗，使之不残留任何污物或清洁液。冲洗最好用洗涤装置，既省力效果又好。如手工操作，则需流水冲洗 10 次以上，每次灌满 2/3 体积的水然后倒干净，再用蒸馏水和超纯水分别清洗 3～5 次，等待灭菌处理。

玻璃器皿经以上步骤洗涤后，若内壁的水均匀分布成一薄层，表示油垢完全洗净，若挂有水珠，则还需用清洁液浸泡数小时，然后用自来水、蒸馏水、超纯水充分冲洗。

2. 瓶塞的清洗

细胞培养中所用的橡胶制品主要是瓶塞。新购置的瓶塞带有大量滑石粉及杂质，应先用自来水冲洗，再做常规处理。常规清洗方法如下：每次用后立即置入水中浸泡，然后用 2% NaOH 溶液或洗衣粉煮沸 10～20 min，以去除蛋白质；自来水冲洗后，再用 1% HCl 溶液浸泡 30 min 或蒸馏水冲洗后再煮沸 10～20 min，晾干备用。旧胶塞不必用酸碱处理，可直接用洗涤剂煮沸和清洗数次，再用蒸馏水和超纯水清洗，晾干，包装并高压灭菌后，便可使用。

3. 塑料制品的清洗

塑料制品现多采用无毒并经特殊处理的包装，打开包装即可使用，多为一次性物品。必要时用 2% NaOH 溶液浸泡过夜，用自来水充分冲洗，再用 5% HCl 溶液浸泡 30 min，最后用自来水、蒸馏水和超纯水冲洗干净，晾干备用。

二、包装

为防止消毒灭菌后再次遭受污染，培养用品在消毒处理前要经严格包装。清洗后的器皿可先放入鼓风干燥箱中吹干（塑料和橡胶制品不能放入干燥箱），或置于通风、无灰尘处自然晾干，然后包装起来，再做消毒处理。包装后的器皿便于消毒和储存。常用的包装材料有包装纸、牛皮纸、硫酸纸、棉布、铝盒和特制玻璃或金属制的消毒筒(长度能容纳吸管)、纸绳等。印有字的纸张和棉纸不宜用于包装。

1. 局部包装

体积较大的细胞培养瓶、烧杯、容量瓶、三角瓶、滤器、消毒筒等以及体积较小,但瓶口包装方便的容器(如青霉素瓶等)的包装,只把瓶口部分用硫酸纸包裹后,再罩以牛皮纸或棉布密包起来用线绳扎紧即可。

2. 全包装

比较小的细胞培养瓶、吸管、金属器械和胶塞等,需采用全包装,现多采用将其装入铝盒的方法。铝盒封闭小培养瓶、胶帽和胶塞等效果很好,但因盖不紧,故使用期限不宜太长。铝盒不透明,需在盖上写明用品名称以便于辨认。一些较大的物品如大容量三角瓶等,可用双层包装纸或布包裹起来。吸管在装入消毒筒前,先用少许脱脂棉将吸管手持端堵塞,松紧度应适宜,过松则易脱落,过紧则不透气,妨碍使用,然后装入消毒筒中;消毒筒底部应垫以软纸或棉花,以防吸管装入时折断管尖。

3. 金属器械的包装

一般金属器械(如剪刀、镊子)需置于铝盒中进行消毒灭菌。具体的做法如下:常规清洗铝盒,最后用超纯水冲洗 2～3 次;在铝盒内垫一层纱布(纱布的大小应能完全包裹所灭器械),将清洗干净的器械置于纱布上后,用纱布的另一端包裹,并在最上边放置一把镊子,用于灭菌后器械的安全取放。一般一个工作小组所用的器械包装于一个铝盒内,以防止交叉污染。

三、消毒灭菌

动物细胞培养最大的危险是发生培养物的细菌、真菌或病毒等微生物的污染,污染主要是由于操作者不规范操作而引起,主要包括操作间或周围环境污染、培养器皿和培养液消毒不彻底等。由于细胞培养的任一环节的失误均能导致培养失败,故细胞培养的每个环节都应严格遵守操作规程,以防止发生任何污染。

1. 消毒方法

灭菌是指杀死或消灭一定环境中的所有微生物,灭菌方法可分为物理灭菌法和化学灭菌法两大类。物理灭菌法包括高压蒸汽灭菌法、紫外线消毒法、过滤除菌法、高能量射线法、离心沉淀法和干热灭菌法。而高压蒸汽灭菌法和干热灭菌法统称为加热灭菌,加热灭菌是物理方法中最常用的一种方法。其具体工作原理是通过加热使菌体内蛋白质凝固变性,从而达到杀灭微生物的目的。蛋白质的凝固变性与其自身含水量有关,含水量越高,其凝固所需的温度越低。在同一温度下,湿热杀菌法的效力高于干热灭菌法的效力,因为在湿热情况下,菌体吸收水分,使蛋白质易于凝固;同时湿热灭菌时热穿透力强,可增加灭菌效力。

(1) 高压蒸汽灭菌法。

高压蒸汽灭菌法用途广泛,效率较高,是细胞培养工作中最常用的灭菌方法。这种灭菌方法是基于水的沸点随蒸汽压力的升高而升高的原理设计的。当蒸汽压力达到 1.05

kg/cm^2(表压,103.5 kPa)时,蒸汽的温度升高到 121 ℃,经 15～30 min 可杀灭高压锅内物品上携带的各种微生物及可能存在的芽孢。

适用对象:能经高压灭菌的培养用液、培养瓶塞与瓶盖、塑料滤器等。

(2) 紫外线消毒法。

紫外线常用于空气、操作台表面、超净工作台和不能使用其他方法进行消毒的培养器皿的消毒。紫外线照射直接方便、效果好,经一定时间照射后,可杀灭空气中大部分细菌。细胞培养实验室安装的紫外灯距地面应不超过 2.5 m,且需消毒的物品不能相互遮挡,紫外线的穿透能力非常弱,但其电离产生的氧自由基可消毒光线直射不到的地方。

紫外线消毒注意事项:①紫外线辐射能量低,穿透力弱,仅能杀灭直接照射到的微生物,因此消毒时必须使消毒部位充分暴露于紫外线下;②用紫外线消毒纸张、织物等粗糙表面时,要适当延长照射时间,且两面均应照射;③紫外线消毒的适宜温度范围是 20～40 ℃,温度过高或过低均会影响消毒效果,如果温度较低或较高可适当延长消毒时间,用于空气消毒时,消毒环境的相对湿度应低于 80%,否则应适当延长照射时间;④在使用过程中,应保持紫外灯表面的清洁,一般每两周用酒精棉球擦拭一次,发现灯管表面有灰尘、油污时,应随时擦拭;⑤用紫外灯消毒室内空气时,房间内应保持清洁干燥,减少尘埃和水雾;⑥不得让紫外线照射到人,以免引起损伤。

(3) 化学消毒法。

最常见的是 70%酒精和 1‰新洁尔灭,前者主要用于操作者的皮肤、操作台表面及无菌室内壁的处理,后者则主要用于器械的浸泡、皮肤和操作室壁面的擦拭消毒。化学消毒法操作简单、方便有效。

(4) 过滤除菌法。

对酶、活性因子、血清等具有生物活性的液体不能使用高压蒸汽灭菌法、化学消毒法等常规方法进行消毒灭菌,这时需选用过滤除菌法。该方法是利用滤器的滤膜将被消毒液体中的微生物过滤除去,从而达到除菌的目的。

2. 灭菌后的处理

灭菌后的处理如下:①检查包装的完整性,若有破损,不可作为无菌包使用;②湿包和有明显水渍的包不可作为无菌包使用;③检查化学灭菌指示胶带变色情况,未达到变色要求或有可疑点者,不可作为无菌包使用;④灭菌包掉落在地,或误放于不洁之处,或沾有水液,均应视为受到污染,不可作为无菌包使用;⑤已灭菌的物品不得与未灭菌物品混放;⑥合格的灭菌物品,应标明灭菌日期、合格标志;⑦运送无菌物品的工具应每日清洗并保持清洁干燥,当怀疑或发现有污染时,应立即进行清洗消毒,物品顺序摆放,并加防尘罩,以防再污染;⑧灭菌后的物品,应放入洁净区的柜橱内(或架子上、推车内);⑨储存的有效期受包装材料、封口的严密性、灭菌条件、储存环境等诸多因素影响,对于棉布包装材料和开启式容器,一般建议,温度在 25 ℃以下时有效期为 10～14 d,潮湿多雨季节有效期应缩短,对于其他包装材料如一次性无纺布、一次性纸塑包装材料,如证实该包装材料能阻挡微生物渗入,其有效期可相应延长,至少为半年以上。

知识拓展

生产中所用器皿的清洗、消毒

生产上进行细胞培养时，所用器皿有不同的处理方法。在进行细胞复苏、小量培养时仍用卡氏培养瓶，处理方法同上，但大多用一次性塑料培养瓶，可免处理。在进行小规模培养时，大多用转瓶。转瓶可用传统方法清洗，也可用专门的清洗机进行清洗。现在市场上有售的洗、烘、灌一体机（图1-41）由立式超声波洗瓶机、杀菌干燥机、灌轧机组成，可完成超声波清洗、冲水、充气、烘干消毒、灌装等工序。在进行大规模细胞培养时用的生物反应器都带有自动清洗、消毒和灌装的程序。

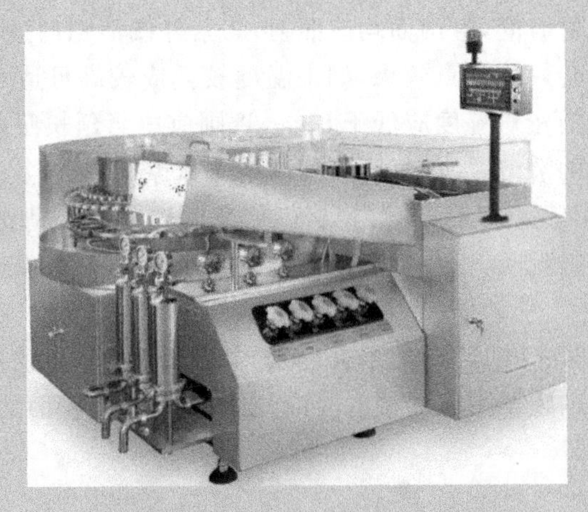

图1-41 生产过程中洗、烘、灌一体机

思考题

1. 清洁液的配制方法和注意事项有哪些？
2. 细胞培养中常用的消毒灭菌方法有哪些？
3. 如何判定所用器皿灭菌合格与否？
4. 如何对细胞培养用塑料制品进行消毒？

任务3 动物细胞培养用液的配制

培养用液是维护组织、细胞生存、生长及进行细胞培养各项操作过程中所需的基本溶液，主要包括平衡盐溶液、培养基、杂用液（其他培养用液）三大类，培养基又分为天然培养基与合成培养基。

平衡盐溶液（balanced salt solution，BSS）具有维持渗透压，调控酸、碱平衡的作用，并可提供细胞生存所需的能量和无机离子成分，另外，还可用做洗涤组织、细胞以及配制各种培养用液的基础溶液。它是制备细胞、培养细胞及检查细胞所必需的，可为细胞培养提供方便、有利的条件。

天然培养基主要是来自动物的体液或从组织中分离提取的成分，其营养性高，成分复杂，但来源受限，而且存在较大的个体差异。合成培养基是模拟人或动物体内环境合成的，配方恒定，是较为理想的培养基，但需与天然培养基混合使用，才能使细胞生长和繁殖。培养基是细胞生存的环境，其使用要求严格，对其各种成分需要精心选择。

一、水及平衡盐溶液

（一）细胞培养对水的要求

水不仅是细胞的主要成分，也是细胞赖以生存的主要环境，营养物质、代谢产物都必须溶解在水中，才能被细胞吸收和排泄。普通自来水含有大量离子和杂质，对细胞生长不利，甚至会引起细胞死亡。因此，培养细胞所用的水必须高度纯化。水的纯度不够，即使有害元素含量极少，对细胞也会产生不利的影响，因此配制所有的培养液和各种溶液都应使用三蒸水。三蒸水的储存对保持水的质量有很大影响，周围环境和空气能使水污染或改变其 pH 值，所以对于储存水的容器要尽量减少开启的次数，避免和外界多接触，存放时间不宜太长，一般不要超过两周，最好现制现用。

（二）平衡盐溶液

平衡盐溶液主要由无机盐、葡萄糖组成，它的作用是维持细胞渗透压平衡，保持 pH 值稳定及提供简单的营养。平衡盐溶液主要用于取材时组织块的漂洗、细胞的漂洗、配制其他试剂等。表 1-6 为几种常用的平衡盐溶液的配方。

表 1-6　几种常用的平衡盐溶液的配方　　（单位：g/L）

	Ringer	PBS	Tyrode	Earle	Hank's	D-Hank's	Dulbecco
NaCl	9.00	8.00	8.00	6.80	8.00	8.00	8.00
KCl	0.42	0.20	0.20	0.40	0.40	0.40	0.20
$CaCl_2$	0.25	—	0.20	0.20	0.14	—	0.10
$MgCl_2 \cdot 6H_2O$	—	—	0.10	—	—	—	0.10
$MgSO_4 \cdot 7H_2O$	—	—	—	0.20	0.20	—	—
$Na_2HPO_4 \cdot H_2O$	—	1.56	—	—	0.06	0.06	—
$NaH_2PO_4 \cdot 2H_2O$	—	—	0.05	0.14	—	—	1.42
KH_2PO_4	—	0.20	—	—	0.06	0.06	0.20
$NaHCO_3$	—	—	1.00	2.20	0.35	0.35	—
葡萄糖	—	—	1.00	1.00	1.00	—	—
酚红	—	—	—	0.02	0.02	0.02	0.02

最简单的平衡盐溶液是 Ringer。D-Hank's 与 Hank's 的一个主要区别在于前者不含 Ca^{2+}、Mg^{2+}，因此 D-Hank's 常用于配制胰蛋白酶溶液。Earle 平衡盐溶液具有较高的 $NaHCO_3$ 浓度（2.2 g/L），适合于 5% CO_2 的培养条件，Hank's 平衡盐溶液仅含 0.35 g/L

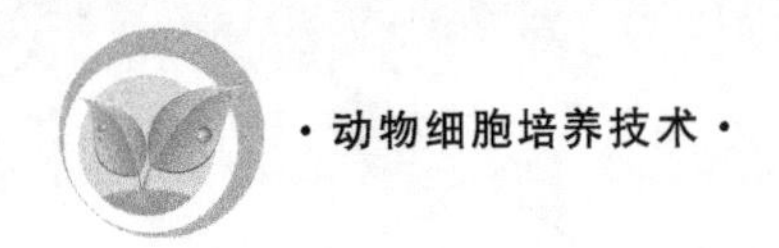

$NaHCO_3$,不能用于 5% CO_2 的环境,若放入 CO_2 培养箱,溶液将迅速变酸,使用时应注意。

配制平衡盐溶液也应当用三蒸水。如果配方中含有 Ca^{2+}、Mg^{2+},应当首先溶解这些成分,配好的平衡盐溶液可以过滤除菌或高温、高压灭菌。

二、培养基

细胞在体外的生存环境是人工模拟的,除了必须提供适当的温度、空气、无菌等条件外,最重要的是使细胞赖以生存的培养基接近于体内的生理环境,保证细胞能够正常地生存、生长,并维持其结构及功能。培养基的种类很多,按其来源,分为天然培养基和合成培养基;按其基质状态,分为半固体培养基和液体培养基等。

(一) 培养基的基本要求

体外培养的细胞直接生长于培养基中,因此培养基应能满足细胞对营养成分、生长因子、激素、渗透压、pH 值等诸多方面的要求。

1. 营养成分

细胞在体外生长,首先应满足其生存所需的营养条件。细胞对营养的需求包括以下几个方面。

(1) 氨基酸:氨基酸是细胞合成蛋白质的原料。所有细胞都需要以下 12 种必需氨基酸:精氨酸、胱氨酸、异亮氨酸、亮氨酸、赖氨酸、蛋氨酸、苯丙氨酸、苏氨酸、色氨酸、组氨酸、酪氨酸和缬氨酸,这些氨基酸都是 L 型的。此外,还需要谷氨酰胺,谷氨酰胺在细胞代谢过程中具有重要的作用,不仅能促进各种氨基酸进入细胞膜,而且是碱基嘌呤和嘧啶合成时的氮源,在合成一磷酸腺苷、二磷酸腺苷和三磷酸腺苷时也是必需的。

(2) 单糖:培养中的细胞可进行有氧酵解和无氧酵解,六碳糖是主要的能源。此外,六碳糖也是合成某些氨基酸、脂肪、核酸的原料。细胞对各种糖的吸收能力不同,葡萄糖最高,半乳糖最低。

(3) 维生素:维生素在细胞代谢过程中主要扮演辅酶、辅基的角色,因此是必不可少的。生物素、叶酸、烟酰胺、泛酸、吡哆醇、核黄素、硫胺素、维生素 B_{12} 等都是培养基中常有的成分。

(4) 无机离子与微量元素:细胞生长过程除需钠、钾、钙、镁、氮和磷等基本元素外,还需要一些微量元素,如铁、锌、硒、铜、锰、钼、钒等。

2. 生长因子及激素

细胞在体内的生长随时受到激素、生长因子的调节,在体外生长同样离不开激素类物质和各种生长因子。越来越多的实验证明,各种激素、生长因子对于维持细胞的功能、保持细胞的状态(分化的或未分化的)具有十分重要的作用。有些激素对许多细胞有促生长作用,如胰岛素(insulin),它能促进细胞利用葡萄糖和氨基酸。有些激素对某一类细胞有明显促进作用,如氢化可的松(hydrocortisone)可促进表皮细胞的生长,泌乳素(prolactin)有促进乳腺上皮细胞生长的作用等。各种生长因子的作用就更加明显并具有特异性。随着研究工作的深入,目前已发现了多种细胞生长因子,并可从血清、各种组织和生物成分中提取，或用基因工程的方法获得。

3. 渗透压

细胞必须生长在等渗的环境中，大多数培养细胞对渗透压有一定耐受性。人血浆渗透压约为 290 mOsm/kg，可视为培养人体细胞的理想渗透压。鼠细胞渗透压在 320 mOsm/kg 左右。对于大多数哺乳类动物细胞，渗透压在 260～320 mOsm/kg 的范围内都适宜。

4. pH 值

大多数细胞的适宜 pH 值为 7.2～7.4，偏离此范围对细胞会产生有害影响，培养基应具有一定的缓冲能力。造成培养基 pH 值波动的主要物质是细胞代谢产生的 CO_2，在封闭式培养过程中，CO_2 与水结合产生碳酸，培养基 pH 值很快下降。为了解决这一问题，合成培养基中使用了 $NaHCO_3$-CO_2 缓冲系统，并采用开放式培养的方式，使细胞代谢产生的 CO_2 及时逸出培养器皿，再通过稳定调节培养箱中 CO_2 气体的浓度(5%)，使之与培养基中的 $NaHCO_3$ 处于平衡状态。下列化学反应方程式可说明这一系统调节 pH 值的原理：

$$NaHCO_3 + H_2O \rightleftharpoons NaOH + H_2O + CO_2$$

当 CO_2 浓度能够保持相对稳定时，上述反应就可达到平衡，即 pH 值相对恒定。

5. 无毒、无污染

体外生长的细胞对微生物及一些有毒有害物质无任何抵抗力，因此培养基应无化学物质污染、无微生物污染(如细菌、真菌、支原体、病毒等)、无其他对细胞产生损伤作用的生物活性物质污染(如抗体、补体等)。对于天然培养基，污染主要来源于配制过程，配制所用的水、器皿应十分洁净，配制后应严格过滤除菌。

(二) 天然培养基

天然培养基主要指来自动物体液或利用组织分离提取的一类培养基，如血浆、血清、淋巴液、鸡胚浸出液等。组织培养技术建立的早期，体外培养细胞都是利用天然培养基。天然培养基含有丰富的营养物质，以及各种细胞生长因子、激素类物质，渗透压、pH 值等也与体内环境相似，但制作过程复杂、批间差异大，因此逐渐为合成培养基所替代。目前仍然广泛使用的天然培养基是血清(serum)，另外，各种组织提取液、促进细胞贴壁的胶原类物质在培养某些特殊细胞时也不可缺少。

1. 血清

(1) 血清的种类。

血清可来自多种动物，目前用于组织培养的血清主要是牛血清，在培养某些特殊细胞时也用人血清、马血清等。有人曾经比较过使用猪血清培养细胞与使用牛血清培养细胞的差异，结论是差异不显著。选择牛血清作为培养用血清有以下几个方面的原因：来源充足，制备技术成熟，经过长时间的应用考察人们对其有比较深入的了解。牛血清对于绝大多数哺乳类动物细胞都是适宜的，但并不排除在培养某种细胞时使用其他动物的血清更合适。

牛血清还可分为小牛血清、新生牛血清和胎牛血清。以 GIBCO 公司出售的牛血清为例，胎牛血清应取自剖宫产的胎牛，新生牛血清取自出生 24 h 之内的新生牛，小牛血清

取自出生 10～30 d 的小牛。显然，胎牛血清是品质最高的，因为胎牛还未接触外界，血清中所含的抗体、补体等对细胞生长有害的成分最少。

(2) 血清的成分及主要作用。

血清是由很多相对分子质量不同的生物分子组成的极为复杂的混合物，包括各种血浆蛋白质、肽类、脂肪、糖类(碳水化合物)、无机物质以及血小板凝集时释放的各种生长因子(如血小板来源的生长因子与转化生长因子 β)。这些生长因子有的能促进某些细胞增殖，而有的能诱导某些细胞分化。血清中既有促进细胞生长代谢的成分，又有抑制细胞生长活动的成分，从而实现对生长调节的平衡。表 1-7 为胎牛血清的主要成分及含量。

表 1-7　胎牛血清的主要成分及含量

成　分	平均浓度	成　分	平均浓度
Na^+	137 mmol/L	碱性磷酸酶	225 U/L
K^+	11 mmol/L	乳酸脱氢酶	860 U/L
Cl^-	103 mmol/L	胰岛素	0.4 μg/L
Fe^{2+}、Zn^{2+}、Cu^{2+}、Mn^{2+}、Co^{2+}、VO^{3+}等	ng/L 至 μg/L 级	TSH	1.2 μg/L
$SeO_3{}^{2-}$	26 μg/L	FSH	9.5 μg/L
Ca^{2+}	136 mg/L	牛生长激素	39 μg/L
无机磷	100 mg/L	催乳素	17 μg/L
葡萄糖	1250 mg/L	T_3	1.2 μg/L
氮(尿素)	160 mg/L	胆固醇	310 μg/L
总蛋白质	38 g/L	可的松	0.5 μg/L
白蛋白	23 g/L	睾酮	0.4 μg/L
α-2-巨球蛋白	3 g/L	黄体酮	80 μg/L
纤维连接蛋白	35 mg/L	前列腺素 E	6 μg/L
尿酸	29 mg/L	前列腺素 F	12 μg/L
肌酸	31 mg/L	维生素 A	90 μg/L
血红蛋白	113 mg/L	维生素 E	1 mg/L
胆红素(总)	4 mg/L	内毒素	0.35 μg/L

血清中其他与细胞体外生长有关的基本成分见表 1-8。

表 1-8　血清中其他与细胞体外生长有关的基本成分

蛋　白　质	生 长 因 子	胺类	肽	脂肪
纤维连接蛋白； α-2-巨球蛋白； 胎球蛋白； 转铁蛋白	胰岛素样生长因子Ⅰ和Ⅱ(IGF)； 生长调节素 A 和 C； 刺激增生活性因子； 血小板生长因子(PDGF)； 表皮细胞生长因子(EGF)； 成纤维细胞生长因子(FGF)； 内皮细胞生长因子(ECGF)	氨基酸； 多胺类(精胺、亚精胺)	谷胱甘肽	亚油酸； 磷脂

血清的主要作用如下。

① 提供基本营养物质。血清中含有各种氨基酸、维生素、无机物、脂类物质、核酸衍生物等，这些都是细胞生长所需的基本营养物质。

② 提供贴壁和扩展因子。许多体外培养的细胞必须贴附于培养器皿才能生长，帮助细胞贴壁的物质都属于细胞外基质，细胞在体内生长时具有分泌细胞外基质的功能，而在体外生长时，随着传代次数的增加这种能力逐渐下降甚至丢失。血清中含有这类物质，如纤维连接蛋白(fibronectin,FN)、层粘连蛋白(laminin,LN)等，它们可以促进细胞贴壁。

③ 提供激素及各种生长因子。血清中含有各种激素，如胰岛素、肾上腺皮质激素(氢化可的松、地塞米松)、类固醇激素(雌二醇、睾酮、孕酮)等，同时含有各种生长因子，如成纤维细胞生长因子(FGF)、表皮细胞生长因子(EGF)、血小板生长因子(PDGF)等。

④ 提供结合蛋白。结合蛋白的作用是携带重要的低相对分子质量的物质，如白蛋白携带维生素、脂肪(脂肪酸、胆固醇)以及激素等，转铁蛋白携带铁。结合蛋白在细胞代谢过程中起重要作用。

⑤ 为培养中的细胞提供某些保护作用。有一些细胞，如内皮细胞、骨髓样细胞可以释放蛋白酶，血清中含有抗蛋白酶的成分，起到中和作用。这种作用是偶然发现的，现在则有目的地使用血清来终止胰蛋白酶的消化作用，因为胰蛋白酶已广泛地应用于贴壁细胞的消化传代。血清蛋白形成了血清的黏度，可保护细胞免受机械损伤，特别是在悬浮培养搅拌时，黏度起着重要的作用。血清中还含有一些微量元素和离子，它们在代谢解毒中起重要作用，如硒等。

(3) 细胞培养中使用血清的缺点。

血清的成分复杂，虽然含有许多对细胞有利的成分，但也含有一些对细胞有害的成分，使用血清有以下几个明显的缺点。

① 对于体内的大多数细胞，血清不是它们接触的生理液体，它们只是在损伤愈合以及血液凝固过程中才接触血清，因此使用血清有可能改变某种细胞在体内的正常状态，血清可能促进某些细胞的生长(如成纤维细胞)，同时抑制另一类细胞的生长(如表皮角质细胞)。

② 血清中含有的一些物质对细胞会产生毒性作用，如多胺氧化酶，它能与来自高度繁殖细胞的多胺(如精胺、亚精胺)起反应，形成有细胞毒副作用的聚精胺。此外，补体、抗体、细菌毒素等都会影响细胞的生长，甚至造成细胞死亡。

③ 每批血清之间都有差别，其成分不能保持一致。

④ 在取材过程中有可能带入支原体、病毒，对培养的细胞产生潜在影响，可能导致实验失败或实验结果的不可靠性。

(4) 血清的质量标准。

血清质量的高低取决于两个方面的因素：一是取材对象，二是取材过程。用于制备血清的动物应健康无病并且在指定的出生天数之内，取材过程应严格按操作规程执行，制备的血清要经过严格的质量鉴定。血清质量的鉴定一般包括以下几个方面。

① 理化性质，如渗透压、pH 值、蛋白电泳图谱、蛋白含量、激素水平、内毒素等。蛋白含量包括血清总蛋白含量(不小于 35 g/L)、球蛋白含量(应小于 20 g/L)、血红蛋白含量

等，其中球蛋白含量是一项非常重要的指标，血清中的球蛋白主要是抗体，球蛋白含量越低，血清质量越高。血红蛋白含量也是越低越好。

② 微生物检测，包括对细菌、真菌、支原体、病毒等的检测，特别是对支原体、病毒的检测。支原体是一种很小的微生物，可通过孔径为 0.22 μm 的滤膜。支原体、病毒污染在光学显微镜下难以察觉，细胞也能生长繁殖，但会影响实验结果。检测支原体的方法很多，如培养法、PCR 法、荧光染色法、电镜观察法等。

③ 促生长效果。这是血清最重要的特性之一，应当以培养的细胞来检测，有三种方法：克隆形成率(cloning efficiency)测定法、贴瓶率(plating efficiency)测定法和连续传代培养法。克隆形成率测定一般是以悬浮生长的细胞为实验对象，如骨髓瘤细胞 Sp2/0-Ag14，按有限稀释法做克隆化培养，将不同批号的血清配制成不同浓度的培养基，如 10%、4%，细胞也稀释成不同浓度，如 25 个/mL、5 个/mL，接种至 96 孔板，每孔 200 μL，培养一定时间，统计有克隆生长的孔，计算出百分比，再与作为对照的标准血清相比较，就可看出不同批号血清之间的区别。一般用比较低浓度的血清，更能观察出血清质量之间的细微差别。贴瓶率测定一般是以贴壁细胞为培养对象，培养一定时间后弃去培养基，染色后统计集落数，计算出集落数占接种细胞数的百分比，同样再与标准血清相比较，判断血清质量的高低。连续传代培养法是将细胞(如 WI-28、人成纤维细胞)培养于 3 个一定体积的培养瓶中，如 50 mL 培养瓶，接种数量一般是每瓶 1.5×10^5 个，待测血清配制为 5%的浓度，一般于第七天收集细胞，计数，取平均值，中间可更换一次培养基。连续测试三个周期以上，观察细胞的生长状况，并将每次的计数结果与标准血清的测试结果相比较。

各种血清产品在出售时都应该有质量鉴定报告，使用者可以根据自己的需要选择不同厂家、不同货号、不同批号的产品。

对于使用者来说，判断血清质量首先从外观入手。好的血清应该是透明清亮，土黄色或棕黄色，无沉淀或极少量沉淀，比较黏稠。如发现血清混浊、不透明、含许多沉淀物，说明血清已被污染或血清中的蛋白质已变性；若血清呈棕红色，说明血清中的血红蛋白含量太高，取材时有溶血现象；如果摇晃时感觉液体稀薄，说明血清中掺入的生理盐水太多。如果要进一步了解血清的质量，则应连续培养某些细胞，观察细胞的生长状况。

(5) 血清的使用与储存。

正确地使用及储存血清，才能使血清发挥应有的作用。

① 使用前的处理。大部分血清在使用之前必须经过灭活处理，即 56 ℃放置 30 min。灭活的目的是去除血清中的补体成分，避免补体对细胞产生毒性作用。血清经过灭活也会损失一些对细胞有利的成分，如生长因子，因此也有人提出血清不经灭活直接用于培养，这样做的前提是确认血清中不含补体成分。对于一些品质高的胎牛血清和新生牛血清，可以考虑不经灭活直接用于细胞培养。

② 储存条件。勿将血清置于 37 ℃太久，若放置太久，血清会变混浊，同时血清中许多较不稳定的成分也会因此受到破坏而影响血清的品质。血清一般储存于－70～－20 ℃，同时应避免反复冻熔。购买了大包装的血清后，首先应将血清灭活处理，然后分装为小包装，如 10 mL、20 mL、50 mL，储存于－20 ℃，使用前熔化，由于血清结冻时体积

会增加约10%，必须预留此膨胀体积的空间。熔化时最好先置于4 ℃。熔化后的血清在4 ℃不宜长时间存放，应尽快使用。

③ 血清解冻步骤(逐步解冻法)：由－20 ℃(或－70 ℃)至4 ℃冰箱解冻一天，至室温下全熔化后再分装，在解冻过程中须规则摇晃均匀(勿造成气泡)，使温度与成分均一，减少沉淀的发生。勿直接由－20 ℃至37 ℃解冻，因温度改变太大，容易造成蛋白质凝结而发生沉淀。

④ 使用浓度。自从有了合成培养基之后，血清就是作为一种添加成分与合成培养基混合使用的，生长液为基本培养基加入8%～10%的血清；维持液为基本培养基加入3%～5%的血清。过多地使用血清，容易使培养中的细胞发生变化，特别是一些二倍体的无限细胞系，迅速生长之后容易发生恶性转化。

2. 血浆

早期的组织培养常将组织块置于血凝块中生长，自Harrison 1970年首次使用血浆以来，曾被广泛应用。血浆不仅能提供较完备的营养，使细胞在其中能存活并缓慢生长增殖相当长的时间，而且可用来支持培养组织块。优点是为培养细胞提供具有营养的支持结构，而且铺于玻璃表面有利于细胞贴附，在换培养液和分离培养过程中起保护作用，避免培养细胞不适应和受损，此外，它还能使细胞周围形成局部集中的适应性培养液。缺点是易发生液化，目前已很少单独使用。一般使用禽类血浆，最常用的是鸡血浆，制备时选用生长1年左右的健康雄鸡，最好小于一岁。有三种采血方式：鸡翅静脉抽取、心脏取血以及颈动脉取血。采血时应防止凝血，整个制备过程要特别注意保持无菌。

鸡血浆制备的方法如下：①用干燥注射器先吸肝素少许，润湿针管内壁(注意肝素钠过量可产生细胞毒性)；②选择年幼的鸡，从鸡翅静脉处抽取血液；③在有肝素钠存在时，3000 r/min离心10 min，取上清液分装入若干小瓶，低温冰箱中保存备用，全过程必须无菌操作。

3. 胚胎浸出液

以往培养组织的培养基中常含有一些组织浸出液，通常是胚胎浸出液。胚胎浸出液是早期动物细胞培养中应用的天然培养基，如鸡胚浸出液、牛胚浸出液等。它的主要成分为大分子核蛋白和小分子氨基酸，能促进细胞生长繁殖。近年来，由于合成培养基的不断改良和普遍应用，胚胎浸出液已逐渐被取代，仅用于满足某些特殊的需要。

以下简单介绍鸡胚浸出液的制备方法：

(1) 将正常受精的鸡卵放置于37 ℃孵箱(或培养箱)内孵化，保持空气流通，孵箱内放盛水器以保持箱内一定的湿度，每日翻动鸡卵1或2次；

(2) 经常在灯下检查鸡胚发育的状况，如发现血管不清晰等不良情况，应及时除去；

(3) 将孵化了9～11 d的鸡卵浸于95%酒精中10～15 min，取出后置一小烧杯中，气室端朝上，气室端的蛋壳用碘酒和酒精棉球消毒；

(4) 用消毒弯剪剪去气室端的蛋壳，小心剥离气囊膜和尿囊膜，用弯镊夹住鸡胚颈部，将鸡胚轻轻取出置于无菌培养皿中；

(5) 去除鸡胚眼睛、血块和卵黄，用Hank's液冲洗数次；

(6) 将整个鸡胚彻底剪碎，加入等量Hank's液，置于组织匀浆器中研磨；

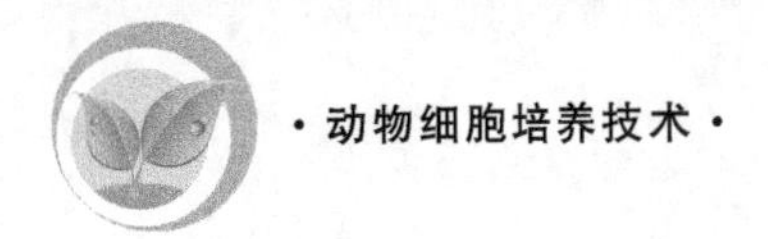

(7) 移入注射器中，加压将组织液挤入离心管中，密封后置于37 ℃培养箱中30 min，待鸡胚组织中的营养成分浸出；

(8) 3000 r/min离心30 min，取上清液，用消毒玻璃小瓶分装，封口，于−20 ℃冰箱低温保存，用前解冻后再2000 r/min离心10 min，取上清液使用，整个制备过程要保持无菌。注意小心剥离尿囊膜和鸡胚眼，后者有黑色素，会使浸出液带黑色，同时对细胞有毒性作用。

4. 鼠尾胶原

胶原是细胞生长的良好基质，它能促进组织和细胞的附着，改善生长表面特性。胶原的来源有大鼠尾腱、豚鼠真皮、牛的真皮和牛眼水晶体等。实验室常用大鼠尾制胶原。鼠尾胶原为黏度较大的半透明液体，难以过滤除菌，应无菌操作制备胶原。

(1) 鼠尾胶原的制备方法：

① 0.1%醋酸溶液，经0.067 MPa，10 min高压灭菌备用；

② 取250 g体重大白鼠的尾一条，置于75%酒精中浸泡1 h；

③ 将鼠尾置于培养皿中，切成1.5 cm左右的小段，剥去毛皮，抽去尾腱；

④ 剪碎尾腱，浸泡在150 mL醋酸溶液中，置于4 ℃冰箱内，间断振摇48 h；

⑤ 4000 r/min离心30 min(最好在4 ℃条件下)；

⑥ 将上清液分装成小瓶，−20 ℃下保存；

⑦ 残渣可再加150 mL醋酸溶液作用数小时后，离心，收集，保存。

(2) 鼠尾胶原的使用方法：

① 将鼠尾胶原均匀涂于器皿的细胞生长面，胶原量以不留液滴为度；

② 培养瓶用蘸有氨水的消毒棉球消毒后置于灭菌铝盒内；

③ 室温下放置2 h，氨气与鼠尾胶原作用，胶原凝固；

④ 用平衡盐溶液或基础营养液洗涤胶原表面后，再经细胞培养液浸泡过夜，37 ℃下干燥备用。

5. 水解乳蛋白

水解乳蛋白是常用的一种天然培养基，同时也是应用较多的血清代用品。它是乳蛋白经蛋白酶和肽酶水解的产物，氨基酸含量较高，可用于许多细胞系和原代细胞的培养。

购买的水解乳蛋白为淡黄色粉末，易潮解结块，但不影响其质量，可以使用。水解乳蛋白溶液呈酸性，不同商家的水解乳蛋白在细胞的营养及促生长作用方面有差异，表现在颜色、氨基酸含量和营养成分上。一般配制成0.5%水解乳蛋白溶液，呈微酸性。

配制方法：称取0.5 g水解乳蛋白粉于烧杯中，用灭菌的Hank's液数毫升将其调制成糊状，最后用Hank's液定容至100 mL，室温下放置1～2 h，并搅拌数次使其完全溶解。用定性滤纸过滤，分装至玻璃瓶中，高压灭菌，4 ℃冰箱中保存备用。

使用方法：将0.5%水解乳蛋白溶液在37 ℃水浴中平衡后，在无菌条件下，取0.5%水解乳蛋白溶液与合成培养基以一定比例混合(一般为1∶1)，即可用于培养。

(三) 合成培养基

合成培养基是人工设计、配制的培养基。早期组织培养都是利用天然培养基，天然培养基虽然含有丰富的营养物质，能够有效地促进细胞在体外生长繁殖，但存在成分复杂、批间差异大、制备过程烦琐等局限性，使人们更迫切地希望研制出人工配制的培养基。经过许多科学工作者不懈的努力，这一愿望终于实现。目前合成培养基已经是一种标准化的商品，品种繁多，使用方便，从最初的基本培养基发展到无血清培养基、无蛋白培养基，并且还在不断地发展、完善以满足更多的需求。合成培养基的出现极大地促进了组织培养技术的普及和发展。

1. 基本培养基

最初研制合成培养基，就希望使其完全替代天然培养基，但结果没能像人们所预期的那样，许多合成培养基都只能使体外培养细胞短暂生存，只有在添加了少量天然培养基（血清）之后，细胞才能在其中长期生长繁殖。在研制的过程中人们还发现，原来只针对某一种细胞研制的培养基也适合于许多其他细胞，这类合成培养基可称为基本培养基或通用培养基，在添加了一定比例的血清之后，称为完全培养基。基本培养基是目前使用最多的合成培养基。

（1）基本组分。

研制合成培养基，主要是通过分析天然培养基的成分及了解细胞代谢的基本过程，依照蛋白质代谢、核酸代谢、糖类代谢、脂类代谢的基本规律设计培养基的成分。最初研制的培养基所含成分十分复杂，如 199 培养基共含有 60 多种成分。这些培养基虽然成分复杂，但仍然不能完全替代天然培养基。后来人们认识到既然必须添加少量血清，就可以适当减少合成培养基的一些基本组分，经过试验筛选，研制出了成分最简单的培养基——低限量基础培养基(minimum essential media，MEM)，它含有 20 多种物质，这些物质就是培养基必不可少的基本组分。基本组分包括四大类物质，即无机盐、氨基酸、维生素、糖类。

无机盐：$CaCl_2$、KCl、$MgSO_4$、$NaHCO_3$、NaH_2PO_4。

氨基酸：精氨酸、胱氨酸、异亮氨酸、亮氨酸、赖氨酸、蛋氨酸、苯丙氨酸、苏氨酸、色氨酸、组氨酸、酪氨酸和缬氨酸（均为 L 型）。

维生素：偏多酸钙、氯化胆碱、叶酸、肌醇、烟酰胺、吡哆醛、核黄素、硫胺素。

糖类：葡萄糖。

除了上述与细胞生长有关的物质以外，培养基中一般还要加入酚红（一种 pH 指示剂）。

MEM 并不是常用的基本培养基，常用的基本培养基都含有 30 多种成分，如 RPMI-1640，一般是增加了一些非必需氨基酸和维生素，如丝氨酸、脯氨酸、生物素、维生素 B_{12} 等。

部分基本培养基的基本组分——无机盐类、氨基酸类、维生素类和其他化合物分别见表 1-9、表 1-10、表 1-11 和表 1-12。

表 1-9　部分基本培养基的基本组分——无机盐类　（单位：mg/L）

成　　分	MEM	DMEM	IMDM	RPMI-1640	F10	F12	McCoy's5A	199
$CaCl_2$	200.00	200.00	165.00	—	33.30	33.20	100.00	200.00
KCl	400.00	400.00	330.00	400.00	285.00	223.60	400.00	400.00

续表

成　分	MEM	DMEM	IMDM	RPMI-1640	F10	F12	McCoy's5A	199
$MgSO_4$	98.00	97.67	98.00	48.84	74.60	—	98.00	98.00
NaCl	6800.00	6400.00	4500.00	6000.00	7400.00	7599.00	5100.00	6800.00
$NaHCO_3$	2200.00	3700.00	3024.00	2000.00	1200.00	1176.00	2200.00	2200.00
NaH_2PO_4	140.00	125.00	125.00	—	—	—	580.00	140.00
KNO_3	—	—	0.076	—	—	—	—	—
Na_2SeO_3	—	—	0.017	—	—	—	—	—
$Ca(NO_3)_2$	—	—	—	100.00	—	—	—	—
Na_2HPO_4	—	—	—	800.00	153.70	142.00	—	—
$CuSO_4$	—	—	—	—	0.03	0.86	—	—
$MgCl_2$	—	—	—	—	—	57.22	—	—
$Fe(NO_3)_2$	—	0.10	—	—	—	—	—	0.72
$ZnSO_4$	—	—	—	—	0.0025	0.0025	—	—
$FeSO_4$	—	—	—	—	0.083	0.083	—	—
KH_2PO_4	—	—	—	—	—	—	—	—

表 1-10　部分基本培养基的基本组分——氨基酸类　(单位:mg/L)

成　分	MEM	DMEM	IMDM	RPMI-1640	F10	F12	McCoy's5A	199
L-精氨酸	126.0	84.00	84.00	200.0	211.0	211.0	42.10	70.00
L-胱氨酸	31.00	63.00	91.20	65.00	—	—	—	26.00
L-半胱氨酸	—	—	—	—	25.00	35.00	31.50	0.10
L-组氨酸	42.00	42.00	42.00	15.00	23.00	21.00	21.00	22.00
L-异亮氨酸	52.00	105.00	105.00	50.00	2.60	4.00	39.40	40.00
L-亮氨酸	52.00	105.00	105.00	50.00	13.00	13.00	39.40	60.00
L-赖氨酸	73.00	146.00	146.00	40.00	29.00	36.50	36.50	70.00
L-蛋氨酸	15.00	30.00	30.00	15.00	4.50	4.50	15.00	15.00
L-苯丙氨酸	32.00	66.00	66.00	15.00	5.00	5.00	16.50	25.00
L-苏氨酸	48.00	95.00	95.00	20.00	3.60	12.00	17.90	30.00
L-色氨酸	10.00	16.00	16.00	5.00	0.60	2.00	3.10	10.00
L-酪氨酸	52.00	104.00	104.00	29.00	2.62	7.80	26.20	58.00
L-缬氨酸	46.00	94.00	94.00	20.00	3.50	11.70	17.60	25.00
L-丙氨酸	—	—	25.00	—	9.00	8.90	13.90	25.00

续表

成　　分	MEM	DMEM	IMDM	RPMI-1640	F10	F12	McCoy′s5A	199
L-天冬酰胺	—	—	25.00	50.00	15.00	15.00	45.00	—
L-天冬氨酸	—	—	30.00	20.00	13.00	13.00	20.00	30.00
L-谷氨酸	—	—	75.00	20.00	14.70	14.70	22.10	75.00
L-谷氨酰胺	—	584.00	584.00	300.0	146.00	146.00	219.20	100.00
甘氨酸	—	30.00	30.00	10.00	7.50	7.50	7.50	50.00
L-脯氨酸	—	—	40.00	20.00	11.50	34.50	17.30	40.00
L-丝氨酸	—	42.00	42.00	30.00	10.50	10.50	26.30	25.00
L-羟脯氨酸	—	—	—	20	—	—	19.70	10.00

表 1-11　部分基本培养基的基本组分——维生素类　（单位：mg/L）

成　　分	MEM	DMEM	IMDM	RPMI-1640	F10	F12	McCoy′s5A	199
偏多酸钙	1.0	4.00	4.00	0.25	0.70	0.50	0.20	0.01
氧化胆碱	1.0	4.00	4.00	3.00	0.70	14.00	5.00	0.50
叶酸	1.0	4.00	4.00	1.00	1.30	1.30	10.00	0.01
肌醇	2.0	7.20	7.20	35.00	0.50	18.00	36.00	0.05
烟酰胺	1.0	4.00	4.00	1.00	0.06	0.04	0.50	0.025
吡哆醛	1.0	—	4.00	—	—	—	0.50	0.025
吡哆醇	—	4.00	—	1.00	0.20	0.06	0.50	0.025
核黄素	0.1	0.40	0.40	0.20	0.40	0.04	0.20	0.01
硫胺素	1.0	4.00	4.00	1.00	1.00	0.30	0.20	0.01
生物素	—	—	0.013	0.20	0.024	0.007	0.20	0.01
维生素 B_{12}	—	—	0.013	0.005	1.40	1.40	2.00	—
Para-氨苯甲酸	—	—	—	1.00	—	—	1.00	0.05
烟酸	—	—	—	—	—	—	—	0.50
抗坏血酸	—	—	—	—	—	—	—	0.50
维生素 E	—	—	—	—	—	—	—	—
维生素 D_2	—	—	—	—	—	—	—	0.10
维生素 K_3	—	—	—	—	—	—	—	0.01
维生素 A	—	—	—	—	—	—	—	0.14

表 1-12　部分基本培养基的基本组分——其他化合物　(单位:mg/L)

成　分	MEM	DMEM	IMDM	RPMI-1640	F10	F12	McCoy's5A	199
葡萄糖	1000.00	4500.00	4500.00	2000.00	1100.00	1802.00	3000.00	1000.00
酚红	10.00	15.00	15.00	5.00	1.20	1.20	10.00	20.00
HEPES	—	—	5958.00	—	—	—	5958.00	—
丙酮酸钠	—	—	110.00	—	110.00	110.0	—	—
谷胱甘肽	—	—	—	1.00	—	—	0.50	0.05
次黄嘌呤	—	—	—	—	4.70	4.77	—	0.40
胸苷	—	—	—	—	0.70	0.70	—	—
硫辛酸	—	—	—	—	0.20	0.21	—	—
亚油酸	—	—	—	—	—	0.08	—	—
腐胺	—	—	—	—	—	0.16	—	—
苯唑蛋白胨	—	—	—	—	—	—	600.00	—
胸腺嘧啶	—	—	—	—	—	—	—	0.30
硫代腺嘌呤	—	—	—	—	—	—	—	10.00
三磷酸腺苷	—	—	—	—	—	—	—	0.20
胆固醇	—	—	—	—	—	—	—	0.20
2-脱氧核糖	—	—	—	—	—	—	—	0.50
单磷酸腺苷	—	—	—	—	—	—	—	0.20
鸟嘌呤	—	—	—	—	—	—	—	0.30
核糖	—	—	—	—	—	—	—	0.50
醋酸钠	—	—	—	—	—	—	—	50.00
吐温-80	—	—	—	—	—	—	—	20.00
尿嘧啶	—	—	—	—	—	—	—	0.30
黄嘌呤	—	—	—	—	—	—	—	0.34

(2) 种类。

目前基本培养基的种类已达数十种,其中常见的有以下几种。

① MEM。前已述及,也称为低限量 Eagle 培养基,它仅含有 12 种必需氨基酸、8 种维生素及必要的无机盐,成分简单。由于成分简单,易于添加某种特殊成分以适应某些特殊细胞的培养。

② DMEM(Dulbecco's modified Eagle medium)。DMEM 是由 Dulbecco 等人在 MEM 培养基的基础上研制而成。与 MEM 相比,主要是增加了各成分的用量,分为高糖型和低糖型,高糖型的葡萄糖含量为 4500 mg/L,低糖型的葡萄糖含量为 1000 mg/L。高糖型有利于细胞停泊于一个位置生长,适合于生长较快、附着较困难的肿瘤细胞。

③ IMDM(Iscove's modified Dulbecco's medium)。IMDM 是 Iscove 等人对

DMEM培养基改良的结果。它含有42种成分，与DMEM相比，增加了许多非必需氨基酸及一些维生素，还增加了HEPES，葡萄糖含量为高糖型。IMDM适合于细胞密度较低、细胞生长较困难的情况，如细胞融合之后杂交细胞的筛选培养、DNA转染后转化细胞的筛选培养。

④ RPMI-1640。RPMI-1640是由Moore等人研究成功的，最初是为培养小鼠白血病细胞而设计。开始的配方特别适合于悬浮细胞生长，主要针对淋巴细胞，后经几次改良，从RPMI-1630、RPMI-1634，直至RPMI-1640。其组分较为简单，适合于许多种类细胞的生长，如肿瘤细胞或正常细胞、原代培养或传代培养的细胞。RPMI-1640是目前应用最为广泛的培养基之一。

⑤ 199培养基、109培养基。199培养基是Morgan等人在1950年研制成功的，是最早出现的培养基之一，当时是为培养鸡胚组织而设计的。199培养基的成分有60多种，几乎含所有氨基酸、维生素、生长激素、核酸衍生物等。109培养基是199培养基的改良之作，比199培养基的效果更好。

⑥ F10、F12。1962年，Ham针对小鼠二倍体细胞克隆化培养设计了F7培养基，在此基础上进行改良成为F10培养基，使之不仅适合于小鼠二倍体细胞的培养，也适合于人类二倍体细胞的培养。Ham在1963年又研制成F12培养基，这种培养基的特点是在配方中加入了一些微量元素和无机离子，可以在加入很少血清的情况下应用，特别适合于进行单细胞分离培养。F12培养基也是无血清培养基中常用的基础培养基。

⑦ McCoy′s5A。McCoy′s5A培养基是McCoy T. A.等人在1959年研制成功的，是一种专门为肉瘤细胞设计的培养液，后来发现它特别适合于原代细胞培养，适合于较困难的细胞的生长。

上述培养基都已商品化，并且同一种培养基还有不同形式的产品，干粉的或液体状的，大包装的或小包装的。液体的还分为10倍浓缩液、2倍浓缩液及工作液等。有些培养基不含酚红，有些不含钙离子、镁离子，使用者可以根据实验需要选择产品。

2. *无血清培养基*

无血清培养基即不需要添加血清就可维持细胞在体外较长时间生长繁殖的合成培养基。

虽然由基础培养基加少量血清所配制的完全培养基可以满足大部分细胞培养实验的要求，但对有些实验不适合。如观察一种生长因子对某种细胞的作用，这时需要排除其他生长因子的干扰作用，而血清中可能含有各种生长因子；又如需要测定某种细胞在培养过程中分泌某种物质（抗体、生长因子）的能力，或者要大规模地培养某种细胞，以获得它们的分泌产物。因此，研制一种无血清培养基一直是生物科学工作者努力追求的目标。

(1) 无血清培养基的设计思路。

设计无血清培养基，一定要了解所培养的细胞是正常有限细胞系，还是永生不死或转化的细胞；是来自上皮组织或结缔组织，还是肌肉组织等。同时要了解培养这种细胞的目的，是要保持其不分化状态或向一定方向分化，还是希望得到其分泌产物等。与基础培养基不同，无血清培养基的针对性很强，一种无血清培养基一般只适合于一种细胞的培养。

在无血清培养基的研制过程中，有以下几种策略。

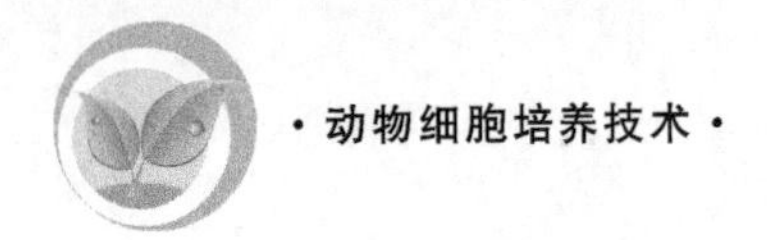

① 分析血清的成分。对细胞生存、生长所需的每一种血清成分进行分离鉴定，这是一项繁重的工作，最后证明是失败的。因为许多激素、生长因子需协同作用并且在血清中含量极少。还有许多人们还不了解的成分，根本无法用常规的生化方法分离提纯。

② 采用合成的方法。即在现有基础培养基中添加不同组合的各种生长因子（根据不同细胞的特点）、激素、结合蛋白质以及贴壁和扩展因子以替代血清。

③ 寻找限制因素。Ham 等人在研制无血清培养基时，首先将现有培养基进行新的处方设计，然后降低血清浓度，直到细胞生长受限制，再调整培养基中的每种成分的浓度（维生素、氨基酸、激素、生长因子等），直到细胞恢复生长。

（2）无血清培养基的基本配方。

无血清培养基分为基础培养液和添加组分两大部分。基础培养液以 F12 和 DMEM 最为常用，一般两者以 1∶1 混合。添加组分包括以下几大类物质。

① 促贴壁物质。许多细胞必须贴附于瓶壁才能生长，这种情况下在无血清培养基中一定要添加促贴壁和扩展因子，一般是细胞外基质，如纤维连接蛋白（FN）、层粘连蛋白（LN）等。它们还是重要的分裂素以及维持正常细胞功能的分化因子，对许多细胞的繁殖和分化起着重要的作用。纤维连接蛋白主要促进来自于中胚层的细胞的贴壁和分化，这些细胞包括成纤维细胞、肉瘤细胞、粒细胞、肾上皮细胞、肾上腺皮质细胞、CHO 细胞、成肌细胞等。而层粘连蛋白主要促进内皮细胞以及来自于内胚层的细胞的贴壁和分化，如表皮细胞、支气管上皮细胞、分泌型上皮细胞、神经细胞和肝细胞等。

② 生长因子及激素。针对不同的细胞添加不同的生长因子，如培养角质细胞加表皮生长因子（EGF），培养神经细胞加神经生长因子（NGF），培养内皮细胞加内皮细胞生长因子（ECGF）等。当然有些生长因子可以刺激多种细胞的生长，表 1-13 总结了部分生长因子的使用情况。激素也是刺激细胞生长、维持细胞功能的重要物质。有些激素对于许多细胞是必不可少的，如胰岛素。还有一些激素对特定的细胞有重要的作用，如泌乳素对乳腺上皮细胞。

表 1-13　部分生长因子的使用情况

生长因子	靶细胞（一般的）	靶细胞（特异的）	推荐浓度
EGF	外胚层细胞、中胚层细胞	角质细胞、成纤维细胞、软骨细胞等	1～20 ng/mL
BFGF	中胚层细胞、神经外胚层细胞	内皮细胞、成纤维细胞、软骨细胞、成肌细胞等	0.5～10 ng/mL
FGF	中胚层细胞、神经外胚层细胞	成纤维细胞、血管细胞	1～100 ng/mL
ECGF	内皮细胞	内皮细胞	1～3 mg/mL
IGF-1	绝大多数细胞	—	1～10 ng/mL
PDGF	间充质细胞	成纤维细胞、肌细胞、神经胶质细胞	1～50 ng/mL
NGF	感觉细胞、交感神经细胞	神经细胞、神经胶质细胞	5～100 ng/mL
TGF-α	刺激间充质细胞	—	0.1～3 ng/mL
TGF-β	抑制外胚层细胞	—	1～10 ng/mL

③ 酶抑制剂。培养贴壁生长的细胞，需要用胰蛋白酶消化传代，在无血清培养基中必须含有酶抑制剂，以终止胰蛋白酶的消化作用，达到保护细胞的目的。最常用的是大豆胰蛋白酶抑制剂。

(3) 无血清培养基的使用方法。

细胞转入无血清培养基培养要有一个适应过程，一般要逐步降低血清浓度，从10%减少至5%、3%、1%，直至无血清培养。在逐步降低血清浓度的过程中，要注意观察细胞形态是否发生变化，是否有部分细胞死亡，存活的细胞是否还保持原有的功能和生物学特性等。在实验或生产完成之后，这些细胞一般不再保留，很少有细胞能够长期培养于无血清培养基而不发生改变的。细胞在转入无血清培养基培养之前，应留有种子细胞，种子细胞按常规培养于含血清的培养基中，以保证细胞的特性不发生变化。

(4) 无血清培养基的应用。

无血清培养基被广泛应用于培养哺乳动物细胞和无脊椎动物细胞以制备单克隆抗体、病毒抗原和重组蛋白等。大多数无血清产品含有向细胞内转运离子的转铁蛋白和调节葡萄糖摄取量的胰岛素，以及一些蛋白质如清蛋白、纤维连接蛋白、胎球蛋白等，这些蛋白在细胞培养中发挥各自不同的功能，如吸附毒性化合物、抗生物反应器剪切力、提供细胞贴壁所需的基质、作为脂类和其他生长因子的载体等。

表1-14列出了近几年开发的无血清培养基及无蛋白培养基。

表1-14 近几年开发的无血清培养基及无蛋白培养基

产品名称	产品简介	适用范围
UltraCULTURE™培养基	通用的无血清培养基	培养贴壁和悬浮哺乳动物细胞，制备疫苗生产中病毒颗粒
PC-1™培养基	一种低蛋白无血清培养基	培养原代细胞和贴附生长型细胞
UltraMEM Reduced Serum培养基	支持多种贴壁细胞在低血清浓度下生长的限定培养基	培养贴附生长型细胞
UltraCHO™培养基	最适于培养转染和未转染的中国仓鼠卵巢细胞(CHO)，表达重组蛋白	培养CHO细胞，合成重组蛋白
UltraMDCK™培养基	一种无血清限定培养基，适于高或低平板密度培养MADIN-DABBY犬肾细胞(MDCK)	培养供体外诊断(IVD)用的MDCK细胞
Pro293™CDM系统	专为促进293细胞(转化的人胚肾细胞)重组蛋白的合成和下游反应而开发的	合成293细胞重组蛋白

续表

产品名称	产品简介	适用范围
Insect-XPRESS™培养基	适合培养来源于 *Spodoptera frugiperda*（Sf9 和 Sf21）的昆虫细胞系	杆状病毒的增殖，重组蛋白的表达
HL-1™完全无血清培养基	不含牛血清白蛋白和其他不明蛋白混合物	杂交瘤细胞的培养，源于淋巴细胞的分化细胞的培养
UltraDOMA™培养基	适用于在中空纤维生物反应器中进行的鼠和嵌合杂交瘤细胞的培养及上述细胞的批量培养	杂交瘤细胞的培养，单克隆抗体的制备
UltraDOMA-PF 无蛋白培养基	一种不含蛋白质的培养基，适于鼠、人和嵌合细胞来源的杂交瘤细胞系的培养	杂交瘤细胞和骨髓瘤细胞的培养，单克隆抗体的制备

3. 无蛋白培养基和限定化学成分培养基

无蛋白培养基（protein free medium，PFM）即不含动物蛋白质的培养基。大部分无血清培养基中仍含有较多的动物蛋白质，如胰岛素、转铁蛋白、牛血清白蛋白等。从生物技术发展的趋势看，不含动物蛋白质的培养基有广阔的应用前景，许多利用基因工程技术重组的蛋白质最终要应用于人体，如果在生产过程中使用了含有动物蛋白质的培养基，纯化过程就比较复杂，最终要达到一定的质量标准也有一定的难度。PFM 就是为了适应这一发展趋势而出现的，许多 PFM 中添加了植物水解物以起到动物激素、生长因子的作用。目前已经有适合于 CHO 细胞生长的 PFM，如 GIBCO 公司生产的 CHO-ⅢA PFM。

限定化学成分培养基（chemical defined medium，CDM）是指培养基中的所有成分都是明确的，它同样不含动物蛋白质，同时也不添加植物水解物，而是使用一些已知结构与功能的小分子化合物，如短肽、植物激素等。这种培养基更有利于分析细胞的分泌产物。目前已经有适合于 293 细胞、CHO 细胞、杂交瘤细胞生长的 CDM 问世。

三、杂用液

1. 消化液

取材进行原代培养时常常需要将组织块消化解离形成细胞悬液，传代培养时也需要将贴壁的细胞从瓶壁上消化下来，常用的消化液有胰蛋白酶溶液和 EDTA 溶液，有时也用胶原酶（collagenase）溶液。

（1）胰蛋白酶溶液。

胰蛋白酶是目前应用最为广泛的组织消化分离试剂。胰蛋白酶是一种胰脏制品，对蛋白质有水解作用，主要作用于赖氨酸或精氨酸相连接的肽链，使细胞间质中的蛋白质水解，从而使细胞分散开。

(2) EDTA溶液。EDTA是一种化学螯合剂,对细胞有一定的解离作用,而且毒性小,价格低廉,使用方便。常用工作液浓度为0.02%。EDTA的作用较胰蛋白酶的作用缓和,适用于消化、分离传代细胞,但EDTA单独使用时不能使细胞完全分散,一般与胰蛋白酶配成1∶1的混合液来消化细胞,配制时应加碱助溶,配制后可过滤除菌,也可高温、高压消毒灭菌。

(3) 胶原酶溶液。胶原酶溶液在上皮类细胞原代培养时经常使用,胶原酶溶液作用的对象是胶原组织,因此不容易对细胞产生损伤。胶原酶溶液的使用浓度为0.1~0.3 mg/L或200000 U/L,作用的最佳pH值为6.5。胶原酶不受Ca^{2+}、Mg^{2+}及血清的抑制,配制时可用PBS。

2. pH调整液

常用的有$NaHCO_3$溶液和HEPES液。

(1) $NaHCO_3$溶液。$NaHCO_3$是培养基中必须添加的成分,一般情况下按照说明书的要求准确添加,以保证培养基在5% CO_2的环境下pH值达到设计标准。如果细胞培养是封闭式,即不与5% CO_2的环境发生交换,所使用的培养基就不能按说明书的要求加入$NaHCO_3$。常用5.6%或7.4%的$NaHCO_3$溶液调节培养基,使之达到所要求的pH环境。

(2) HEPES液。HEPES是一种弱酸,中文名称是羟乙基哌嗪乙烷磺酸。英文名称是*N*-2-hydroxyethylpiperazine-*N*′-ethanesulfonic acid。HEPES对细胞无毒性,主要作用是防止培养基pH值迅速变动。在开放式培养的情况下,观察细胞时培养基脱离了5% CO_2的环境,CO_2气体迅速逸出,pH值迅速升高,若加了HEPES液,此时可维持pH值在7.0左右。在进行克隆化培养时一般要添加HEPES液。有些培养基已含有HEPES,如IMDM,这类培养基呈橘红色,细胞生长过程中培养基的颜色变化不大,因此更要注意观察细胞,防止细胞密度太大。HEPES也可配制成添加试剂,一般配成100倍浓缩液,使用的终浓度为0.01~0.05 mol/L。

3. 谷氨酰胺补充液

谷氨酰胺在细胞代谢过程中起重要作用,在合成培养基中都要添加,由于谷氨酰胺容易降解,所以都是在使用前添加。谷氨酰胺使用终浓度为0.002 mol/L。一般配制为100倍浓缩液,配制时应加温至30 ℃,完全溶解后过滤除菌,分装至小瓶,储存于−20 ℃。

4. 抗生素液

常用的是青链霉素(penicillin-streptomycin solution),俗称双抗溶液(double antibody solution)。青霉素主要对革兰氏阳性菌有效,链霉素主要对革兰氏阴性菌有效,加入这两种抗生素可预防绝大多数细菌的污染。在细胞培养液中青霉素的工作浓度(推荐值)为100 U/mL,链霉素的工作浓度(推荐值)为0.1 mg/mL。一般配制成100倍浓缩液,可用PBS或培养基配制。一个包装即100 mL青链霉素(100×)可以配制10 L细胞培养液。

除了青链霉素以外,还有一些抗生素可用于组织培养。表1-15总结了各种抗生素的使用情况。

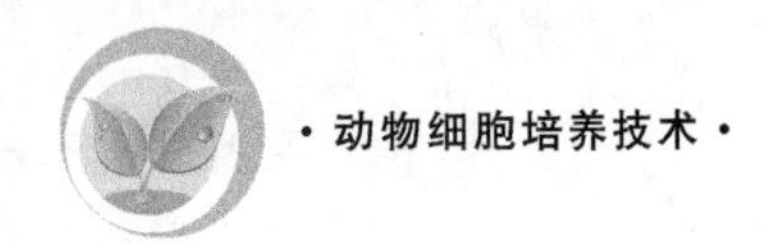

表 1-15 各种抗生素的使用情况

抗 生 素	作用对象	参考浓度 /(μg/mL)	稳定性 /d
两性霉素 B	真菌	1	3
氨苄青霉素	革兰氏阳性菌、革兰氏阴性菌	100	3
氯霉素	革兰氏阴性菌	5	5
红霉素	革兰氏阳性菌、支原体	100	3
庆大霉素	革兰氏阳性菌、革兰氏阴性菌、支原体	50	5
卡那霉素	革兰氏阳性菌、革兰氏阴性菌	100	5
制霉菌素	真菌	50	3
青霉素 G	革兰氏阳性菌	100 IU/mL	3
链霉素	革兰氏阴性菌	100	3
利福平	革兰氏阴性菌	50	3
四环素	革兰氏阳性菌、革兰氏阴性菌、支原体	10	4

知识拓展

培养基的选用

选择培养基没有一定标准，有几点建议可供参考：建立某种细胞株所用的培养基应该是培养这种细胞首选的培养基，可以查阅文献，或在购买细胞株时咨询；根据细胞株的特点、实验的需要来选择培养基，如小鼠细胞株多选1640；进行细胞杂交、基因转移实验，可选择 IMDM；用多种培养基培养目的细胞，观察其生长状态，可以用生长曲线、集落形成率等指标判断，根据实验结果选择最佳培养基，这是最客观的方法，但比较烦琐；通常培养基可以适合多种细胞，细胞也可以在不同培养基中生长，例如，在 MEM 中培养的细胞，很可能在 DMEM 或 199 培养基中同样很容易生长；培养基养分不同会导致细胞生长效果不同、病毒或蛋白表达不同，应该选择效果最好的培养基，考虑生物制品的综合成本；最终目的是追求生物制品的得率，得率高则成本低。

现在基本培养基都已商品化，如果小量培养可以购买商品化的成品，但如果是大规模培养，从成本考虑一般是根据细胞类型进行配制。另外在进行细胞培养时，通常要在基础培养基中添加血清，但在某些特殊实验中血清成分会影响实验结果，还存在血清成分的不确定性、不同批次的不稳定性、成本等问题。现在无血清培养基在细胞培养中所占的份额越来越大，研究无血清培养基的配制也是细胞规模化培养的需要。

GIBCO 公司推出专门用于冷冻保存的细胞培养基

Invitrogen 旗下的 GIBCO 公司最近推出了专门为冷冻保存细胞而制的哺乳细胞培养基——Recovery™ 细胞冷冻保存培养基(Recovery™ Cell Culture Freezing Medium)。此培养基采用了优化的配方,可提高细胞的存活率,让细胞在溶解后更容易恢复;不需要加入其他成分,可以直接使用;可以用于更多的哺乳动物株系。Recovery™ 细胞冷冻保存培养基是在细胞冷冻保存培养基的基础上优化了胎牛血清和牛血清之间的比例而制成的。

Millipore 公司独家推出表皮角质形成细胞的 3D 培养基

2008 年 10 月 21 日,Millipore 公司宣布独家推出表皮角质形成细胞的 3D 培养基。该培养基由 CELLnTEC 公司(CELLnTEC Advanced Cell Systems)研发,Millipore 公司共同拥有并出售。

过去,3D 表皮体外模型的制备主要是由商业化的公司提供,它们提供的 3D 表皮模型一旦送达,必须立刻使用。有些实验室想自己制备模型,但碍于流程太复杂,且缺乏 3D 表皮模型特定的培养基。利用 CELLnTEC 公司开发的 3D 优化的培养基,再加上 CELLnTEC 原代人角质形成细胞和 Millipore 公司的 Millicell inserts,就能在实验室中自己建立 3D 表皮模型,成本也不高。另外,该系统使用的是完全限定的培养基,让研究人员能完全掌控实验状况和时机,而价格也相当有吸引力。大量研究显示,新鲜制备的原代细胞比细胞系更能准确地模拟体内环境,而且 3D 细胞培养又比 2D 细胞培养更能体现体内的环境。因此,用原代细胞构建的 3D 培养是模拟体内复杂生物过程的最准确方法。

思考题

1. 简述培养基的基本要求。
2. 血清在细胞培养中的主要作用是什么?
3. 细胞培养中使用血清的缺点有哪些?
4. 试述配制人工合成培养基的注意事项。
5. 细胞培养基偶然被冻,能否继续使用?
6. 培养基中添加了血清和抗生素后,可长期保存吗?
7. 培养基及其他添加物和试剂可反复冻熔吗?
8. 保存血清最好的方法是什么?
9. 为什么要热灭活血清?
10. 液体培养基的保存是冷藏好,还是冷冻好?

项目三　动物细胞培养的常规操作

动物细胞培养是指离散的动物活细胞在体外人工条件下的生长增殖过程。动物细胞培养法建立于1907年，到1962年规模开始扩大，发展至今已成为生命科学基础研究、动物育种、生物制品生产、临床医药研究和应用中广泛采用的技术方法。在现代生物技术制药中，动物细胞大规模培养技术是非常重要的环节，利用动物细胞培养技术获得的生物制品已占世界生物高技术产品市场份额的50%。通过本项目的学习，掌握动物细胞原代培养、传代培养的基础知识和意义，学会培养细胞的常规检查和生物学检测方法。同时，还要掌握基本的动物细胞培养操作技能，了解动物细胞大规模培养的技术，培养严谨的工作态度。

任务1　动物细胞的原代培养

原代培养是指通过组织块直接长出的单层细胞，或用化学和物理方法将组织分散成单个细胞开始培养，在首次传代前的培养皆可认为是原代培养。原代培养最大的优点是，组织和细胞刚刚离体，生物性状尚未发生很大变化，在一定程度上能反映体内状态。特别是在细胞培养汇合时，原代培养的某些特殊功能表达尤为强烈，在这样的培养阶段能更好地显示与亲体组织紧密结合的形态学特征。在供体来源充分、生物学条件稳定的情况下，采用原代培养做各种实验，如药物测试、细胞分化等，效果尤佳。但应注意，原代培养组织是由多种细胞成分组成的，比较复杂。即使全为同一类型的细胞，如上皮细胞或成纤维细胞，也仍具有异质性，在分析细胞生物学特性时比较困难。其次，由于供体的个体差异及其他一些原因，细胞群生长效果有时也不一致。

一、培养细胞的取材与分离

(一) 培养细胞的取材

动物体内绝大部分组织细胞都可以在体外培养，但培养的难易程度与组织类型、分化程度、供体的年龄、原代培养方法等直接相关。原代取材是进行组织细胞培养的第一步，若取材不当，将会直接影响细胞的体外培养。

1. 取材的基本要求

(1) 所取组织最好尽快培养。

取材时应尽量在4～6 h内制成细胞，尽快入箱培养。因故不能即时培养的，可将组织浸泡于培养液内，放置于冰浴或4 ℃冰箱中。如果组织块很大，应先将其切成1 cm^3以下的小块于培养基内4 ℃存放，但时间不能超过24 h。

(2) 取材应严格无菌。

取材应在无菌条件下进行。使用无菌包装的器皿或用事先消毒好的、带少许培养液

（内含 400 U/mL 抗生素）的小瓶等便于携带的物品取材。所取材料要尽量避免紫外线照射和接触化学试剂（如碘、汞、酒精等）。从消化道、周围有坏死组织等疑有污染因素存在的区域取材时，为减少污染，可用 500～1000 U/mL 的青链霉素平衡盐溶液漂洗 5～10 min 再做培养，以确保所取材料无菌。

（3）防止机械损伤。

在取材和原代培养时，要用锋利的器械（如手术刀片或剃须刀片）切碎组织，尽可能减少对细胞的机械损伤。

（4）去除无用组织和避免干燥。

对于组织样本带有的血液（血块）、脂肪、神经组织、结缔组织和坏死组织，取材时要细心除去。为避免组织干燥，修剪和切碎过程可在含少量培养液的器皿中进行。

（5）营养要丰富。

原代培养，特别是正常细胞的培养，应采用营养丰富的培养液，最好添加胎牛血清，含量以 10%～20%为宜。

（6）培养组织的正确选择。

取材时应注意组织类型、分化程度、年龄等因素。要采用易培养的组织进行培养。一般来说，胚胎组织较成熟个体的组织容易培养，低分化的组织较高分化的组织容易生长，肿瘤组织较正常组织容易培养。

（7）注意保存原代组织的相关材料及信息。

为了便于以后鉴别原代组织的来源和观察细胞体外培养后与原组织的差异，原代取材时要同时留好组织学标本和电镜标本。对组织的来源、部位，以及供体的一般情况要做详细的记录，以备以后查询。

2. 取材的基本器材和用品

（1）眼科组织弯剪、弯镊、手术刀（用前消毒）。

（2）装有无血清培养基或 Hank′s 液的小瓶。

（3）烧杯或锥形瓶（10 mL、50 mL）。

（4）培养皿。

3. 各类组织的取材方法

（1）皮肤和黏膜的取材。

皮肤和黏膜是上皮细胞培养的重要组织来源，也可以获得成纤维细胞。皮肤和黏膜主要取自手术过程中的皮片，方法似外科取断层皮片手术的操作，但面积一般为 2～3 mm^2 即可。这样局部不留瘢痕。取材时不要用碘酒消毒。

皮肤和黏膜培养多是以获取上皮细胞为目的，因而无论何种方法取材都不要切取太厚，并要尽可能去除所携带的皮下或黏膜下组织。如欲培养成纤维细胞则反之。皮肤、黏膜分布在机体外部或与外界相通的部位，表面细菌、霉菌很多，取材时要严格消毒，必要时用较高浓度的抗菌素溶液漂洗、浸泡。

（2）内脏和实体瘤的取材。

内脏除消化道外基本是无菌的，内脏和实体瘤取材时，一定要明确和熟悉自己所需组织的类型和部位，要去除不需要的部分如血管、神经和组织间的结缔组织；实体瘤取材时

要尽可能取肿瘤细胞丰富的区域，避开破溃、坏死、液化部分，以防污染。但有些复发性、浸润性较强的肿瘤，较难取到较为纯净的瘤体组织，其肿瘤组织与结缔组织混杂在一起，培养后会有很多纤维细胞生长，给以后的培养工作带来困难。

(3) 血液细胞的取材。

血液中的白细胞是很常用的培养材料，常用于进行染色体分析、淋巴细胞体外激活进行免疫治疗等。一般抽取静脉外周血，微量时也可从指尖或耳垂取血。取材时应注意抗凝，通常采用肝素抗凝剂，常用肝素浓度为 8～20 U/mL，抽血前针管也要用浓度较高的肝素(500 U/mL)润湿。抗凝剂的量以产生抗凝效果的最小量为宜，量过大时易导致溶血。抽血时要严格无菌。

(4) 骨髓、羊水、胸水、腹水内细胞的取材。

取此类标本时，除严格无菌，注意抗凝外，还要尽快分离培养。这几种样品取材后一般不需要其他处理，离心后用无 Ca^{2+}、Mg^{2+} 的 PBS 洗两次，再用培养基洗一次即可培养，不宜低温保存。

(5) 动物组织的取材。

① 鼠胚组织的取材。

鼠胚组织易于培养，同时鼠与人类相近，都是哺乳类动物，因此鼠胚组织已成为较常用的培养材料。由于小鼠的毛中隐藏的微生物较多，而且不易消毒，所以取材时更要注意无菌消毒，其无菌消毒一般采用以下方法进行：首先用引颈或气管窒息致死法杀死孕期合适的动物，然后将其整个浸入盛有 75%酒精的烧杯中 5 min(注意时间不能太长，以免酒精从口和其他孔道进入体内，影响组织活力)。取出动物后放在消毒后的小木板上，用无菌的图钉或大头针固定四肢，然后用眼科剪和止血钳剪开皮肤，解剖取材。也可在酒精消毒后，沿动物躯干中部环形剪开皮肤，用止血钳分别挟住两侧皮肤拉向头尾把动物反包，暴露躯干，然后固定，更换无菌剪解剖取材，采用无菌操作法解剖，取出胚胎。取好的组织要放置在另一干净的培养皿中或玻璃板上进行原代培养操作。动物消毒后的操作宜在超净工作台内或无菌环境中进行。鼠胚组织的取材如图 1-42 所示。

② 幼鼠胚肺(肾)的取材。

幼鼠处死消毒方法同上，腹部朝上固定在木板上，切开游离毛皮并拉开至两侧。采用无菌法打开胸腔取肺，或背部朝上固定在木板上，先将背部皮毛切开游离并拉向两侧，然后采用无菌法从背部打开腹腔取肾。

③ 鸡胚组织的取材。

鸡胚是组织培养经常利用的材料，一般使用鸡胚时应自行孵育。主要步骤如下：精选新鲜受精鸡蛋，擦掉表面的脏物，置于 37 ℃培养箱中孵育，箱内同时放一盛水的水盘以维持培养箱内的湿度。取孵化至适当胚龄(9～11 d，在此期间，每天翻动鸡蛋一次)的胚蛋。用照蛋灯在暗处灯检，如有丰富血管、胚体有运动，说明胚体发育良好，用有色笔画出气室和胚体位置。将胚蛋以气室(大头)向上置于蛋架上，用温水清洗蛋壳，再用 75%酒精棉球擦干。经碘酒、75%酒精消毒后，无菌条件下，用剪刀或中号镊子打开气室，沿气室边缘环行剪除蛋壳，用眼科镊撕去蛋膜，暴露出鸡胚，用钝弯头玻璃棒伸入蛋中轻轻挑起鸡胚，放入无菌培养皿中，解剖取材。

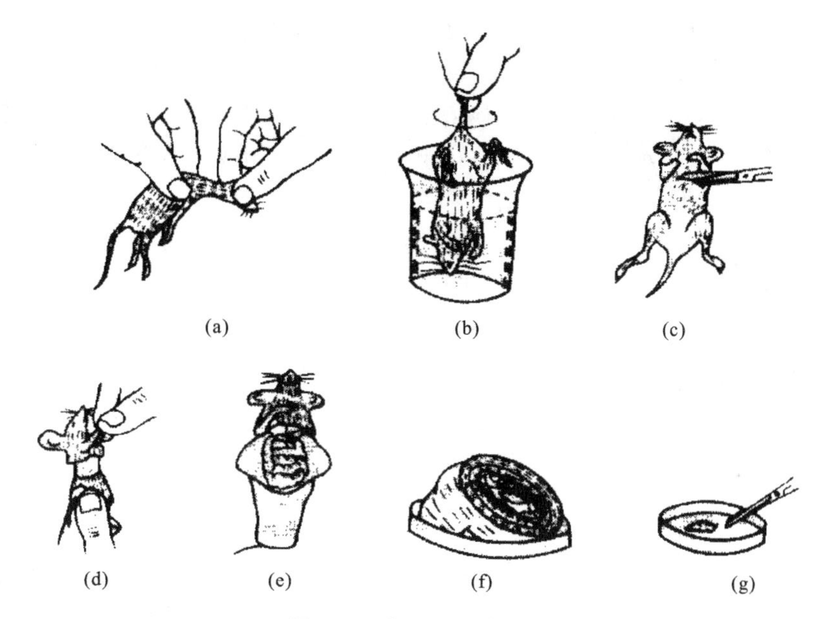

(a)　　(b)　　(c)

(d)　　(e)　　(f)　　(g)

图 1-42　鼠胚组织的取材

(a)断髓处死；(b)酒精消毒；(c)环形剪开皮肤；(d)外翻剥皮；
(e)打开腹腔；(f)取出双子宫；(g)取胚胎

4. 组织材料的分离

从动物体内取出的各种组织均有结合相当紧密的多种细胞和纤维成分，不利于各个细胞在体外培养中生长繁殖，即使采用 1 mm^3 的组织块，也仅有少量处于周边的细胞可能生存和生长。若要获得大量生长良好的细胞，须将组织块充分分散开，使细胞解离出来。另外，有些实验需要提取组织中的某些细胞，也须首先将组织解离，然后才能分离出细胞。目前常采用的方法有机械法和化学法两种，可根据组织种类和培养要求，选用适宜的方法。

(1) 细胞悬液的分离方法。

对于血液、羊水、胸水和腹水等悬液材料时，可采用离心法分离。一般 500～1000 r/min离心 5～10 min。如果悬液量大，时间可适当延长，但速度不能太大，延时也不能太长，离心速度过大、时间过长，会挤压细胞使其损伤甚至死亡。离心沉淀物用无 Ca^{2+}、Mg^{2+} 的 PBS 洗两次，用培养基洗一次后，调整适当细胞浓度后分瓶培养。

(2) 组织块的分离方法。

对于组织块材料，由于细胞间结合紧密，为了使组织中的细胞充分分散，形成细胞悬液，可采用机械分散法、剪切分散法和消化分离法。

① 机械分散法。

在采用一些纤维成分很少的组织进行培养时，可以直接用机械方法进行分散，如脑组织、部分胚胎组织以及一些肿瘤组织等。

可采用剪刀剪切、用吸管反复吹打的方式分散组织细胞，或将已充分剪碎分散的组织放在注射器内(用 4～5 号针)通过针头压出，或在不锈钢筛网内用钝物(常用注射器钝端)将细胞从网孔中挤压出。但此方法对组织损伤较大，而且细胞分散效果差，通常适用于处理纤维成分少的软组织，对硬组织和纤维性组织效果不好。

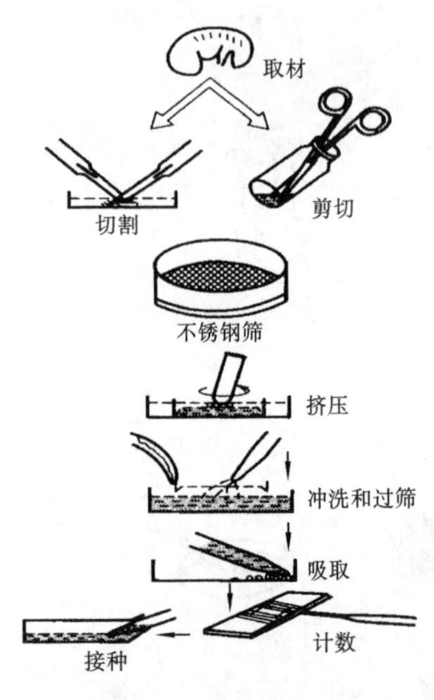

图 1-43　机械分散法

操作方法：将组织用 Hank′s 液或无血清培养液漂洗，然后将其剪成 5～10 mm^3 的小块，置于 80 目的不锈钢筛中；把筛网放在培养皿中，用注射器针芯轻轻挤压组织，使之穿过筛网；用吸管从培养皿中吸出组织悬液，置于 150 目筛中用上述方法同样处理；镜检，计数过滤的细胞悬液，然后接种培养。如组织过大，可用 400 目筛再过滤一次。机械分散法如图 1-43 所示。

② 剪切分散法。

在进行组织块移植培养时，可以采用剪切分散法，即将组织剪或切成 1 mm^3 左右的小块，然后分离培养。

操作方法：首先将经修整和冲洗过的组织块（大小约为 1 cm^3）放入小烧杯中，用眼科剪反复剪切组织至糊状；用吸管吸取 Hank′s 液或无血清培养液加入烧杯中，轻轻吹打片刻；低速离心，去上清液，剩下的组织小块即可用于培养。为避免剪刀对组织的挤压损伤，也可以用手术刀或保险刀片交替切割组织，但操作费时，不易切割得很细。

③ 消化分离法。

消化分离法是把组织剪切成较小团块，利用酶的生化作用和非酶的化学作用进一步使组织松散、细胞分开，以此获得的细胞制成悬液后可直接进行培养，细胞容易贴壁生长，成活率高。各种消化试剂的作用机制各不相同，要根据组织类型和培养的具体要求选择消化方法和试剂。

a. 胰蛋白酶消化法。

胰蛋白酶是目前应用最为广泛的组织消化分离试剂，适用于消化细胞间质较少的软组织，能有效地分离胚胎、上皮、肝、肾等组织，对传代培养细胞效果也较好。但对于纤维性组织和较硬的癌组织效果较差。若与胶原酶合用，就能增加对这些组织的分离作用。

胰蛋白酶的消化效果主要与胰蛋白酶的浓度、pH 值、温度、组织块的大小和硬度有关。市售的胰蛋白酶，其活力都经过测定，但使用时必须新鲜配制，保存在低温冰箱中，细胞的分散直接与酶的活力有关。

一般采用的胰蛋白酶浓度为 0.1%～0.5%，最常用浓度为 0.25%。浓度高时对细胞有毒性，而较低浓度的胰蛋白酶在培养基中可促进细胞的增殖。Ca^{2+}、Mg^{2+} 及血清均对胰蛋白酶活性有抑制作用。消化过程中使用的液体应不含这些离子及血清；在消化传代细胞后，可直接加含血清培养液将其灭活，而不必再用 Hank′s 液清洗。

8.0～9.0 是胰蛋白酶活力适宜 pH 值范围，随着碱性的增加其活力也随之减弱，一般使用 pH 8.0，这样消化后残留的胰蛋白酶溶液不会对培养液的 pH 值带来明显的变化。

一般认为胰蛋白酶在 56 ℃时活性最强，但由于对细胞有损害而不能采用，以 37 ℃为最佳，但在夏季，25 ℃以上对一般传代细胞也能达到消化效果。4 ℃时胰蛋白酶仍有缓慢的消化作用。

消化时间要根据不同情况而定，温度低、组织块大、胰蛋白酶浓度低者，消化时间长，反之则应缩短消化时间。如果细胞消化时间过长，可损害细胞的呼吸酶，从而影响细胞的代谢，一般消化时间以 20 min 为宜。一般新鲜配制的胰蛋白酶消化力很强，所以开始使用时要注意观察。另外，有些组织和细胞比较脆弱，对胰蛋白酶的耐受性差，因而要分次消化，并及时把已消化下来的细胞与组织分开放入含有血清的培养液中，更换消化液后再继续消化。

操作方法：将组织剪成 1～2 mm^3 的小块，置于事先放置有磁性搅拌棒的三角烧瓶内，再注入 3～5 倍组织量的 37 ℃的胰蛋白酶，放在磁力搅拌器上进行搅拌，速度要慢一些，一般消化 20～60 min。也可以放入水浴或培养箱中，每隔 5～10 min 摇动一次。如需长时间消化，可每隔 15 min 取出 2/3 上清液，移入另一离心管，冰浴，或离心后去除胰蛋白酶，收集沉淀细胞，加入含血清培养液，然后给原三角烧瓶添加新的胰蛋白酶继续消化。也可放入 4 ℃冰箱中过夜进行消化，消化完毕后将消化液和分次收集的细胞悬液通过 100 目不锈钢网过滤，以除掉未充分消化的大块组织。离心去除胰蛋白酶，用Hank′s液或培养液漂洗 1～2 次，每次 800～1000 r/min 离心 3～5 min。细胞计数后，一般按每毫升 5×10^5～1×10^6 个接种培养瓶。如果采用 4 ℃下的冷消化，时间可长达 12～24 h。从冰箱取出离心后，可再添加胰蛋白酶，置于 37 ℃培养箱中，继续温热消化 20～30 min，效果可能更好。

b. 胶原酶法。

胶原酶是从梭状细胞芽孢杆菌提取出来的酶，对胶原有很强的消化作用，适于消化纤维性组织、上皮组织及肿瘤组织，它对细胞间质有较好的消化作用，对细胞本身影响不大，可使细胞与胶原成分脱离而不受伤害。Ca^{2+}、Mg^{2+} 和血清成分不会影响胶原酶的消化作用，因而可用平衡盐溶液或含血清的培养液配制，这样实验操作简便并能提高细胞成活率。胶原酶的常用剂量为 200 U/mL 或 0.1～0.3 mg/mL。此酶消化作用缓和，不需机械振荡，但胶原酶价格较高，大量使用将增加实验成本。

胶原酶分为Ⅰ、Ⅱ、Ⅲ、Ⅳ、Ⅴ型以及肝细胞专用胶原酶，要根据所要分离消化的组织类型选择胶原酶类型，如胶原酶Ⅳ型可消化胰腺，胶原酶Ⅱ型可用于消化肝、骨、甲状腺、心脏、唾液腺等组织，胶原酶Ⅲ型对哺乳动物的组织有广泛的消化作用。

操作方法：将漂洗、修剪干净的组织剪成 1～2 mm^3 的小块；将组织块放入三角烧瓶中，加入 3～5 倍体积的胶原酶，密封烧瓶；将烧瓶放入 37 ℃水浴或 37 ℃培养箱内，每隔 30 min 振摇一次，如能放置在 37 ℃的恒温振荡水浴箱中则更好。消化时间为 1～24 h，根据具体情况而定。如组织块已分散而失去块的形状，一经摇动即成细胞团或单个细胞，可以认为已消化充分。经胶原酶消化后的上皮组织，由于上皮细胞对此酶有耐受性，可能有一些细胞团未完全分散，成小团块的上皮细胞比分散的单个上皮细胞更易生长，因此，如无特殊需要可以不必进一步处理。收集消化液，以 1000 r/min 离心 5 min，弃上清液。如含个别较大组织块及没有充分消化的成分，可先用 100 目不锈钢网过滤后，取滤液再离心，用 Hank′s 液或无血清培养液漂洗细胞沉淀 1～2 次，离心后弃上清液。加培养液制

成细胞悬液，细胞计数后按常规接种细胞培养瓶。

胰蛋白酶和胶原酶生物活性的比较见表1-16。

表1-16 胰蛋白酶和胶原酶生物活性的比较

项目	胰蛋白酶	胶原酶
消化特性	适用于消化软组织	适用于消化纤维多的组织
用量	0.1%～0.5%	0.1～0.3 mg/mL(200 U/mL)
消化时间	0.5～1 h(小块)	1～24 h
pH值	8.0～9.0	6.5～7.0
作用强度	强烈	缓和
细胞影响	时间过长有影响	无大影响
血清,Ca^{2+}、Mg^{2+}	有影响	无影响

c. 胰蛋白酶和EDTA联合消化法。

为了提高消化效果，有时可以采用胰蛋白酶和EDTA联合消化的方法。EDTA的作用较胰蛋白酶的作用缓和，适于消化分离传代细胞。其主要作用在于能从组织生存环境中吸取Ca^{2+}、Mg^{2+}，这些离子是维持组织完整的重要因素。但EDTA单独使用不能使细胞完全分离，因而常与胰蛋白酶按不同比例混合使用，效果较好。一般EDTA(0.02%)和胰蛋白酶(0.25%)混合的比例为1∶1或2∶1，其中1∶1更为常用。EDTA工作液的浓度为0.02%，用不含Ca^{2+}、Mg^{2+}的平衡盐溶液配制。需要特别注意的是，由于EDTA不能被血清等灭活，因而在使用EDTA消化后必须采用离心方法将其去除，否则EDTA在培养液中会改变Ca^{2+}浓度，影响细胞贴壁和生长。

d. 消化分离法的注意事项。

细胞消化时间和细胞类型、消化液的消化能力、细胞的密度等多种因素有关。一般培养一种新的细胞要摸索一下消化时间，掌握消化到什么程度恰到好处。新买的消化液消化能力较强，收到货后可分装成小管，按小管一次用完，其余的冻在－20 ℃下，以保持酶活力。消化液只需铺满瓶底即可，可放入培养箱中，另外在37 ℃下酶的活力高于常温下酶的活力，有利于缩短消化时间。还有一种方法，就是将胰蛋白酶铺满瓶底后，轻摇培养瓶，使胰蛋白酶与细胞充分接触，然后倒掉大部分胰蛋白酶，利用剩余的少量胰蛋白酶再消化一段时间，待细胞间空隙增大，瓶底呈花斑状即可。细胞生长到覆盖70%～80%瓶底时消化较好，若细胞密度过大，则消化后细胞易成团。

注意事项：使用EDTA处理细胞后，一定要用D-Hank′s液冲洗干净，因残留的EDTA会影响细胞生长；终止消化作用时，加入一些血清、含血清的培养液或胰蛋白酶抑制剂能终止胰蛋白酶对细胞的消化作用，血清可终止胰蛋白酶的作用，但不能终止EDTA的作用，对有些细胞来说，终止消化后的离心、冲洗是必需的；蛋白制剂不宜在4 ℃长期保存，切忌反复冻熔，若大包装不能较快用完，建议分装后冷冻保存；细胞消化之前用D-Hank′s液洗两遍，使瓶内没有血清，减少对胰蛋白酶的中和作用，效果会好一些。

胰蛋白酶和胶原酶在不同温度下消化各种组织小块所需时间见表1-17。

表1-17　胰蛋白酶和胶原酶在不同温度下消化各种组织小块所需时间　(单位:h)

酶　种　类	较硬组织(0.5～1 cm^3)			软组织(0.5～1 cm^3)		
	4 ℃	室温	37 ℃	4 ℃	室温	37 ℃
胰蛋白酶(0.25%)	24～48	1～6	1～2	12～24	1～2	0.5～1
胶原酶(200 U/mL)	24	6	6.5	12	3	0.25
两者各半	12～46	12～24	4～12	12～24	6～12	1～2

二、原代培养方法

原代培养也是建立各种细胞系(株)必经的阶段。通过一定的选择或纯化方法,从原代培养物或细胞系中获得的具有特殊性质的细胞称为细胞株。假如原代培养能够维持几小时甚至更长时间,即可进行进一步筛选。有的细胞具有继续增殖的能力,有的细胞只是存活而不增殖,而另外一些细胞只是在特殊条件下应用而不存活,因而细胞类型的分布将会改变。

原代培养是获取细胞的主要手段,但原代培养的细胞部分生物学特征尚不稳定,细胞成分多且比较复杂,即使生长出同一类型细胞如成纤维细胞或上皮细胞,细胞间也存在很大差异。如果供体不同,即使组织类型、部位相同,个体间也存在很大差异。如要做较为严格的对比性实验研究,还需对细胞进行短期传代后再进行。

原代培养方法很多,最基本和常用的有两种,即组织块培养法和消化培养法。

(一)组织块培养法

组织块培养法是常用的、简便易行且成功率较高的原代培养方法。其基本方法是将组织剪切成小块后,接种于培养瓶中。培养瓶可根据不同细胞生长的需要作适当处理。例如,预先涂以胶原薄层,以利于组织块黏着于瓶壁,使周边细胞能沿瓶壁向外生长。如果原代细胞准备用于组织染色、电镜等检查,可在做原代培养前先在培养瓶内放置小盖玻片,并在放入组织块前预先用1～2滴培养液润湿瓶底,使之固定,小盖玻片要清洗干净,在消毒前放置。组织块培养法操作简便,部分种类的组织细胞在小块贴壁培养24 h后,细胞就从组织块四周游出,然后逐渐延伸,长成肉眼可以观察到的生长晕,5～7 d后组织块中央的组织细胞逐渐坏死脱落和发生漂浮,此漂浮小块可随换液而弃去。但由于在反复剪切和接种过程中对组织块的损伤,并不是每个小块都能长出细胞。组织块培养法特别适合于组织量少的原代培养,但组织块培养时细胞生长较慢,耗时较长。

1. 操作方法

(1) 按照前述培养细胞取材的基本原则和方法取材、修剪,将组织剪或切成1 mm^3左右的小块。在剪切过程中,可以适当向组织上滴加1～2滴培养液,以保持湿润。

(2) 将剪切好的组织小块,用眼科镊送入培养瓶中。用牙科探针或弯头吸管将组织块均匀摆在瓶壁上,每小块间距0.2～0.5 cm。一般以25 mL培养瓶(底面积约为17.5

cm^2)放置 20～30 个组织小块为宜,如果瓶内有盖玻片,其上也放置几块。将组织块放置好后,轻轻将培养瓶翻转过来,将适量培养液加到非细胞生长面上,注意翻瓶时勿令组织小块流动,盖好瓶盖,将培养瓶倾斜放置在 37 ℃培养箱内。

(3) 放置 2～4 h,待组织小块贴附后,将培养瓶缓慢翻转平放,让液体缓缓覆盖组织小块,静置培养。动作要轻巧,严禁摇动和来回振荡,以防动作过快使贴附的组织块受液体冲击而漂起造成原代培养失败。若组织块不易贴壁,可预先在瓶底壁涂薄层血清、胎汁或鼠尾胶原等。

组织块培养也可不用翻转法,即在摆放组织块后,向培养瓶内仅加入少量培养液,以能保持组织块湿润即可。盖好瓶盖,放入培养箱中培养 24 h 再补加培养液。

组织块原代培养如图 1-44 所示。

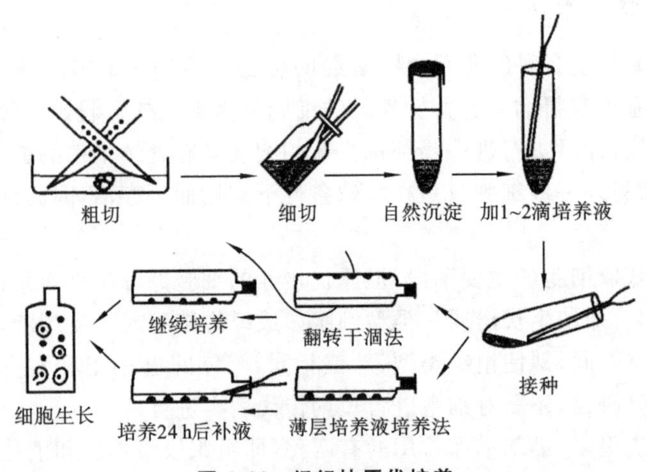

图 1-44　组织块原代培养

2. 注意事项

开始培养时培养基不宜多,以保持组织块湿润即可,培养 24 h 后再补液。组织块接种后 1～3 d,由于游出细胞数很少,组织块的贴附不牢固,在观察和移动过程中要注意动作轻巧,以利于贴壁和生长,尽量不要引起液体的振荡而产生对组织块的冲击力使其漂起。在原代培养的 1～2 d 内,要特别注意观察是否有细菌、霉菌的污染,一旦发现,要及时清除,以防给培养箱内的其他细胞带来污染。

对原代培养要及时观察,发现细胞游出后要照相记录。原代培养 3～5 d 时可换液,一方面补充营养,另一方面去除漂浮的组织块和残留的血细胞,因为已漂浮的组织块和很多细胞碎片含有有害物质,影响原代细胞的生长,要及时清除。

(二) 消化培养法

消化培养法是采用前述的组织消化分离法将妨碍细胞生长的细胞间质(包括基质、纤维等)去除,使细胞分散,形成悬液,然后分瓶培养。本方法适用于培养大量组织,原代细胞产量高,但操作烦琐、易污染,一些消化酶价格昂贵,实验成本高。

操作方法如下。

(1) 按消化分离法收获细胞。

（2）在消化过程中，可随时吸取少量消化液在镜下观察，如发现组织已分散成细胞团或单个细胞，则终止消化。通过200目的筛网，滤掉组织块。大组织块可加入新的消化液继续消化。

（3）将已过滤的消化液800～1000 r/min离心5 min后，去除上清液，加含血清培养液，轻轻吹打形成细胞悬液。如果用胶原酶或EDTA消化液等，还要用Hank's液或培养液洗1～2次后再加培养液，细胞计数后，接种于培养瓶，置于5% CO_2培养箱中培养。

（三）器官培养

器官培养是指从供体取得器官或器官组织块后，不进行组织分离而直接在体外的特定环境条件下培养，其特性是仍保持原有器官的组织结构和联系，并能存活。器官培养的目的和技术与单层细胞培养的不同，可利用器官培养对器官组织的生长、变化进行体外观察。器官培养主要强调器官组织的相对完整性，重点观察细胞在正常联系和排列情况下，相互之间的影响和局部环境的生物调节作用等。

器官培养可提供正常发育、生长、分化及外部因子对这些功能的影响等方面的重要信息。器官培养中的组织比细胞培养中的组织能更好地成为生理实验模型。通常，体外实验比活体实验能更快地获得结果，而且如有必要还可定量。实验已证实，在重复实验中，器官培养的定量结果既可重复又可靠。

1. 器官培养的要求

（1）由于体外组织没有血液系统供给养分，维持组织细胞生长需要的营养和氧气仅靠自然渗透来维持，为使器官组织生长正常，确保中心不发生营养缺乏性坏死，器官组织的厚度或直径不宜超过1 mm。

（2）器官组织内部细胞需要有足够的氧气渗入。常采用以下两种方法：一是将器官组织块放置在培养基气液界面，以利于气体交换；二是提高培养环境的氧分压，要根据组织类型而定，多数组织需较高氧分压，一般要加注纯氧，提高氧分压时，仍然需保持5%的CO_2，以维持培养液的pH值。

2. 操作方法

（1）将不锈钢网做成支架形状，放置于培养皿中，高度为4 mm或调整至培养皿的1/2深度平面，在其表面放置0.5 μm孔径的滤膜。

（2）将培养液加入培养皿中，使液面刚刚接触到滤膜，但不要使其浮起。

（3）将要培养的器官组织平放在滤膜上，厚度应为200～1000 μm，水平面积不超过10 mm^2，如组织为肝、肾等，不能大于1 mm^3。

（4）将上述准备好的培养物放入CO_2培养箱中，并加注氧气，调整氧分压，最好达到90%。

（5）培养过程中要注意观察培养液液面，尽可能保持在与滤膜一致的水平上。不同的器官培养，尚需一些特殊的条件，如某些生长因子、激素等。

（6）上述器官培养1～3周，每2～3 d换液一次，并根据情况做进一步实验和检测。

培养完成后的器官组织小块，可以取下直接进行石蜡包埋、冷冻切片或连同微孔滤膜一起进行组织学研究，也可以分割传代继续培养或进行体内移植实验。

三、原代细胞的培养要求

(一) 贴壁细胞的培养要求

(1) 凡经消化液处理的实体组织来源的细胞要经过充分漂洗,以除去消化液的毒性。

(2) 细胞接种时浓度要稍大一些,至少为 5×10^8 个/L。若原代贴壁细胞不是用于长期培养,只是用于分离繁殖或测定病毒,其细胞浓度可以加大,尽量贴成厚层以利于提高病毒的效价和使测定结果更加明显、准确。

(3) 培养基可用 DMEM。

(4) 小牛血清浓度为 10%~20%。

(5) 创造适宜的培养环境,应在 37 ℃、5% CO_2 培养箱中培养。

(6) 在起始的 2 d 中保持静止,以防止刚贴壁的细胞发生脱落、漂浮。

(7) 待细胞贴壁伸展并逐渐形成网状,此时的 pH 值若有明显变化,应将原代细胞换液,倒去旧液,换入新鲜的培养基,以便除去衰老、死亡的细胞和陈旧的培养基,使贴壁细胞能获得充足的营养。

(二) 悬浮细胞的培养要求

(1) 凡来自于胸水、腹水、羊水的组织材料,在原代培养时要尽量去除红细胞。

(2) 若为用于实验的短期培养,可在含 10%小牛血清的培养基中进行。

(3) 细胞浓度可在 5×10^9 ~ 8×10^9 个/L 范围内,然后进行分瓶培养。

(4) 一般待细胞开始增殖甚至结成小团块时,培养基中 pH 值变小,说明细胞生长繁殖良好,每隔 3 d 需半量换液一次。

(5) 一般待细胞增殖加快,浓度明显增加,pH 值发生明显变化时,可考虑传代。

四、原代细胞的维持

(一) 贴壁细胞的维持

贴壁细胞长成网状或基本单层时,由于营养缺乏,代谢产物增多,pH 值变小,不适宜细胞生长,此时细胞还未长成单层,未达到饱和密度,仍需继续培养,因此,需采取换液方式来更新营养成分以满足细胞继续生长繁殖的需要。弃去旧液,加入与原培养基相同的等量培养液。若希望细胞在较长时间内维持存活,但不需增殖,则此时要换成含 2%小牛血清的维持液。

(二) 悬浮细胞的维持

凡经培养后只在细胞培养液中悬浮生长而不贴壁的细胞,需在倒置显微镜下方可观察到细胞的形态和生长现象,细胞发生分裂繁殖,此时培养液中的营养成分并不能维持细胞的营养需求,加之代谢产物增多,pH 值变小,细胞不适宜生长,需进行换液。换液时,只能采用半量换液的方式,千万不能采取倒去旧液加入新液的方式进行换液。

知识拓展

上海长征医院完成神经干细胞的纯化分离与原代培养

上海长征医院神经外科目前已完成神经干细胞的纯化分离与原代培养，使我国在该领域的研究取得了重大突破。

他们借鉴国内外胚胎干细胞、造血干细胞研究的经验，创造性地利用先进的免疫磁珠细胞分选系统，对胚胎大鼠脑组织中的神经干细胞进行多次分离纯化、收集，终于获得纯度为93%～99%的神经干细胞。经培养的细胞生长状态良好，完全适合进行传代扩增培养及细胞移植研究。

对神经干细胞进行研究，可以明确其存在部位、生长条件、分化特性，这是神经科学研究的国际性热点课题。这一研究成果一旦用于临床，可以通过神经干细胞移植修复因脑损伤或脑出血、脑缺血引起的神经组织的损伤，恢复相应的神经功能。

思考题

1. 试述皮肤和黏膜的取材方法。
2. 如何进行细胞悬液的分离？
3. 贴壁细胞的维持方法是什么？
4. 器官培养的要求有哪些？
5. 简述贴壁细胞的培养要求。
6. 试述组织块培养法的操作过程。
7. 简述鼠胚组织的取材方法。

任务2　动物细胞的传代培养

原代培养后由于细胞游出数量增加和细胞的增殖，单层培养细胞相互汇合，整个瓶底逐渐被细胞覆盖，这时需要进行分离培养，否则会因细胞生存空间不足或密度过大、营养障碍而影响生长。细胞由原培养瓶内分离稀释后传到新的培养瓶的过程称为传代，进行一次分离再培养称为传一代。

一、原代培养物需要换液和传代的指标

细胞在培养瓶长成致密单层后，已基本上饱和，为使细胞继续生长，同时增加细胞数量，就必须进行传代。传代的频率或间隔与培养液的性质、接种细胞的数量和细胞增殖速度有关。

初代培养的首次传代是很重要的，是建立细胞系的关键时期。在首次传代时，一般要特别注意以下几点。

(1) 在细胞没有生长到足以覆盖瓶底壁的大部分表面之前，不要急于传代。

(2) 原代培养时细胞多为混杂生长，上皮样细胞和成纤维样细胞并存的情况很多见。传代时不同的细胞有不同的消化时间，因而要注意观察，根据需要及时进行处理，并可根据不同细胞对胰蛋白酶的不同耐受时间而分离和纯化所需要的细胞。另外，早期传代的培养细胞与已经建系的培养细胞相比消化时间更长。

(3) 首次传代时细胞接种数量要多一些，使细胞能尽快适应新环境而利于细胞生存和增殖。随消化分离而脱落的组织块也可一并传入新的培养瓶。

(4) 首次传代培养时的 pH 值不能高，宁可偏低一些。此外，小牛血清浓度可适当加大至 15%～20%。

二、细胞传代方法

根据不同细胞采取不同的培养细胞传代方法。悬浮生长的细胞可以直接加入等量新鲜培养基后直接吹打或离心分离后传代，或自然沉降后吸去上清液，再吹打传代。贴壁生长的细胞用消化法传代，部分贴壁生长的细胞用直接吹打或硅胶软刮的刮除法传代。

细胞传代培养时常用的酶为胰蛋白酶，它可以破坏细胞与细胞、细胞与培养瓶之间的细胞连接或接触，从而使它们之间的连接减弱或完全消失。经胰蛋白酶处理后的贴壁细胞在外力(如吹打)的作用下可以分散成单个细胞，再经稀释和接种就可以为细胞生长提供足够的营养和空间，达到细胞传代培养的目的。

(一) 操作方法

1. 贴壁细胞的消化法传代(以 25 mL 培养瓶为例)

(1) 吸去或倒掉瓶内旧培养液。

(2) 向瓶内加入适量消化液(胰蛋白酶或胰蛋白酶与 EDTA 的混合液)，轻轻摇动培养瓶，使消化液铺满所有细胞表面，待细胞层略有松动，肉眼可观察到“薄膜”现象时，吸去或倒掉消化液后再加 1～2 mL 新的消化液，轻轻摇动后再倒掉大部分消化液，仅留少许进行消化。也可不采用上述步骤，直接加 1～2 mL 消化液进行消化，但要注意尽量减少消化液的剩余量，因为消化液过多对细胞有损伤，同时也需要较多的含血清培养液去中和。

(3) 消化在 25 ℃以上(最好在 37 ℃)进行，消化 2～5 min 后把培养瓶放置在显微镜下进行观察，发现细胞质回缩、细胞间隙增大后，应立即终止消化。

(4) 如仅用胰蛋白酶，可直接加少许含血清的培养液终止消化。如用 EDTA 消化，需加 Hank's 液数毫升，轻轻转动培养瓶把残留 EDTA 消化液冲掉，然后加培养液，在这个操作的过程中要十分小心，如果细胞已经脱壁则消化液不能倒掉，以免细胞丢失，要加入 Hank's 液或培养液终止消化，吹打收集细胞悬液，离心，漂洗，去除 EDTA。

(5) 用弯头吸管吸取瓶内培养液，按顺序反复吹打瓶壁细胞，从培养瓶底部一边开始到另一边结束，以确保所有底部都被吹到。吹打时动作要轻柔，不要用力过猛，同时尽可能不要出现泡沫，以免对细胞造成损伤。细胞脱离瓶壁后形成细胞悬液。

(6) 计数后，按要求的接种量接种在新的培养瓶内。

贴壁细胞消化法传代如图 1-45 所示。

2. 悬浮细胞的传代

因悬浮细胞生长不贴壁，故传代时不必采用酶消化方法，而可直接传代或离心，收集

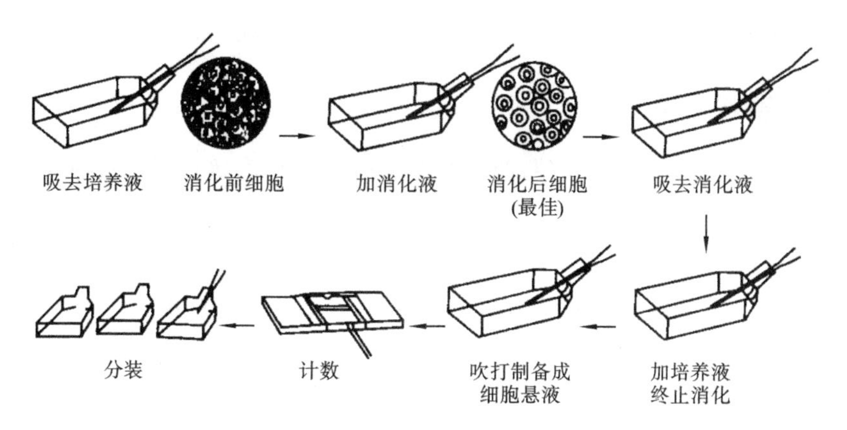

图 1-45　贴壁细胞消化法传代

细胞后传代。

(1) 直接传代即让悬浮细胞慢慢沉淀在瓶底后将上清液吸去 1/2～2/3，然后用吸管吹打，形成细胞悬液后再传代。

(2) 悬浮细胞多采用离心方法传代，即将细胞连同培养液一并转移到离心管内，800～1000 r/min 离心 5 min，然后去掉上清液，加新的培养液到离心管内，用吸管吹打使之形成细胞悬液，然后传代接种。

部分贴壁生长的细胞，不经消化处理直接吹打也可使贴壁细胞从壁上脱落下来而进行传代。但这种方法仅限于部分贴壁不牢的细胞，如 HeLa 细胞等。直接吹打对细胞损伤较大，细胞也有较大数量的丢失，因而绝大部分贴壁生长的细胞需消化后，才能吹打传代。

三、传代细胞的建系和维持

细胞系的的建立和维持是培养工作的重要内容，是通过换液、传代、再换液、再传代和细胞种子冷冻保存来实现的，但每一个细胞系都有其自身特点，要做好建系和维持需注意以下几个方面。

(1) 细胞档案要记录好。如组织来源，生物学特性，培养液要求、传代、换液时间和规律，细胞的遗传学标志，生长状态，常规病理染色的标本等记录对于保证细胞的正常生长、保持细胞的一致性、观察长期体外培养后细胞特性的改变都有十分重要的意义。

(2) 细胞系的传代、换液方法都有自身的规律性。在维持传代时，要注意保持其规律性，这样可以减少传代时细胞密度的频繁增减或换液时间的不确定性而导致的细胞生长特性的改变，给后续的细胞实验带来影响。

(3) 多种细胞系维持传代时，要严格遵循操作程序，以防细胞之间交叉污染。对所用的试剂，各系不能交叉，甚至每个细胞系均需有单独实验室。

(4) 传代时均应做好记录。培养瓶上要有明显标记，标明细胞系名称和传代的代数及传代时间。

(5) 若细胞生长较快，可减去换液步骤，每次均可传代。

(6) 每个传代细胞系最好能分成 2～3 条线，分别传代，同时也可在室温或 4 ℃短期存放一瓶，以防污染、丢失。

四、传代细胞的纯化

传代细胞的纯化一般分为两种，即自然纯化和人工纯化，可根据细胞种类、来源、实验要求和目的选用。

(一) 自然纯化

自然纯化是利用某一种类细胞的增殖优势，在长期传代过程中靠自然淘汰法不断排挤其他生长慢的细胞，靠自然的增殖潜力最后留下生长旺盛的细胞，去除其他细胞，达到细胞纯化的目的。但这种方法常无法按照需要和实验要求及研究目的来选择细胞；花费时间长，留下的往往是成纤维细胞；仅有那些恶变的肿瘤细胞或突变的细胞可以通过此方法而保留下来，不断纯化而建立细胞系。

(二) 人工纯化

人工纯化是利用人为手段创造对某一细胞生长有利的环境条件，抑制其他细胞的生长从而达到纯化细胞的目的。主要有以下几种方法。

1. 酶消化法

酶消化法是比较常用的纯化方法，不仅对贴壁细胞可行，能利用上皮细胞和成纤维细胞对胰蛋白酶的耐受性不同使两者分开，达到纯化的目的，而且对贴壁细胞与半贴壁细胞及黏附细胞间的分离纯化也十分有效。

在胰蛋白酶的作用下，由于成纤维细胞先脱壁，而上皮细胞要消化相当长的时间才脱壁，特别是在原代细胞初次传代和早期传代中两种差别尤为明显，故可采用多次差别消化方法将上皮细胞和成纤维细胞分开。

采用常规消化传代方式将0.25%胰蛋白酶注入培养瓶(25 mL)内两次，每次加入的量为1 mL，来回轻摇1～2次，使胰蛋白酶流过所有细胞表面，然后倒掉。盖好瓶塞，将培养瓶放在倒置显微镜下观察，发现成纤维细胞变圆，部分脱落时，立即加入2 mL有血清的培养基终止消化。用弯头吸管轻轻吹打成纤维细胞生长区域，吹打时不要用力，也不要吹打上皮细胞生长区域。吹打结束后，再用少量培养基漂洗一遍，然后加入适量培养基于瓶内继续培养，也可重复上述操作再进行一次。隔几日后或下次传代时，再进行上述操作，经过几次处理，就可将成纤维细胞去除或者将两种细胞分开。

2. 机械刮除法

原代培养成功后，如果上皮细胞和成纤维细胞分区域混杂生长，每种细胞都以小片或区域性分布的方式生长在瓶壁上，可采用机械方法去除不需要的细胞区域而保留需要的细胞区域。

将要纯化细胞的培养瓶在净化室内放在倒置显微镜下进行监视操作。用硅橡胶刮子在不需要生长的细胞区域推划，使细胞悬浮在培养基中，注意不要伤及所需细胞。推划后用培养液冲洗振摇两次后倒掉，即可将培养液加入原瓶继续培养，数日后如发现不需要的细胞又长出，可再进行上述操作，这样反复多次可以纯化细胞。要严格无菌操作，防止污染。

3. 反复贴壁法

成纤维细胞与上皮细胞相比贴壁更快，大部分细胞能在短时间（10～30 min）内完成附着过程，而上皮细胞（大部分）在短时间内不能附着或附着不稳定，稍加振荡即浮起，利用此差别可以纯化细胞。

将细胞悬液接种在一个培养瓶内（最好用无血清培养，此时上皮细胞贴壁更慢），静置 20 min。在倒置显微镜下观察，见部分细胞贴壁，稍加摇动也不浮起时，将细胞悬液导入另一培养瓶中。继续静置培养 20 min，然后重复上述操作，即可将上皮细胞和成纤维细胞分隔开，在第一瓶和第二瓶以成纤维细胞为主，往后几瓶即以上皮细胞为主，下次传代时再按上述方法处理，就可达到将两者完全分开的目的。

4. 培养基限定方法

某些细胞在生长过程中必须存在或去除某种物质，否则将无法生长，而其他细胞与之相反，可以利用这种特性差异来纯化细胞。

知识拓展

美国标准细胞库入库要求

美国标准细胞库入库时要求提供以下信息：①组织来源及其日期、物种、性别、年龄、供体正常或异常健康状态，细胞已传代数等；②培养液和保护剂名称；③冻熔前后细胞接种存活率和生长特性（生长繁殖曲线、分裂指数等）；④培养基种类和名称、血清来源及浓度；⑤细胞形态、类型；⑥二倍体或多倍体、有无标记染色体；⑦污染情况；⑧物种检测、同功酶检测，以证明细胞有无交叉污染；⑨免疫检测；⑩细胞建立者的姓名、检测者的姓名。

Bio-Rad 公司推出一款自动化的细胞计数仪

Bio-Rad 公司近日推出了一款自动化的细胞计数仪，名为 TC10 细胞计数仪（TC10 automated cell counter）。这款仪器（图 1-46）能在 30 s 内准确地提供哺乳动物细胞的总数，代替了用血球计数器在显微镜下手工计数。

TC10 细胞计数仪的计数流程很简单，就是上样—插入—结果。首先将样品上样到计数玻片上，然后将玻片插入 TC10 细胞计数仪，计数自动开始，30 s 内总细胞数和活细胞数就显示在屏幕上。仪器对细胞浓度的要求为 5×10^4～1×10^7 个/mL，直径为 6～50 μm。计数只需要 10 μL 悬浮或重悬的细胞即可，让珍贵样品得以保留。玻片上有两个室（chamber），每次能对 2 个样品进行计数。TC10 细胞计数仪的细胞活力评估也用的是台盼蓝。这种染料被活细胞排斥，能渗入死细胞内。系统在无用户干预的情况下识别台盼蓝的存在，并在 30 s 内提供细胞数目和细胞活力数据。

图 1-46 细胞计数仪

思考题

1. 简述细胞自然纯化的原理。
2. 机械刮除法的操作步骤有哪些？
3. 悬浮细胞的传代方法是什么？
4. 贴壁细胞的传代方法有哪些？
5. 试述传代细胞的建系和维持需注意的问题。

任务3　培养细胞的常规检查和生物学检测

细胞接种或传代后，要定时对细胞做常规检查，以便于发现异常情况，及时对症处理。根据细胞种类和实验要求，细胞的常规检查包括培养液观察、生长状态判断、微生物和化学污染检查等。而培养细胞生长成为形态上单一的细胞群或细胞系（株）后，无论是使用它们进行研究工作，还是做建系（株）工作，都需要全面了解这些细胞的生物学特性，以便进一步开展相关实验。培养细胞的生物学检测项目一般包括细胞形态描述、细胞免疫定性、细胞生长曲线、细胞分裂指数（MI）、细胞标记指数、细胞 DNA 定量、细胞周期等。

一、培养细胞的常规检查

细胞接种或传代后，根据细胞种类和实验要求，实验人员要定时对细胞做常规检查，如观察培养液的颜色变化、测定 pH 值、判断细胞生长状态和从清亮度判断是否污染等，以便随时掌握细胞动态变化，一旦发现异常情况可以及时对症处理。

（一）营养液颜色观察和 pH 值检测

新鲜 RPMI-1640 培养液在 pH 7.2 左右应是橙红色，适合多数细胞生长。细胞生长旺盛时代谢产生的酸性物质积累增多，营养液因酸化而逐渐变黄，pH 值下降；若培养瓶瓶塞刷洗不干净，残留有碱性物质，致使营养液 pH 值升高，颜色会变为紫红色。上述两种情况对培养细胞的生长都将不利，严重时导致细胞脱落死亡。适时更换培养液可以维持培养细胞的条件。

更换培养液的时间可依营养物的消耗而确定。原代细胞经 24 h 培养，培养液颜色变浅，表示细胞代谢好。少量换液能刺激细胞生长，通常是每周换液两次，每次换半量或1/3量。原代细胞第一次换液时，切记不要把原培养液倒掉。因为原培养液中有体内带来的细胞因子，有利于原代细胞存活。这对高分化的胰腺细胞、肝脏细胞、内皮细胞等尤为重要。若培养液颜色变深或没有变化，这是细胞生长代谢不好的信号。再观察数日，如液体颜色加深发紫，则表示细胞已经死亡。细胞系（株）细胞在条件合适时生长迅速，若细胞接种数大，培养液过夜变黄。此类细胞换液时，可以将液体全部换掉。最好的方法是减小细胞接种数，延长换液时间，进行半量换液。

（二）细胞生长状态判断

1. 细胞的生长状态

原代细胞悬液接种以后，都有不同的潜伏期。胚胎组织、幼体组织潜伏期短，一般在第二天即可见细胞生长，一周内连接成片。成年组织的潜伏期长，老年组织和癌组织的更长（1～4 周）。肺组织块培养时，从小组织块中最早移出来的是游走细胞，它们单独活动，形态不规则。在游走细胞后接着移出的是内皮细胞、成纤维细胞和上皮细胞等。细胞分裂开始后，细胞数量逐渐增多，当形成较大的生长晕或连接成片时，才真正进入生长状态。成纤维细胞是最易生长的细胞，生长速度快，前哨部位成纤维细胞呈放射火焰状或螺旋状向外扩展。最边缘的细胞能够单独活动，借助变形运动向前延伸，细胞密度增大时才连接成片，细胞密度不大时，则连接成网状。上皮细胞排列紧密，相互连接呈膜状，边缘整齐，细胞很少单独活动，生长时整个上皮膜一起移动。上皮细胞尤其是外胚层来源的细胞，如表皮细胞，在生长过程中产生透明质酸酶，能使细胞间质发生液化，导致细胞相互分离卷曲，形成所谓的拉网现象，严重时可使细胞脱落。

2. 健康细胞和衰老细胞

光学显微镜下生长状态良好的细胞均质、明亮、透明度大、折光性强，在相差显微镜下可以看清细胞的形态结构，细胞质中有粗大的线粒体颗粒和核。在细胞衰老、机能不良时，细胞质中常出现黑色颗粒、空泡或脂滴（图 1-47），细胞间空隙加大，细胞形态变得不规则或失去原有特性。只有状态良好的健康细胞才宜进行实验。在很多情况下，细胞虽机能状态不良，但仍可生长，如支原体轻度污染时即如此。因此，细胞生长与否不能作为判断细胞好坏的唯一标准，必须做全面分析。

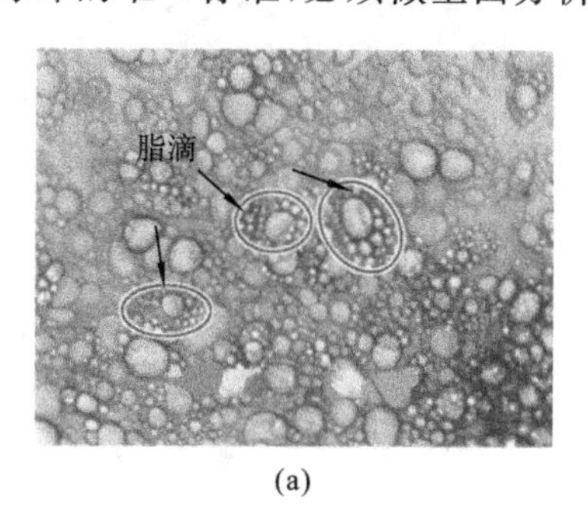

(a)

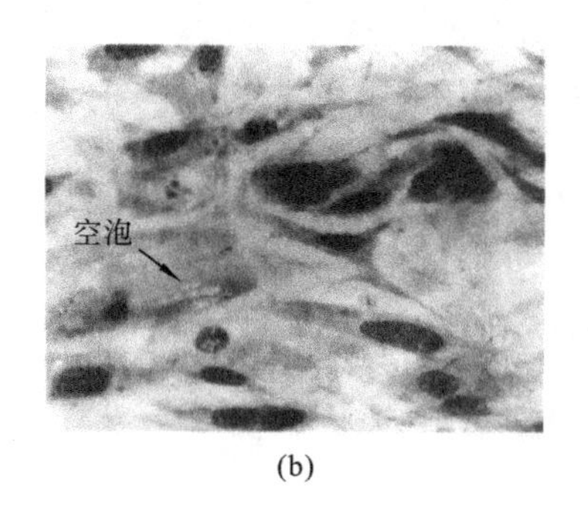

(b)

图 1-47 衰老细胞

(a)大鼠衰老胰腺细胞；(b)衰老成纤维细胞

（三）微生物污染检查

在长时间的细胞培养工作中，即使实验用品消毒彻底、无菌操作严格，也难免偶尔发生各种污染。污染主要来源于培养用液（培养液、血清、胰蛋白酶等），或操作时由空气播散所致。常见的有细菌污染、真菌污染、支原体污染、原生动物污染等。

1. 细菌污染

细菌污染时，常引起培养液混浊，污染的培养液在显微镜下可见大量细菌，常见的有白色葡萄球菌、大肠杆菌、枯草杆菌等。有时虽培养液清亮，但细胞生长缓慢，可用肉汤或琼脂培养基在 37 ℃培养数日，观察肉汤培养基是否混浊，或琼脂培养基有无菌落形成，以验证是否被污染。葡萄球菌污染如图 1-48 所示。

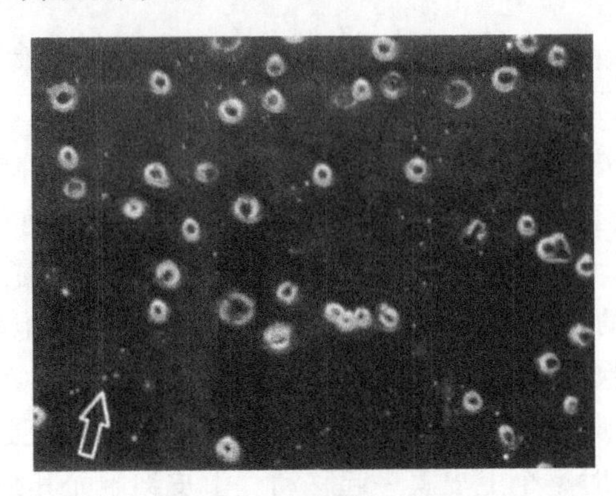

图 1-48　葡萄球菌污染

2. 真菌污染

真菌污染时，有的肉眼可见，呈白色、灰蓝色或浅黄色的菌落小点漂浮于培养液表面；有的散在生长，镜下可见丝状、瘤状或树枝状菌丝(菌丝末端有孢子)，纵横交错，穿行于细胞之间。酵母菌和念珠菌常污染细胞，它们没有丝状结构，呈卵圆形，常散在细胞周边和细胞之间生长(酵母菌成堆生长，念珠菌呈链状生长)，如图 1-49 和图 1-50 所示。酵母菌污染时，培养液混浊。念珠菌污染的液体清亮。

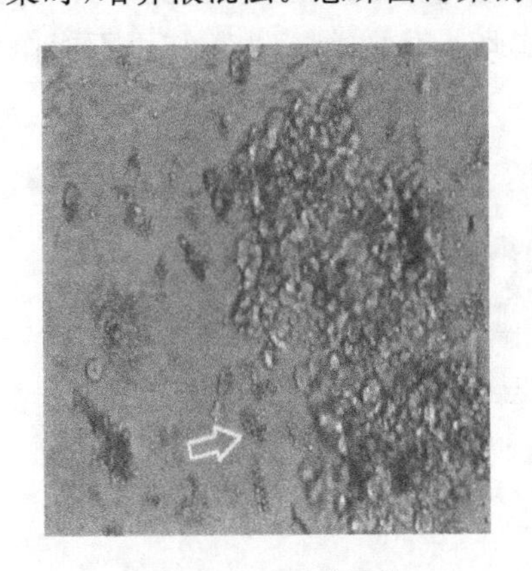

图 1-49　酵母菌污染

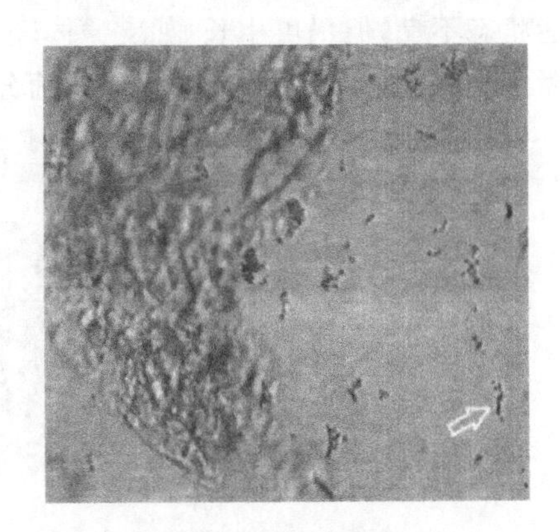

图 1-50　念珠菌污染

3. 支原体污染

细胞培养物被支原体污染甚为普遍，多数实验证实，支原体污染(图 1-51)的主要来源为操作者和血清。因此，在细胞培养操作过程中，应防范人支原体对细胞的污染。支原体无细胞壁，呈高度多形性，最小直径大约 0.2 μm，可通过滤菌器，相差显微镜下支原体呈暗色细小颗粒，有类似布朗运动，位于细胞表面和细胞之间。被支原体污染后的培养液不混浊，多数细胞无明显变化或有细微变化，可因传代和换液而被缓解，所以在观察不够细致或缺乏经验时，往往给人以“正常”的感觉。在个别严重情况下，细胞增殖缓慢，部分细胞变圆，从瓶壁脱落。实验证实，支原体能抑制骨髓瘤细胞生长，降低融合率；有 DNA

活性的支原体能降低 DNA 合成；需尿嘧啶型的支原体能影响 RNA 的合成；需精氨酸型的支原体则可快速消耗培养液中的精氨酸，影响细胞 DNA 的合成。各类细胞对支原体的感受性和反应性也有差异，从原代细胞培养物一般不污染支原体的现象可以说明，原代细胞和二倍体细胞对支原体的耐受性强，多倍体细胞和无限细胞系对支原体敏感，表明支原体对转化的细胞和肿瘤细胞似乎具有亲和力。

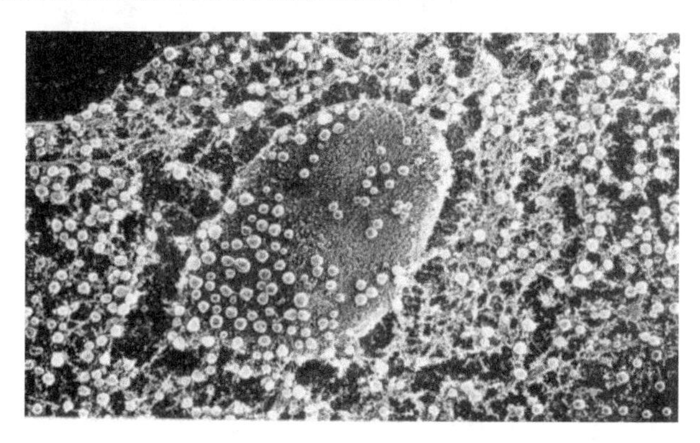

图 1-51　支原体污染

注：扫描电镜显示支原体，附于细胞表面众多的圆形颗粒为支原体。

4. *病毒污染*

细胞培养物中有内源性和外源性病毒污染。它们威胁着细胞系（株）的质量，也危及操作人员的身体健康。因为病毒的高危性，对于此类污染物，实验者一定要在二级生物安全区内规范操作。

（四）细胞交叉污染检查

细胞交叉污染是在细胞培养操作过程中，多种细胞培养同时进行时，器材和培养用液混杂所致的污染。这种污染使得细胞形态和生物学特性发生变化，但某些变化不易察觉。有些污染细胞（如 HeLa 细胞等）具有生长优势，最终压过其他细胞，使其他细胞生长受到抑制，最终死亡。细胞交叉污染导致细胞种类不纯，不能进行实验研究。

细胞交叉污染的防止措施如下：

（1）实验器材不能混用，几种细胞同时培养时，器材要做好专用标记；

（2）细胞培养用液公用时，细胞吸管和细胞用液吸管要分开，千万不能用细胞吸管直接吸细胞培养液。

（五）化学物质污染检查

化学污染物质是一些对细胞有毒性的或对细胞产生刺激的化学物质，主要包括残存洗涤剂、细胞内毒素等。细胞直接接触物（如培养皿、生长基质、培养基等）或间接接触物（如配制培养基的器皿、瓶塞、瓶盖等）一旦被化学物质污染，将导致细胞死亡。化学物质污染是细胞培养失败的重要原因，因此细胞实验所使用的全部实验器材都要严格清洗，并应正确掌握器材操作要领。

二、培养细胞的生物学检测

培养的细胞生长成为形态上单一的细胞群或细胞系(株)后,无论是使用它们进行研究工作,还是做建系(株)工作,都需要全面了解这些细胞的生物学特性。检查项目一般有细胞形态学检测、细胞活力检测、细胞生长曲线测定、细胞分裂指数(MI)测定、细胞标记指数测定、细胞DNA定量测定、细胞周期测定等。

(一) 细胞形态学检测

用相差显微镜观察活细胞并摄影,主要可以观察到细胞形态、大小、核浆比例、染色质多少和核仁大小等。采用盖玻片培养技术和Giemsa(吉姆萨)染色法能简便、快速地获得细胞光镜图像特征,如果再与电镜技术结合,可观察到细胞的活性形态,获得细胞亚显微结构图像。

在电镜下观察活细胞,需要进行固定。细胞固定的目的在于迅速终止组织内各种酶的活性,防止细胞自溶,保持组织细胞完整的形态结构,使细胞内化学物质和酶能准确定位。

1. 细胞培养物固定前的处理

各种细胞培养材料如盖玻片培养物、单层培养物、悬浮培养物等,都可进行细胞固定。盖玻片取出后经Hank's液漂洗多次,洗去血清和附着在细胞表面的死细胞残渣。悬浮培养细胞经低速离心去除血清,再用Hank's液清洗后制成涂片,空气干燥。

2. 常用固定液

甲醇、酒精、丙酮、甲醛、戊二醛和锇酸等是常用的细胞固定剂,但不同固定剂所固定的细胞化学成分、酶类及细胞结构的细腻度均不相同,如显示多糖常用酒精固定,而显示酶类多用甲醛缓冲液或丙酮固定。

(1) 4%甲醛磷酸盐缓冲液。配制方法:取10 mL 40%中性福尔马林、0.78 g无水Na_2HPO_4、0.42 g无水NaH_2PO_4、0.85 g NaCl,加水至100 mL。

4%甲醛磷酸盐缓冲液能保存多种蛋白质或酶类,其渗透力强,组织细胞收缩较少。经固定的组织细胞核染色好,但细胞浆着色差。

甲醛为无色气体,溶于水成为甲醛水溶液,含37%～40%甲醛的水溶液称为福尔马林。福尔马林久存会产生白色的三聚甲醛,经氧化变成甲酸使溶液呈酸性,酸性福尔马林可使固定的组织呈酸性,影响细胞核的嗜碱性染色。因此,可在甲醛溶液中投入适量的碳酸镁、碳酸钙或粉笔以中和其酸性。取得标本后,勿让其干燥,切成小块(约2 cm×2 cm×0.4 cm),加适量固定液,固定6～12 h,流水冲洗过夜,酒精中行梯度脱水,起始浓度为30%。固定时间较长的组织,则需经24～48 h流水冲洗,以防止标本因甲酸的沉淀而影响染色效果。

(2) Bouin氏固定液。配制方法:先将75 mL饱和苦味酸(100 mL水中加1.2～1.4 g苦味酸)过滤,加入40%甲醛(有沉淀者禁用),最后加入5 mL冰醋酸,混合后存于4 ℃冰箱中备用。冰醋酸最好在临用前加入。

Bouin氏固定液用于固定双盖玻片培养的标本,固定30 min后,用70%酒精褪去苦味酸的黄色,如不立即染色,可将标本保存在70%酒精中。本试剂适用于组织细胞的糖原固定。

(3) FAA固定液(10 mL 80%酒精、5 mL冰醋酸、5 mL中性福尔马林)。用于盖玻片细胞培养物的固定,主要固定核蛋白。将细胞盖玻片置于4 ℃ FAA固定液的气相中,固定24 h,细胞形态极佳。

(4) Carnoy固定液(60 mL纯酒精、30 mL氯仿、10 mL冰醋酸)。临用前配制,是较好的非水溶性固定液,其穿透力强而快,适用于核蛋白、黏多糖和催乳素等物质的固定。

(5) 甲醇-冰醋酸固定液(3∶1,此液使用前混合)。适用于细胞及组织小块的固定,能较好地固定核蛋白,固定后进行Giemsa染色,效果极佳。

(6) 4%多聚甲醛磷酸盐缓冲液。在50 mL蒸馏水中加入多聚甲醛4 g,加热至60～70 ℃时,边搅拌边逐滴加入2 mol/L NaOH溶液,至液体澄清透明。用1 mol/L HCl溶液调节pH值至7.4,冷却后加入0.01 mol/L PBS至100 mL,4 ℃下保存。本试剂适用于肾纤维蛋白的固定。

(7) 丙酮。丙酮普遍用做酶的固定剂,一般细胞于4 ℃用纯丙酮固定5～10 min,组织块需固定1～2 h。

3. Giemsa染色法

培养于盖玻片上的细胞,常采用Giemsa染色法染色。

(1) 试剂。

① 甲醇-冰醋酸固定液。将3份甲醇和1份冰醋酸混合,临用时配制。

② pH 7.0磷酸盐缓冲液。将62 mL 1/15 mol/L Na_2HPO_4溶液和38 mL 1/15 mol/L NaH_2PO_4溶液混合。

③ 染液。

Giemsa储存液:取0.5 g Giemsa,先用少量甘油研磨,加甘油至定量(33 mL)后,放在56 ℃水浴中90 min,再加入33 mL甲醇,热过滤,棕色瓶中保存。

Giemsa应用液:1 mL pH 7.0磷酸盐缓冲液加Giemsa储存液1滴(用滴管加)。

(2) 染色。

① 根据缺角标记端辨认盖玻片细胞生长面,用Hank's液轻轻漂洗盖玻片4遍(注意盖玻片两面都要漂洗),以去除血清。

② 标本未完全干燥时,将其置于青霉素瓶口上,用甲醇-冰醋酸固定液固定5 min,中间换固定液一次。

③ 固定后,空气干燥,将盖玻片置于另一个青霉素瓶口上。

④ 加Giemsa应用液染色15 min。

⑤ 流水冲洗3 min,空气干燥,用中性树胶封片、镜检和标记、摄影。

4. 注意事项

(1) 细胞湿片一般采用空气干燥法干燥,也可在火焰上方扇动干燥。

(2) 固定后,盖玻片一定要干燥后染色(注意夹镊部位的干燥),否则残留固定液会使局部浅染、不染或染成褐色。

(3) 染色后,不能先倒去染料后冲洗,因为染液表面常形成一层氧化膜,若先倒去液

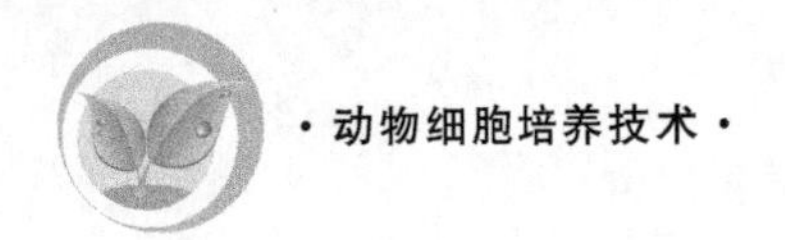

体，这层氧化膜易附在片上形成污渣，不易被水冲掉，结果细胞和背景都不清晰。另外，染液加得过多，液体容易流走，或因实验时空气干燥，液体挥发过快，都会使得氧化膜附在标本上。正确方法是，让少量流水从盖玻片一端流下，染料随流水冲走。

(4) 冲洗后的染色标本一定要干燥后封片，否则用中性树胶封片后，残留的水与中性树胶作用，标本局部出现乳白色混浊。

5. 培养细胞的观察

(1) 细胞培养物的观察。观察培养液颜色、清亮度。相差显微镜下观察细胞类型、细胞结构和有无微生物污染，判断细胞生长状态。

(2) 细胞制片的观察。光学显微镜下观察细胞形态、结构及类别，有无细菌、真菌污染。

(二) 细胞活力检测

非整倍体无限细胞系和癌细胞株中存在不同细胞亚群，它们的功能和生长特点各异，其中有些亚群细胞对培养环境有较大的适应性，具有较强的独立生存能力，细胞克隆率高，所以用细胞克隆方法可纯化某一亚群细胞，检查细胞活力。细胞克隆化培养之前，应先测定细胞克隆形成率，以了解细胞在极低密度条件下的生长能力。

1. 细胞克隆形成率实验

单个细胞在体外增殖6代以上，其后代所组成的细胞群体称为克隆。每个克隆含50个以上的细胞，大小在0.3～1.0 mm。克隆形成率用来表示细胞独立生存的能力，其常用实验方法有平板克隆形成实验、软琼脂克隆形成实验及平板琼脂克隆培养法。下面主要介绍平板克隆形成实验。本法适用于贴壁生长的细胞培养的正常细胞和肿瘤细胞。

其操作方法如下。

(1) 反复吹打细胞悬液，使细胞充分分散，单个细胞百分率应在95%以上。

(2) 按照细胞密度梯度，如50个、100个、200个，分别接种于10 mL预温的培养皿(直径9 cm)中，十字形轻轻晃动培养皿，使细胞分散均匀。

(3) 将培养皿置于37 ℃、5% CO_2培养箱中培养2～3周，此期间根据培养液pH值的变化，适时更换新鲜培养液。

(4) 当培养皿中出现肉眼可见的细胞克隆时，终止培养，弃去培养液，用平衡盐溶液小心浸洗2次，空气干燥；用甲醇固定15 min，弃甲醇后空气干燥；用Giemsa应用液染色15 min，用流水缓慢洗去染液，空气干燥；显微镜下计数大于50个细胞的克隆数，然后按下式计算克隆形成率：

$$克隆形成率=克隆数/接种细胞数\times 100\%$$

2. 四唑盐比色法

四唑盐(MTT)商品名为噻唑蓝，化学名为3-(4,5)-二甲基-2-噻唑-(2,5)-二苯基溴化四氮唑。四唑盐比色法的原理是，活细胞中的脱氢酶能将四唑盐还原成不溶于水的蓝色产物——甲臜(formazan)，并沉淀在细胞中，而死细胞没有这种功能。用二甲亚砜(DMSO)能溶解沉积在细胞中的蓝紫色结晶物，溶液颜色的深浅与所含的甲臜量成正比，再用酶标仪或微孔板比色仪测定吸光度值。四唑盐比色法简单、快速、准确，广泛用于新药筛选、细胞毒性实验、肿瘤放射敏感性实验。它与软琼脂克隆形成实验、^{3}H-TdR 渗入法、细胞计数法等相关性好，近年来一些实验室用四唑盐比色法测定细胞生长曲线。

(三) 细胞生长曲线测定

对于对数生长期细胞，采用常规消化传代方法制成细胞悬液。一般接种 7～8 组，每组 3 瓶(也可用 24 孔培养板)。每天检查一组，每瓶计数 4 次，取其平均值，再计算 3 瓶的平均值，连续计数 7～10 d。最后用坐标纸绘出逐日细胞数，即得细胞生长曲线，如图1-52所示。细胞数量增加一倍的时间即细胞倍增时间。

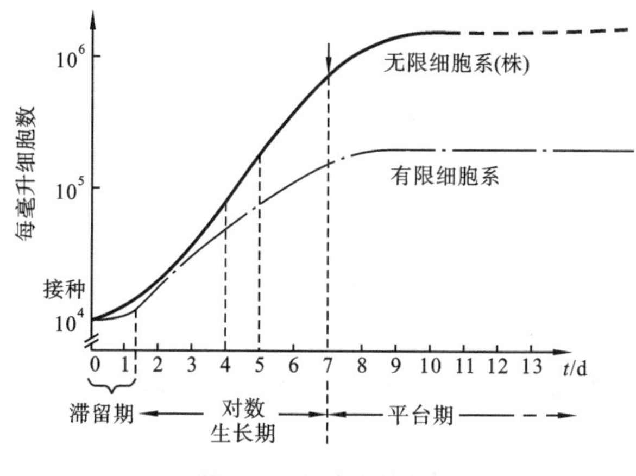

图 1-52 细胞生长曲线

绘制细胞生长曲线的注意事项如下。

(1) 根据细胞生长特点，选择合适的接种密度。

(2) 培养瓶规格、各瓶培养液量、接种细胞数都要相同。

(3) 不同细胞生长速度相比较时，细胞接种密度要相同。三天后未计数的细胞要换液并保持原培养液量。

(4) 此法常用，但较烦琐并有误差。目前一些实验室也采用四唑盐比色法绘制细胞生长曲线，且更快速准确。

(四) 细胞分裂指数(MI) 测定

细胞分裂指数(MI)是指 1000 个细胞中细胞分裂相的数目，用以表示细胞增殖的旺盛程度。计算 MI 时要将细胞悬液接种在有盖玻片的培养皿(孔)中，逐日取出盖玻片(取前 3 h 加入终浓度为 0.02 μg/mL 的秋水仙素)，经固定、Giemsa 染色、封片制成标本。镜下观察分裂相并计数，观察时要选择密度近似区，以减少误差。取得逐日分裂相数值后，即可绘成细胞分裂指数曲线。

(五) 细胞标记指数测定

用^{3}H-TdR 作为 DNA 合成前体标记，将其渗入细胞群中。凡被渗入的细胞即被标记，结合放射自显影技术，计数 1000 个细胞中被标记的细胞数，可以了解细胞 DNA 合成情况。

(六) 细胞 DNA 定量测定

细胞培养技术结合 Fulgen 染色法和显微分光光度技术，或细胞 DNA 荧光染色结合

流式细胞仪测试分析，可检测细胞 DNA 的含量，确定测试细胞的倍体类型。

（七）细胞周期测定

细胞周期由细胞间期（G_1期、S 期、G_2期）和细胞分裂期（M 期）组成。细胞群体倍增时间的概念与细胞周期的不同，在细胞群体倍增时间内有些细胞不分裂，有些细胞可分裂数次，一般细胞周期短于细胞群体倍增时间。

细胞周期的测定方法有以下几种。

1. 同位素标记测定法

将细胞接种在有盖玻片的培养皿（孔）中，在细胞进入对数生长期时用^{3}H-TdR 标记细胞 30 min，以后每隔 30 min 取样一次，直到 48 h 为止，然后用放射自显影或液闪计数法来观察和计算细胞分裂相出现、高峰、消失的时间，并记录各时间分裂相数目，绘制成图进行分析。这项技术在测定细胞周期的同时，也可了解细胞 DNA 合成情况。

2. 流式细胞仪测定法

将对数生长期细胞制成 10^6个/mL 单细胞悬液，然后根据流式细胞仪的检测步骤进行操作，最后用计算机分析结果并计算出细胞周期。

流式细胞仪是对细胞或细胞器的结构（如大分子核酸、酶、抗原和碱基、外源凝集素等化学物质）和细胞某些功能（如膜电位和膜流动性、酶蛋白活性、DNA 合成、细胞内 pH 值和氧化还原状态等）进行定量测定的仪器，并可根据细胞亚群特定性质对细胞进行分类。流式细胞仪检测的对象是单个细胞和单个细胞核悬液。使用 PBS 或基础营养液稀释细胞，保持细胞活性和功能。细胞悬液中不能有团块或过多的细胞碎片，以免堵塞仪器喷嘴。细胞密度要求是 10^6个/mL，细胞过多会堵塞喷嘴，过少则使测量时间延长。

流式细胞仪测量的细胞参量有两类：一类是内部参量，细胞不用荧光素标记，如测量细胞大小和形状、细胞颗粒和色素，了解细胞氧化还原状态；另一类是外部参量，细胞需荧光素标记，如测量细胞核酸、碱基、蛋白质、糖类、Ca^{2+}等，了解细胞结构和功能。细胞在荧光素标记前，需先进行固定处理。

细胞固定方法：将各种来源的细胞样品（如对数生长期单细胞悬液，或组织消化分离的细胞或细胞核悬液）300 r/min 离心 5 min，沉淀加 0.5 mL PBS 混匀，用细滴管或注射器将细胞悬液迅速喷射到 4 ℃ 75%酒精中，或将 75%冷酒精倒入细胞悬液中，边倒边混匀。再经 75%冷酒精洗涤后，4 ℃冰箱中固定 18 h 以上。上机测试前，将 4 ℃细胞悬液用 PBS 洗涤两次，取 0.5 mL 细胞悬液（10^6个/mL）进行荧光素标记和流式细胞仪分析。

知识拓展

荧光定量细胞分析系统

基于荧光定量的细胞成像分析（如细胞表面抗原分析、核酸含量细胞周期分析、细胞凋亡分析、荧光蛋白表达定量等）是近年来生物实验室中的最主流的分析技术之一。然而相关的设备（如流式细胞仪等）需要有丰富经验者才能操作自如，且消耗许多昂贵的抗体和试剂，需要很高的清洗、维护成本。

丹麦 Chemo Metec A/S 公司开发了一系列产品，特别是 Nucleo Counter NC3000（图 1-53），可提供全方位的分析系统，解决上述诸多问题。其特点如下。

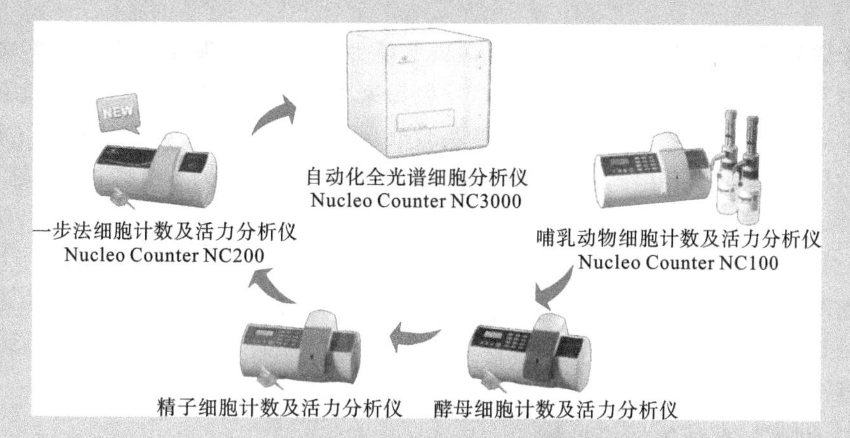

图 1-53 荧光定量细胞分析系统

（1）具有 8 个光源、9 个荧光通道，覆盖红外到紫外的全光谱分析系统；

（2）具有智能模块式应用和自定义应用的全方位分析系统，满足多层次客户的需求；

（3）全自动化，一键式按钮分析；

（4）无须设置参数，减少人为主观影响；

（5）无须清洗、维护、校正；

（6）所需样品体积小，只需 9 μL。

思考题

1. 细胞交叉污染的防止措施有哪些？
2. 简述四唑盐比色法。
3. 试述绘制细胞生长曲线的注意事项。
4. 如何得到细胞的生长曲线？

任务 4　细胞污染的检测与排除

培养细胞被污染是动物细胞培养工作的大敌。从一开始培养细胞就要十分重视污染问题，否则会前功尽弃。大量的实践证明，除需要完善的实验设计和技术方法外，动物细胞培养成败的关键往往在于能否避免污染，预防和避免污染是细胞培养成功的关键之一，因此每一位动物细胞培养工作者都要始终注意防止培养的细胞被污染。

培养细胞的污染不仅仅指微生物，而是指所有混入培养环境中对细胞生存有害的成分和造成细胞不纯的异物，一般包括生物（真菌、细菌、病毒和支原体）、化学物质（影响细胞生存、非细胞所需的化学成分）及细胞（非同一种的其他细胞）。考虑到微生物污染在实

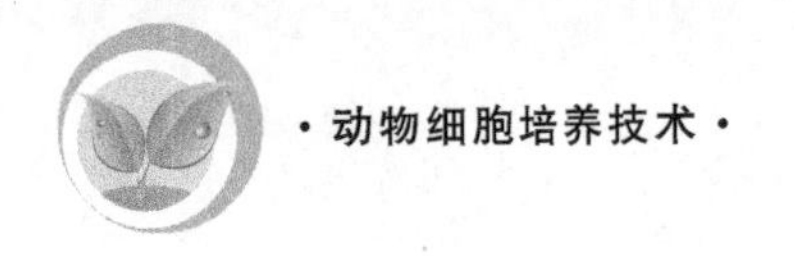

际工作中比较常见,本任务将着重介绍微生物污染的检测和排除。

一、细胞污染的检测

由于体外培养的细胞自身没有抵抗污染的能力,而且培养基中加入的抗生素的抗污染能力也是很有限的,因而培养细胞一旦发生污染多数将无法挽救。一般在细胞受到有害物污染早期或污染程度较轻时,如果能及时处理并去除污染物,部分细胞有可能恢复。当污染物持续存在于培养环境中,轻者细胞生长缓慢,分裂相减少,细胞变得粗糙,轮廓增强,细胞浆出现较多的颗粒状物质;重者细胞增殖停止,分裂相消失,细胞质中出现大量的堆积物,细胞变圆或崩解,从瓶壁脱落。

不同的污染物对细胞的影响也有差别。微生物中支原体和病毒对细胞的形态和机能的影响是长期的、缓慢的和潜在的;真菌和细菌繁殖迅速,能在很短时间内压制细胞生长或产生有毒物质以杀灭细胞。

(一) 细菌与真菌的污染检测

由于环境条件差和操作不当等,常发生细菌和真菌的污染。常见污染的细菌有革兰氏阴性菌如大肠埃希菌、枯草杆菌、假单胞菌等;革兰氏阳性菌如葡萄球菌等。真菌污染也常发生,尤其在炎热、潮湿的季节十分常见,如烟曲霉、黑曲霉、毛真菌、孢子菌等。真菌和细菌生长迅速,能在短时间内抑制细胞生长,或产生有毒物质以杀死细胞,镜下可见细胞浆内出现大量颗粒,细胞变圆或崩解,从瓶壁脱落。真菌污染容易被发现,大多形成白色或浅黄色菌团漂浮于培养液表面,肉眼可见,有的散在生长,镜下可见丝状菌丝纵横交错于细胞之间。细菌污染较严重时培养基上清液混浊,较轻时镜下可见小的菌体在细胞间运动,同时可涂片染色镜检或进行细菌培养基培养,加以确定。

抗生素及抗真菌制剂对预防或排除细菌、真菌污染均有效。工作中要特别注意和防止所用培养液和血清的污染,应仔细检查是否混浊和有无菌丝存在,以防止在培养细胞时造成污染。

(二) 支原体污染检测

支原体是细胞培养中最常见的,又是干扰实验结果的一种污染。但由于不易被察觉,这些污染的细胞仍在继续使用。据查,目前各实验室使用的二倍体细胞和传代细胞中约有11%的细胞受到了支原体的污染。因此,对支原体的污染必须严加防范,并应熟悉支原体的基本特性。

支原体是一种介于细菌和病毒之间,并能在细胞外独立生存的最小微生物,它无细胞壁,形态呈多形性,最小的直径为0.2 μm,可通过滤菌器。在购进的各种血清中就有支原体存在。细胞污染后,因支原体无细胞致死毒性并可与细胞长期共存,培养基一般不发生混浊,细胞无明显变化,外观上往往给人以"正常"的感觉,实际上细胞能受到支原体多方面的潜在影响,如引起细胞变形,影响DNA的合成,以致抑制细胞的生长。

为了确证细胞是否被支原体污染,可做如下检测。

1. 显微镜检查

(1) 相差显微镜检测。

取洁净载玻片，滴加少许待检测的细胞悬液，压上盖玻片。置相差显微镜油镜下观察，支原体呈暗色微小颗粒，有类似布朗运动，位于细胞表面和细胞之间。注意支原体与细胞破碎后溢出的细胞内容物（如线粒体等）颇为相似，应加以区别。

（2）地衣红染色法。

本法为固定染色法，简便易行，标本可长期保存，不仅适用于检测支原体，也可用于检测真菌和细菌。

① 取材：取用盖玻片培养细胞或培养液，用培养液时，先吸取培养液 1 mL，500～800 r/min离心 5 min 后去上清液，留 0.2 mL 备用。

② 低渗处理：用新鲜配制的 0.45%柠檬酸溶液处理盖玻片细胞或加入 0.2 mL 上述培养液中，低渗处理 10 min。

③ 固定：用新配 Carnoy 液固定 2 次，共 10 min，取出盖玻片晾干；培养液则离心去上清液，余沉淀物 0.2 mL，制涂片 2～3 张。

④ 染色：用 2%醋酸地衣红染色 5 min。染液配方如下：

地衣红	2 g
冰醋酸	60 mL
加蒸馏水至	100 mL

支原体和细胞被染成紫红色，如染色过深可用 75%酒精脱色。

⑤ 封片：纯酒精过 3 次，每次 1 min，用封固用胶或树胶封片。

（3）荧光染色法。

荧光染色法为荧光染料染色后用荧光显微镜检查的方法，荧光染料用 Hoechst 33258，它是一种能与 DNA 特异性结合的荧光染料，支原体含有 DNA，能着色。

① 标本：汇合前从瓶中取出盖玻片培养的细胞，如细胞完全汇合，会影响对支原体的观察。

② 漂洗：将细胞盖玻片置于培养皿中，用不含酚红的 Hank's 液漂洗；细胞悬液则先离心去上清营养液后，再加入 Hank's 液洗涤。

③ 固定：用醋酸-甲醇（1∶3）溶液固定 10 min。

④ 漂洗：用生理盐水或去离子水漂洗。

⑤ 染色：置于 Hoechst 33258 中染色 10 min。Hoechst 33258 用不含酚红的 Hank's 液或生理盐水配制，浓度为 50 μg/mL。

⑥ 漂洗：用蒸馏水漂洗 1～2 min，处理方法同步骤②。

⑦ 观察：取出细胞盖玻片，滴 pH 5.5 的磷酸盐缓冲液数滴，再覆以盖玻片，置于荧光显微镜下观察。细胞悬液则先离心，去上清液，加 3～5 滴上述磷酸盐缓冲液，稍吹打使沉淀细胞重新悬浮，用吸管吸出，滴于载物片上，覆以盖玻片后观察，荧光显微镜下可见支原体呈亮绿色小点，散在细胞周围，或附于细胞膜表面。

2. 支原体的培养

为了进一步深入研究支原体，可采用 Hayflick 琼脂培养基分离培养。

（1）Hayflick 琼脂培养基的成分。

成分Ⅰ：牛心浸出液　　　　1000 mL

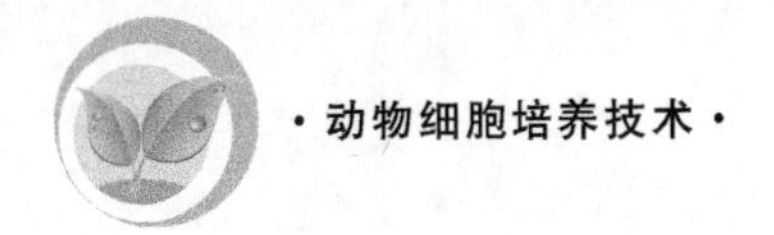

	氯化钠	5 g
	蛋白胨	10 g
	琼脂粉	14 g
成分Ⅱ：	无菌小牛血清或马血清（不灭活）	20 mL
	25%鲜酵母浸出液	10 mL
	1%醋酸铊	2.5 mL
	青霉素G（20万单位/mL）	0.5 mL
	20%无菌葡萄糖溶液	5 mL

（2）制备方法。

① 牛心浸出液的制备：将牛心（公畜为好）400 g绞碎，浸于1000 mL水中3 h，煮沸20 min，待冷却后置于4 ℃过夜，去除浸出液表面的脂肪，过滤，补足水分至1000 mL。加入蛋白胨、氯化钠。加热溶解后，调节pH值至8.4～9.0，通蒸汽加热2 h，使磷酸盐沉淀。用滤纸过滤，再用HCl溶液调节pH值至7.8。加琼脂粉14 g，于121.3 ℃、103 kPa灭菌15 min。

② 待成分Ⅰ冷却至80 ℃，加成分Ⅱ，混匀后倾注培养皿。

接种上述培养物，置于37 ℃培养箱，连续观察一周，其支原体集落为微小集落，须仔细观察，必要时用放大镜观察，典型者为油煎蛋样菌落，进一步可用发酵葡萄糖、利用精氨酸、水解尿素等性能进行初步鉴定。

（三）潜伏病毒的污染检查

已知有些常用的传代细胞上带有潜伏病毒，如HeLa细胞带有人乳头瘤病毒（HPV-18型）DNA，尤其是疱疹病毒、乳多空病毒科等DNA病毒及逆转录病毒常以前病毒的形式整合在细胞染色体中或以质粒形式存在于细胞浆中，随细胞分裂可传到子代细胞中，因此应用细胞进行实验时必须心中有数，知其所携带的潜伏病毒。另外，常用动物组织进行细胞培养，在培养的细胞中本身就可能存在潜伏病毒，在进行某种未知病毒的分离鉴定时，常混淆了视线，得出错误的结论，如将鼠痘病毒、鼠脱脚病病毒等当成要分离的病毒，故应注意潜伏病毒的检查。

1. 细胞的直接观察

（1）对细胞培养状况经常观察，如细胞贴壁繁殖的速率、形态、代谢活性等。

（2）对每10代细胞培养物或需要培养的细胞进行红细胞吸附实验，以检测带有血凝素的病毒。

（3）必要时应做包含体检查。

2. 动物接种检查

（1）将疑为病毒污染的细胞制备成10^7个/mL细胞悬液。

（2）动物接种：常采用乳鼠或成龄小白鼠的脑内或腹腔接种疑为污染的细胞悬液，检查柯萨奇病毒、单纯疱疹病毒等；采用家兔皮下注射，观察鼻病毒等；采用鸡胚不同部位接种，检查流感病毒、痘类病毒等。

3. 在异种组织培养物上的检查

（1）在原代细胞上的检查：将待检细胞悬液接种于恒河猴肾、人胚肾、地鼠肾、兔肾或鸡胚细胞上培养 7 d,观察有无病变。

(2) 在传代细胞上的检查:将上述材料接种于已长好的 HeLa、HL 或 D-6 细胞培养物中进行观察。

4. 用已知的病毒核酸探针检查

将疑为污染的细胞进行核酸提取,采用已知病毒探针检测,或用已知病毒探针直接在细胞涂片上进行原位杂交。

二、微生物污染的排除

培养的细胞一旦被微生物污染应及时处理,防止造成本实验室中其他细胞的污染。一般细胞被污染最好高压灭菌后弃掉。如果是有价值的细胞被污染,并且污染的程度比较轻,可及时排除污染物,细胞可能恢复正常。常用的微生物污染的排除方法有以下几种。

(一) 抗生素排除法

细胞培养中用抗生素是杀灭微生物的主要手段。各种抗生素性质不同,对各种微生物的作用也不同,联合应用比单用效果好,预防应用比污染后使用好。当已发生微生物污染后再使用抗生素,常难以根除。有的抗生素对细菌仅有抑制作用,而无杀菌效应。反复使用抗生素还会使微生物产生耐药性,且对细胞本身也有一定影响,因此有人主张尽量不用抗生素处理。当然在一些有价值的细胞被污染后,仍需用抗生素挽救,在这种情况下,可采用 5～10 倍于常用量的冲击法,加入高浓度抗生素后作用 24～48 h,再换入常规培养液中,有可能奏效。

各种支原体对抗生素的敏感性参见表 1-18。

表 1-18 各种支原体对抗生素的敏感性

抗 生 素	肺炎支原体	人型支原体	解脲脲原体
四环素	+	+	+
红霉素	+	−	+
链霉素	+	−	±
庆大霉素	±	±	±
青霉素族	−	−	−
氯林可霉素	±	+	−
环丙沙星	±	+	±
头孢菌素族	−	−	−

注:+表示敏感(MIC<1 μg/mL);±表示部分敏感(MIC 为 1～10 μg/mL);−表示耐药(MIC>10 μg/mL)。

(二) 热处理法

根据支原体对热耐受性差的特点，有人将受支原体污染的细胞于 41 ℃下作用 5～10 h，最长可达 18 h，以杀灭支原体。但 41 ℃对培养细胞本身也有较大影响，故在处理前，应先进行预试验，确定出最大限度杀伤支原体而对细胞影响较小的最佳处理时间。

(三) 动物体内接种

受微生物污染的肿瘤细胞可接种在同种动物皮下或腹腔，借动物体内免疫系统消灭污染的微生物，肿瘤细胞却能在体内继续生长，待一定时间后，从体内取出再进行培养繁殖。

(四) 与巨噬细胞共培养

在良好的体外培养条件下，巨噬细胞可存活 7～10 d，并可分泌一些细胞生长因子支持其他细胞的克隆生长。与体内的情况相似，巨噬细胞在体外培养条件下仍然可吞噬微生物并将其消化。利用 96 孔培养板将极少量的培养细胞与巨噬细胞共培养，可以在高度稀释培养细胞、极大地降低微生物污染程度的同时，更有效地发挥巨噬细胞清除污染的效能。本方法与抗生素联合应用效果更佳。

各种消除细胞污染的微生物方法都比较麻烦，仅用于重要的有保存价值的细胞。很容易重新培养的细胞受污染后，最好弃去。

知识拓展

支原体检测与去除技术的革命性变化

支原体的侵染带给研究者许多烦恼，因此对于支原体的监控就变得越来越重要。然而传统的支原体检测方法费时(一天到一周，甚至一个月)，而且准确性不高(假阳性和假阴性较多)。Lonza 推出的 MycoAlert® 支原体检测试剂盒以其简便、快速和灵敏度高等特点，为支原体的检测带来了一场革命性的变化。另外，当发生支原体污染时，MyzoZap® 支原体去除试剂可以帮助去除支原体。

目前支原体的检测方法较多，常用的方法有以下几种。

(1) 观察细胞的形态和生长特征，特点：支原体污染比较严重时可出现细胞生长减慢的现象，有的培养基 pH 值明显变小，并出现细胞病变，其病变特征与病毒感染相似，因此不能准确诊断。

(2) 分离培养法，特点：大多数支原体可出现特有的典型菌落。该方法准确、可靠，但时间长、敏感性不够好。

(3) DNA 结合荧光素染色法，特点：此法简便、价廉，但若细胞片制备不当，则结果难以判断。

(4) 电镜和免疫电镜法，特点：此法较准确，但受设备条件限制、时间长、敏感性不好。

(5) 间接免疫荧光法和免疫印迹法，特点：简便、快速、特异性较好，但仍会有荧光背景，影响判读。

(6) PCR技术，特点：快速、敏感性好，但若条件控制不当，容易出现假阴性和假阳性。

(7) MycoAlert®支原体检测试剂盒发光法，特点：简便——加入试剂检测；快速——20 min；通用——可检测所有支原体；灵敏度高——检出限低于50 cfu/mL。

思考题

1. 在细胞培养中，微生物的污染主要包括哪些方面？
2. 怎样判断所培养的细胞是否被微生物污染？
3. 试述微生物污染排除的原则。
4. 支原体污染的检测和排除方法分别有哪些？
5. 一般原代细胞培养物污染的原因是什么？

任务5　动物细胞的大规模培养

近数十年来，由于人类对生长激素、干扰素、单克隆抗体、疫苗及白细胞介素等生物制品的需求猛增，以传统的生物化学技术从动物组织获取生物制品，因产量少、质量不均且不易控制稳定，已远远不能满足这一需求。

随着细胞培养的原理与方法日臻完善，能进行大规模细胞培养用的生物反应器种类越来越多，规模也越来越大。人工条件下（pH值、温度、溶解氧等），在细胞生物反应器中高密度大量培养动物细胞用于生产生物制品的技术称为动物细胞大规模培养技术。

一、动物细胞大规模培养应用简介

动物细胞是一种无细胞壁的真核细胞，生长缓慢，对培养环境十分敏感。采用传统的生物化工技术进行动物细胞大量培养，除了要满足培养过程必需的营养要求外，有必要建立合理的控制模型，进行pH值和溶解氧（DO）的最佳控制。

细胞生物反应器就是可以大规模体外培养哺乳类动物细胞的装置。通过微机有序地定量地控制加入动物细胞培养罐内的空气、氧气、氮气和二氧化碳四种气体的流量，使其保持最佳的比例来控制细胞培养液中的pH值和溶解氧水平，使系统始终处于最佳状态，以满足动物细胞的生长对pH值和溶解氧的需要。如主要采用改变通入培养罐内气体中氧气和氮气的比例来实现控制DO值的目的，提高或达到一定的溶解氧水平，采用二氧化碳-碳酸氢钠（CO_2-$NaHCO_3$）缓冲液来控制培养液的pH值。

20世纪60—70年代，可用于大规模培养动物细胞的微载体培养系统和中空纤维细胞培养技术诞生了。几十年来，大规模体外培养技术已经有了很大发展，从使用转瓶、贴壁细胞培养，发展为利用生物反应器进行大规模细胞培养，彻底解决了第一代细胞培养技术的核心问题——难以产业化（规模化）生产，不但工艺上能满足大规模制备产品的要求，还能保证产品质量的均一性，质量控制简便易行。

由于动物细胞培养技术在规模和可靠性方面都不断发展，且从中得到的蛋白质也被证明是安全、有效的，因此人们对动物细胞培养的态度已经发生了改变。许多人用和兽用的重要蛋白质药物和疫苗，尤其是对那些相对较大、较复杂或糖基化的蛋白质来说，动物细胞培养是首选的生产方式。20 世纪 60 年代初，英国 AVRI 研究所在贴壁细胞系 BHK21 中将口蹄疫病毒培养成功后，从最初的 200 mL 和 800 mL 玻璃容器开始，很快就放大到 30 L 和 100 L 不锈钢罐的培养规模。1967 年以后，英国 Wellcome 集团分布于欧洲、非洲和南美洲 8 个国家的生产厂，应用此项技术工业化生产口蹄疫疫苗和兽用狂犬病疫苗，Wellcome 公司目前不仅掌握了 5000 L 罐的细胞大规模培养技术，还采用 8000 L Namalwa 细胞生产了 α 干扰素。此外，英国 Celltech 公司可以用气升式生物反应器生产 α 干扰素、β 干扰素和 γ 干扰素，用无血清培养液在 10000 L 气升式生物反应器中培养杂交瘤细胞生产单克隆抗体。美国 Endotronic 公司用中空纤维生物反应器大规模培养动物细胞，生产出免疫球蛋白 G、A、M 和尿激酶、人生长激素等。

目前大规模体外培养技术已实现商业化的产品有口蹄疫疫苗、狂犬病疫苗、牛白血病病毒疫苗、脊髓灰质炎病毒疫苗、乙型肝炎疫苗、疱疹病毒疫苗、巨细胞病毒疫苗、α 干扰素、β 干扰素、γ 干扰素、血纤维蛋白溶酶原激活剂、凝血因子Ⅷ和Ⅸ、促红细胞素、松弛素、生长激素、蛋白 C、免疫球蛋白、尿激酶、激肽释放酶及 200 种单克隆抗体等。

二、动物细胞大规模培养常用方法

动物细胞大规模培养的生物反应器要求控制条件精确、方便可行，因此了解在生物反应器中动物细胞的生长特性、不同细胞类型所需的生存条件与工艺控制参量等，对于大规模培养操作非常重要，下面先介绍动物细胞大规模培养的基础知识。

（一）动物细胞培养基础知识

1. 生长特性

在动物细胞大规模培养中，绝大多数细胞所具有的生长特性如下：

(1) 细胞生长缓慢，易污染，培养需用抗生素；

(2) 细胞大，无细胞壁，机械强度低，环境适应性差；

(3) 需氧少，不耐受强力通风与搅拌；

(4) 群体生长效应，贴壁生长；

(5) 培养产品分布于细胞内外，分离纯化成本高；

(6) 原代培养细胞一般繁殖 50 代即退化死亡。

2. 细胞培养类型

依据在体外培养时对生长基质依赖性的差异，动物细胞可分为以下两类。

(1) 贴壁依赖性细胞：需要附着于带适量电荷的固体或半固体表面才能生长的细胞。大多数动物细胞，包括非淋巴组织细胞和许多异倍体细胞均属于这一类。

(2) 非贴壁依赖性细胞：无须附着于固相表面即可生长的细胞。包括血液、淋巴组织细胞、许多肿瘤细胞及某些转化细胞。

3. 培养需要的温度

培养细胞的最适温度相当于各种细胞或组织取材时机体的正常温度。人和哺乳动物细胞培养的最适温度为 35～37 ℃。偏离这一温度，细胞正常的代谢和生长将会受到影响，甚至导致细胞死亡。总的来说，培养细胞对低温的耐受力比对高温的高。温度不超过 39 ℃时，细胞代谢强度与温度成正比；细胞培养若置于 39～40 ℃环境中 1 h，即受到一定损伤，但仍能恢复，当培养物恢复到初始的培养温度时，细胞原有的形态和代谢也随之恢复到原有水平；当温度达 43 ℃以上时，许多细胞将死亡。

(二) 大规模培养方法

根据动物细胞的类型和需要的条件，可采用贴壁培养、悬浮培养和固定化培养等三种培养方法进行大规模培养。

1. 贴壁培养

贴壁培养为细胞贴附在一定的固相表面进行的培养。

(1) 生长特性。

贴壁依赖性细胞在培养时要贴附于培养器皿(瓶)壁上，细胞一经贴壁就迅速铺展，然后开始有丝分裂，并很快进入对数生长期。一般数天后就铺满培养表面，并形成致密的细胞单层。

(2) 贴壁培养的优点。

① 容易更换培养液。细胞紧密黏附于固相表面，可直接倾去旧培养液，清洗后直接加入新培养液。

② 容易采用灌注培养，从而达到提高细胞密度的目的。因细胞固定于表面，不需过滤系统。

③ 当细胞贴附于生长基质时，很多细胞将更有效地表达一种产品。

④ 同一设备可采用不同的培养液与细胞比。

⑤ 适用于所有类型的细胞。

(3) 贴壁培养的缺点。

与悬浮培养相比，贴壁培养也具有一些缺点：

① 扩大培养比较困难，投资大；

② 占地面积大；

③ 不能有效监测细胞的生长。

(4) 细胞贴壁表面。

要求细胞贴壁表面具有净阳电荷和高度表面活性，对微载体而言还要求具有一定电荷密度；若为有机物表面，必须具有亲水性，并带阳电荷。

(5) 贴壁培养系统。

贴壁培养系统主要有转瓶、中空纤维、玻璃珠、微载体系统等。

① 转瓶培养系统：转瓶培养一般用于少量培养到大规模培养的过渡阶段，或作为生物反应器接种细胞准备的一条途径。细胞接种在旋转的圆筒形培养器——转瓶中，培养过程中转瓶不断旋转，使细胞交替接触培养液和空气，从而提供较好的传质和传热条件。

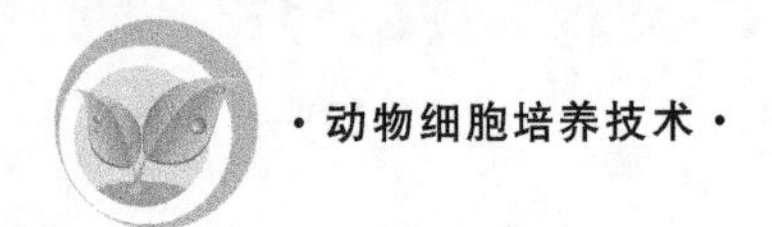

转瓶培养具有结构简单,投资少,技术成熟,重复性好,放大只需简单地增加转瓶数量等优点。但转瓶培养也有其缺点:劳动强度大,占地面积大,单位体积提供细胞生长的表面积小,细胞生长密度低,培养时不便于监测和控制环境条件等。现在使用的转瓶培养系统包括 CO_2 培养箱和转瓶机两类。

② 贴壁培养式生物反应器:细胞贴附于固定的表面生长,不因为搅拌而跟随培养液一起流动,因此比较容易更换培养液,不需要特殊的分离细胞和培养液的设备,可以采用灌流培养获得高细胞密度,能有效地获得一种产品,但扩大规模较难,不能直接监控细胞的生长情况,故多用于制备用量较小、价值高的生物药品。

CelliGen、CelliGen Plus™ 和 Bioflo3000 反应器是常用的贴壁培养式生物反应器,用于细胞贴壁培养时可用篮式搅拌系统和圆盘状载体。圆盘状载体是直径为 6 mm 的无纺聚酯纤维圆片,具有很高的表面积与体积比,有利于获得高细胞密度。篮式搅拌系统和载体培养是目前贴壁细胞培养使用最多的方式,可用于杂交瘤细胞、HeLa 细胞、293 细胞、CHO 细胞及其他细胞的培养。用此种方式培养细胞,细胞接种后贴壁快。

2. 悬浮培养

悬浮培养为细胞在反应器中自由悬浮生长的培养,主要用于非贴壁依赖性细胞(如杂交瘤细胞等)的培养,它是在微生物发酵的基础上发展起来的。

无血清悬浮培养是用已知人源或动物来源的蛋白质或激素代替动物血清的一种细胞培养方式,它能减少后期纯化工作,提高产品质量,正逐渐成为动物细胞大规模培养研究的新方向。

3. 固定化培养

固定化培养是将动物细胞与水不溶性载体结合起来,再进行培养。它对于上述两大类细胞都适用,具有细胞生长密度高、抗剪切力和抗污染能力强等优点,细胞易于与产物分开,有利于产物分离纯化。制备方法很多,包括吸附法、共价贴附法、离子/共价交联法、包埋法、微囊法等。

(1) 吸附法。

吸附法是用固体吸附剂将细胞吸附在其表面而使细胞固定化的方法。此法操作简便、条件温和,是动物细胞固定化中最早研究使用的方法。其缺点是载体的负荷能力低,细胞易脱落。微载体培养和中空纤维培养是该方法的代表。

(2) 共价贴附法。

共价贴附法是利用共价键将动物细胞与固相载体结合的固定化方法。此法可减少细胞的泄漏,但须引入化学试剂,对细胞活性有影响,且贴附导致扩散限制小,细胞得不到保护。

(3) 离子/共价交联法。

用双功能试剂处理细胞悬浮液,会在细胞间形成桥而产生交联作用,此固定化细胞的方法称为离子/共价交联法。交联试剂会使一些细胞死亡,也会产生扩散限制。

(4) 包埋法。

包埋法是将细胞包埋在多孔载体内部制成固定化细胞的方法。其优点是步骤简单、条件温和、负荷量大、细胞泄漏少、抗机械剪切。其缺点是产生扩散限制,并非所有细胞都处于最佳基质浓度，且大分子基质不能渗透到高聚物网络内部。一般适用于非贴壁依赖性细胞的固定化，常用载体为多孔凝胶，如琼脂糖凝胶、海藻酸钙凝胶和血纤维蛋白。

（5）微囊法。

微囊法是用一层亲水的半透膜将细胞包围在珠状的微囊里，使细胞不能逸出，但小分子物质及营养物质可自由出入半透膜的方法。囊内是一种微小的培养环境，与液体培养相似，能保护细胞少受损伤，故细胞生长好、密度高。微囊直径以 200～400 μm 为宜。制备微囊时注意以下几个方面：

① 应温和、快速、不损伤细胞，尽量在液体和生理条件下操作；

② 所用试剂和膜材料对细胞无毒害；

③ 膜的孔径可控制，必须让营养物和代谢物自由通过；

④ 膜应有足够的机械强度以抵抗培养中的搅拌作用。

（三）抗凋亡策略在细胞大规模培养中的应用

在动物细胞大规模培养过程中，细胞凋亡在细胞死亡中占主要部分。最近研究显示，在大规模培养生物反应器中，细胞的死亡中 80%是由凋亡所导致的，而不是以前所认为的坏死。在动物细胞大规模培养中，细胞死亡是维持细胞高活性和高密度的最大障碍，因此从理论上讲减少凋亡，防止死亡或延长细胞寿命，可以极大提高生物反应器生产重组蛋白的产量和经济效益。

细胞凋亡由一系列基因精确地调控，是多细胞生物发育和维持稳态所必需的生理活动。已知凋亡的最终执行者是 Caspase 家族，它们均为半胱氨酸蛋白酶，各识别一个 4 氨基酸序列，并在识别序列 C 端天冬氨酸残基处将底物切断。Caspase 含有可被自身识别的序列，可以切割活化自身而导致信号放大，并作用于下游 Caspase 成员，从而形成 Caspase 家族的级联放大，最终作用于效应蛋白，引起细胞凋亡。所以在大规模培养时干扰细胞在培养中的凋亡，提高细胞特异性抵抗压力的能力，有利于提高细胞的培养密度、延长细胞的培养周期，从而可使目标产品的产量提高 2～3 倍。

（1）营养物质抗凋亡。

在常规生物反应器中，营养物质耗竭或缺乏培养基中特殊的生长因子可引起凋亡，例如血清、糖或特殊氨基酸耗竭。在培养基中添加氨基酸或其他关键营养物质可抑制凋亡，延长培养时间从而提高产品的产量。大规模培养中细胞凋亡主要由于营养物质的耗竭或代谢产物的堆积，如谷氨酰胺的耗竭是最常见的凋亡原因，而且凋亡一旦发生，补加谷氨酰胺已不能逆转。另外，动物细胞在无血清、无蛋白培养基中进行培养时，细胞变得更为脆弱，更容易发生凋亡。

（2）基因抗凋亡。

可对与凋亡相关的一系列基因产物进行正、负向的调控，因此可通过导入相应基因来调节细胞凋亡。Bcl-2 基因是目前最为有效的抗凋亡基因，在多种细胞系中均表现出很强的抗凋亡活性。

（3）化学方法抗凋亡。

凋亡发生时细胞许多部位发生生化物质的改变，有些变化（如改变细胞氧化还原条件产生活性氧）发生在凋亡信号阶段，其他的（如破坏线粒体膜电位、激活 Caspase）则发生在凋亡效应阶段，这在绝大多数细胞死亡中是相同的。因此，阻止这些生化物质的改变可能阻止、至少延迟细胞凋亡的发生，运用化学物质抑制信号、效应阶段的发生，被认为是抗凋亡策略之一。

三、细胞大规模培养的操作方式

细胞大规模培养的操作方式可分为分批式培养、流加式培养、半连续式培养、连续式培养、灌注式培养和细胞工厂培养六种。

(一) 分批式培养

1. 分批式培养的概念

分批式培养是细胞大规模培养发展进程中较早采用的方式，也是其他操作方式的基础。该方式是采用机械搅拌式生物反应器，将细胞扩大培养后，一次性转入生物反应器内进行培养，在培养过程中其体积不变，不添加其他成分，待细胞增长、产物形成和积累到适当的时期，一次性收获细胞、产物、培养基的操作方式。在分批培养过程中，细胞的生长分为五个阶段：延滞期、对数生长期、减速期、平台期和衰退期。培养周期多为3～5 d，细胞生长动力学表现为细胞先经历对数生长期(48～72 h)，细胞密度达到最高值后，由于营养物质耗竭或代谢毒副产物的积累，细胞生长进入衰退期进而死亡，表现出典型的周期性。收获产物通常是在细胞快要死亡时或已经死亡后进行。

2. 分批式培养的特点

分批式培养具有以下特点。

(1) 操作简单。培养周期短，染菌和细胞突变的风险小。反应器系统属于封闭式，培养过程中与外部环境没有物料交换，除了控制温度、pH 值和通气外，不进行其他任何控制，因此操作简单，容易掌握。

(2) 可直观地反映细胞生长代谢的过程。因培养期间细胞生长代谢是在一个相对固定的营养环境内，不添加任何营养成分，因此可直观地反映细胞生长代谢的过程，是确定工艺基础条件或“小试”研究常用的手段。

(3) 可直接放大。由于培养过程工艺简单，对设备和控制的要求较低，设备的通用性强，反应器参数的放大原理和过程控制较其他培养系统的较易理解和掌握。在工业化生产中，分批式培养操作是传统的、常用的方法，Genetech 公司采用的此类工业反应器规模可达 12000 L。

(二) 流加式培养

1. 流加式培养的概念

流加式培养是在分批式培养的基础上，采用机械搅拌式生物反应器悬浮培养细胞或以悬浮微载体培养贴壁细胞。细胞初始接种的培养基体积一般为终体积的 1/3～1/2，在培养过程中根据细胞对营养物质的不断消耗和需求，流加浓缩的营养物或培养基，从而使细胞持续生长至较高的密度，目标产品浓度达到较高的水平，整个培养过程没有流出或回收，通常在细胞进入衰退期或衰退期后终止、回收整个反应体系，分离细胞和细胞碎片，浓缩、纯化目标蛋白质。

2. 流加式培养的特点

流加式培养具有以下特点。

(1) 流加式培养需根据细胞生长速率、营养物消耗和代谢产物抑制情况,流加浓缩的营养培养基。流加的速率与消耗的速率应相等,按底物浓度控制相应的流加过程,保证合理的培养环境与较低的代谢产物抑制水平。

(2) 培养过程以低稀释率流加,细胞在培养系统中停留时间较长,总细胞密度较高,产物浓度较高。

(3) 研究流加式培养过程须掌握细胞生长动力学、能量代谢动力学,研究细胞环境变化时的瞬间行为。流加式培养细胞培养基的设计和培养条件与环境的优化,是整个培养工艺中的主要内容。

(4) 在工业化生产中,悬浮式流加培养工艺参数的放大原理和过程控制,比其他培养系统的较易理解和掌握,可采用工艺参数直接放大。

流加式培养是当前动物细胞培养中主要的培养工艺,也是近年来动物细胞大规模培养研究的热点。流加式培养中的关键技术是基础培养基和流加浓缩的营养培养基。通常进行流加的时间多在对数生长后期,在细胞进入衰退期之前,添加高浓度的营养物质。可以添加一次,也可添加多次,为了追求更高的细胞密度往往需要添加一次以上,直至细胞密度不再提高;可进行脉冲式添加,也可以较低的速率缓慢添加,但为了尽可能地维持相对稳定的营养物质环境,后者采用得较多;添加的成分比较多,凡是促细胞生长的物质均可以进行添加。流加的总体原则是维持细胞生长相对稳定的培养环境,营养成分既不会过剩而产生大量的代谢副产物,造成营养利用效率下降,也不会缺乏而导致细胞生长受到抑制或死亡。

3. 流加工艺中的营养成分

(1) 葡萄糖。

葡萄糖是细胞的供能物质和主要的碳源物质,但当其浓度较高时会产生大量的代谢产物乳酸,因而需要对其浓度进行控制,以足够维持细胞生长而不至于产生大量的副产物的浓度为佳。

(2) 谷氨酰胺。

谷氨酰胺是细胞的供能物质和主要的氮源物质,但当其浓度较高时会产生大量的代谢产物氨,因而也需要对其浓度进行控制,以足够维持细胞生长而不至于产生大量的副产物的浓度为佳。如果谷氨酰胺耗竭,也会产生细胞凋亡,而且凋亡一旦发生,补加谷氨酰胺已不能逆转。

(3) 氨基酸、维生素及其他营养成分。

主要包括营养必需氨基酸、营养非必需氨基酸、一些特殊的氨基酸(如羟脯氨酸、羧基谷氨酸和磷酸丝氨酸),此外还包括其他营养成分如胆碱、生长因子。添加的氨基酸多为左旋氨基酸,因而多以盐或前体的形式代替单分子氨基酸,或者以四肽或短肽的形式添加。在进行添加时,不溶性氨基酸(如胱氨酸、酪氨酸和色氨酸)只在中性时部分溶解,可采用浆液的形式进行脉冲式添加;其他的可溶性氨基酸以溶液的形式用蠕动泵缓慢流加。

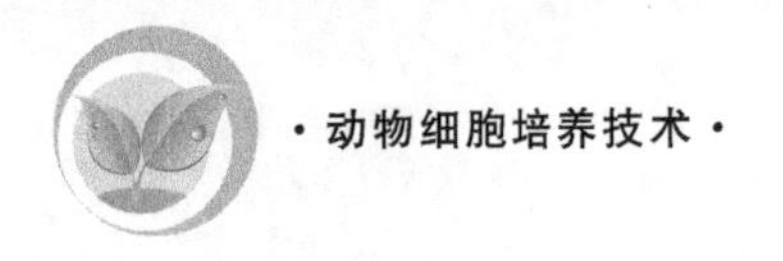

4. 流加式培养的类型

流加式培养分为以下两种类型。

(1) 单一补料分批式培养。

单一补料分批式培养是在培养开始时投入一定量的基础培养液，培养到一定时期，开始连续补加浓缩营养物质，直到培养液体积达到生物反应器的最大操作容积，停止补加，最后将细胞培养液一次性全部放出。该操作方式受到生物反应器操作容积的限制，培养周期只能控制在较短的时间内。

(2) 反复补料分批式培养。

反复补料分批式培养是在单一补料分批式培养操作的基础上，每隔一定时间按一定比例放出一部分培养液，使培养液体积始终不超过生物反应器的最大操作容积，从而在理论上可以延长培养周期，直至培养效率下降，才将培养液全部放出。

(三) 半连续式培养

1. 半连续式培养的概念

半连续式培养又称为重复分批式培养或换液培养。它采用机械搅拌式生物反应器的悬浮培养形式。在细胞增长和产物形成过程中，每隔一段时间，从中取出部分培养物，再用新的培养液补足到原有体积，使生物反应器内的总体积不变。

这种类型的操作是将细胞接种于一定体积的培养基，让其生长至一定的密度，在细胞生长至最大密度之前，用新鲜的培养基稀释培养物，每次稀释至生物反应器培养体积的1/2～3/4，以维持细胞的指数生长状态，随着稀释率的增加培养体积逐步增加。或者在细胞增长和产物形成过程中，每隔一定时间，定期取出部分培养物或条件培养基，或是连同细胞、载体一起取出，并补加细胞、载体或新鲜的培养基，然后继续进行培养的一种操作模式。剩余的培养物可作为种子继续培养，从而可维持反复培养，而不需反应器的清洗、消毒等一系列复杂的操作。在半连续式培养操作中，由于细胞适应了生物反应器的培养环境和相当高的接种量，经过几次的稀释、换液培养过程，细胞密度常常会提高。

2. 半连续式培养的特点

半连续式培养具有以下特点：

(1) 培养物的体积逐步增加；

(2) 可进行多次收获；

(3) 细胞可持续指数生长，并可保持产物和细胞浓度在一较高的水平，培养过程可延续很长时间。

该操作方式操作简便，生产效率高，可长时期进行生产，反复收获产品，可使细胞密度和产品产量一直保持在较高的水平，因而在动物细胞培养和药品生产中被广泛应用。

(四) 连续式培养

1. 连续式培养的概念

连续式培养是一种常见的悬浮培养模式，所使用的生物反应器多数是搅拌式生物反应器，也可以是管式生物反应器。连续式培养是将细胞接种于一定体积的培养基后，为了防止衰退期的出现，在细胞达到最大密度之前，以一定速度向生物反应器中连续添加新鲜培养基，含有细胞的培养物同时以相同的速度连续从生物反应器流出，以保持培养体积的恒定。从理论上讲，该过程可无限延续下去。

2. 连续式培养的优点

连续式培养具有以下优点：

(1) 细胞维持指数增长；

(2) 产物体积不断增长；

(3) 可控制衰退期与下降期。

连续式培养的优点是生物反应器的培养状态可以达到恒定，细胞在稳定状态下生长，可有效地延长分批培养中的对数生长期。在稳定状态下，细胞所处的环境条件如营养物质浓度、产物浓度、pH 值可保持恒定，细胞浓度以及细胞比生长速率可保持不变。细胞很少受到培养环境变化带来的生理影响，特别是生物反应器内主要营养物质葡萄糖和谷氨酰胺维持在一个较低的水平，从而使它们的利用效率提高，有害产物积累有所减少。然而在高的稀释率下，虽然死细胞和细胞碎片被及时清除，可是细胞和产物被不断地稀释，造成营养物质利用率、细胞增长速率和产物生成速率低下。

3. 连续式培养的缺点

连续式培养的缺点如下：

(1) 由于是开放式操作，加上培养周期较长，容易造成污染；

(2) 在长周期的连续式培养中，细胞的生长特性以及分泌产物容易变异；

(3) 对设备、仪器的控制技术要求较高。

(五) 灌流式培养

1. 灌流式培养的概念

灌流式培养是把细胞和培养基一起加入生物反应器后，在细胞增长和产物形成过程中，不断地将部分条件培养基取出，同时又连续不断地灌注新的培养基。它与半连续式培养操作的不同之处在于取出部分条件培养基时，绝大部分细胞均保留在生物反应器内，而半连续式培养在取出培养物的同时也取出了部分细胞。

灌流式培养使用的生物反应器主要有两种。一种是用搅拌式生物反应器悬浮培养细胞，这种生物反应器必须具有细胞截留装置，细胞截留系统开始多采用微孔膜过滤或旋转膜系统，最近开发的有各种形式的沉降系统或透析系统。中空纤维生物反应器是连续灌流操作常用的一种。它采用的中空纤维半透膜可透过相对分子质量较小的产物和底物，截留细胞和相对分子质量较大的产物，在连续灌流过程中将绝大部分细胞截留在生物反应器内。近年来中空纤维生物反应器被广泛应用于产物分泌性动物细胞的生产，主要用于培养杂交瘤细胞生产单克隆抗体。

另一种是固定床或流化床生物反应器。固定床生物反应器是在反应器中装配固定的篮筐，中间装填聚酯纤维载体，细胞可附着在载体上生长，也可固定在载体纤维之间，靠搅拌中产生的负压迫使培养基不断流经填料，有利于营养成分和氧的传递，这种形式的灌流速度较大，细胞在载体中可高密度生长。流化床生物反应器是通过流体的上升运动使固

体颗粒维持在悬浮状态进行反应，适合于固定化细胞的培养。

2. 灌流式培养的优点

灌流式培养具有以下优点：

(1) 细胞截留系统可使细胞或酶保留在生物反应器内，维持较高的细胞密度，一般可达每毫升 10^7～10^9 个，从而较大地提高了产品的产量；

(2) 连续灌流系统使细胞稳定地处在较好的营养环境中，有害代谢产物浓度较低；

(3) 反应速率容易控制，培养周期较长，可提高生产率，目标产品回收率高；

(4) 产品在罐内停留时间短，可及时回收到低温下保存，有利于保持产品的活性。

灌流式培养是近年用于动物细胞培养生产分泌型重组治疗性药物和嵌合抗体及人源化抗体等基因工程抗体较为推崇的一种方式。应用灌流工艺的公司有 Genzyme、Genetic Institute、Bayer 公司等。这种方法最大的困难是污染概率较大，还存在长期培养中细胞分泌产品的稳定性问题、规模放大过程中的工程问题。

(六) 细胞工厂培养

细胞工厂(cell factory)是一种设计精巧的细胞培养装置。它在有限的空间内最大限度地利用了培养表面，从而节省了大量的生产空间，并可节省贵重的培养液。更重要的是，它可有效地保证操作的无菌性，从而避免因污染而带来的原料、劳务和时间损失。它是对传统转瓶培养的革命。

丹麦 NUNC 公司生产的 NUNC 细胞工厂是目前应用较多的细胞工厂系统，可用于疫苗、单克隆抗体等的工业化生产，特别适合于贴壁细胞的培养，也可用于悬浮培养，在从实验室规模进行放大时不会改变细胞生长的动力学条件，可提供 1 盘、2 盘、10 盘和 40 盘的规格，使放大变得简单易行，污染风险低，节省空间，培养表面经测试保证最有利于细胞贴附和生长。同时，与 NUNC 细胞工厂操作仪结合使用，可全面实现细胞培养的自动化，从而大大地降低劳动强度。这套系统使用很方便；由组织培养级聚苯乙烯制成，使用后处理也很方便。

细胞工厂最大的缺点是经胰蛋白酶消化后，很难将细胞完全洗出。

四、微载体培养技术

(一) 微载体培养技术应用简介

微载体培养技术于 1967 年被用于动物细胞大规模培养。经过三十余年的发展，该技术已经成熟，并广泛应用于生产疫苗、基因工程产品等。微载体培养是目前公认的最有发展前途的一种动物细胞大规模培养技术，兼具悬浮培养和贴壁培养的优点，容易放大。目前微载体培养广泛用于培养各种类型的细胞，生产疫苗、蛋白质产品，如 293 细胞、成肌细胞、Vero 细胞、CHO 细胞等。

使用较多的反应器有两种：贝朗公司的 BIOSTAT Cplus 反应器，使用双桨叶无气泡通气搅拌系统；NBS 公司的 CelliGen、CelliGen Plus™ 和 Bioflo3000 反应器，使用 Cell-lift 双筛网搅拌系统。两种系统都能实现培养细胞和产物的有效分离。微载体培养设备如图 1-54 所示。

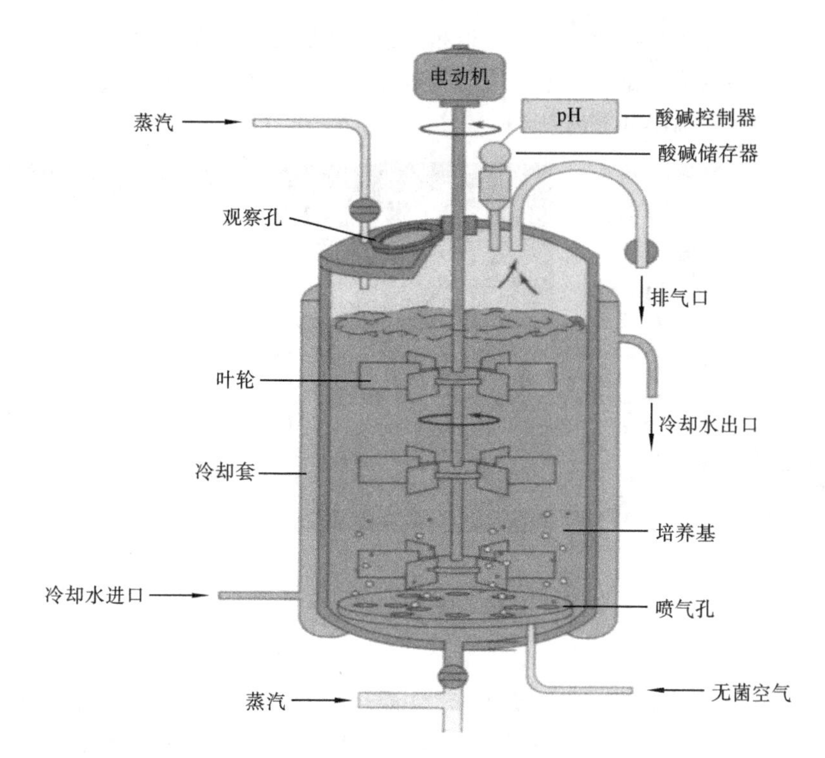

图 1-54 微载体培养设备

（二）微载体理论

微载体是指直径在 60～250 μm，能适用于贴壁细胞生长的微珠，一般由天然葡聚糖或者各种人工聚合物组成。自 van Wezel 用 DEAE-Sephadex A50 研制的第一种微载体问世以来，国际市场上出售的微载体商品的类型已经达十几种，包括液体微载体、大孔明胶微载体、聚苯乙烯微载体、PHEMA 微载体、甲壳质微载体、聚氨酯泡沫微载体、藻酸盐凝胶微载体以及磁性微载体等。常用商品化微载体有以下几种：Cytodex1、Cytodex2、Cytodex3，Cytopore 和 Cytoline。

(1) 微载体的大小：增大单位体积内的表面积对细胞的生长非常有利。应使微载体直径尽可能小，最好控制在 200 μm 以下。

(2) 微载体的密度：一般为 1.03～1.05 g/cm^3，随着细胞的贴附及生长，密度可逐渐增大。

(3) 微载体的表面电荷：据研究，控制细胞贴壁的基本因素是电荷密度而不是电荷性质。若电荷密度太低，细胞贴附不充分，但电荷密度过大，反而会产生“毒性”效应。

（三）微载体培养的原理与操作

1. 原理

微载体培养的原理是将对细胞无害的颗粒——微载体（图 1-55）加入培养容器的培养液中，作为载体，使细胞在微载体表面附着生长，同时通过持续搅动使微载体始终保持悬浮状态。

贴壁依赖性细胞在微载体表面上的增殖要经历黏附贴壁、生长和扩展成单层三个阶段。细胞只有贴附在固体基质表面才能增殖，故细胞在微载体表面的贴附是进一步铺展和生长的关键。贴附主要是靠静电引力和范德华力。细胞在微载体表面贴附主要取决于细胞与微载体的接触概率和相融性。

(a)

(b)

(c)

图 1-55 微载体

2. 搅拌转速

由于动物细胞无细胞壁，对剪切力敏感，因而无法靠提高搅拌转速来增加接触概率。通常的操作方式是在贴壁期采用低搅拌转速，时搅时停；数小时后，待细胞附着于微载体表面时，维持设定的低转速，进入培养阶段。微载体培养的搅拌非常慢，最大转速为75 r/min。

3. 细胞与微载体的相融性

细胞与微载体的相融性与微载体表面理化性质有关。一般细胞在进入生理 pH 值环境时，表面带负电荷。若微载体带正电荷，则利用静电引力可加快细胞贴壁速度。若微载体带负电荷，静电斥力使细胞难于黏附贴壁，但当培养液中溶有或微载体表面吸附着二价阳离子作为媒介时，则带负电荷的细胞也能贴附。

4. 细胞在微载体表面的生长

影响细胞在微载体表面生长的因素很多，主要有以下三个方面。

(1) 细胞方面，如细胞群体、状态和类型。

(2) 微载体方面，如微载体表面状态、吸附的大分子和离子。微载体表面光滑时细胞扩展快，表面多孔则扩展慢。

(3) 培养环境方面，如培养基组成、温度、pH 值以及代谢废物等均明显影响细胞在微载体上的生长。如果所处条件最优，则细胞生长快；反之，则细胞生长慢。

5. 微载体培养操作的要点

(1) 培养初期：保证培养基与微载体处于稳定的 pH 值与温度水平，接种细胞（对数生长期，而非稳定期）至终体积 1/3 的培养液中，以增加细胞与微载体接触的机会。不同的微载体所用浓度及接种细胞密度是不同的，常采用 2～3 g/L 的微载体含量，微载体浓度更高时需要控制环境或经常换液。

(2) 贴壁阶段（3～8 d）后，缓慢加入培养液至工作体积，并且增大搅拌速度保证完全均质混合。

(3) 培养维持期：进行细胞计数（胞核计数）、葡萄糖测定及细胞形态镜检。随着细胞增殖，微珠会变得越来越重，需增大搅拌速度。经过 3 d 左右，培养液开始呈酸性，需换液。停止搅拌，让微载体沉淀 5 min，弃掉适宜体积的培养液，缓慢加入新鲜培养液（37 ℃），重新开始搅拌。

（4）收获细胞：首先排干培养液，至少用缓冲液漂洗一遍，然后加入相应的酶，搅拌（75～125 r/min）20～30 min，然后收集细胞及其产品。

（5）微载体培养的放大：可以通过增加微载体的含量或培养体积进行放大。使用异倍体或原代细胞培养生产疫苗、干扰素，已被放大至 4000 L 以上。

（四）微载体大规模细胞培养的生物反应器系统

微载体大规模细胞培养技术中细胞扩增的效率受到诸多因素的影响和限制，其中主要的限制性因素包括细胞对剪切力的敏感性、氧的传递以及传代和扩大培养等。而研制的各种类型生物反应器系统则可针对上述限制性因素，为微载体细胞培养与扩增提供低剪切力、高氧传递效率、易于细胞传代等适宜的外部环境。已较多使用的微载体培养系统生物反应器，其操作可以实行计算机控制，搅拌速度及悬浮均匀程度、温度、pH 值、溶解氧供应（O_2、N_2、CO_2、空气四种纯化气体按比例调节）、罐压、培养体积和通气量等参数全部由计算机自动控制。因此，应用生物反应器系统进行微载体细胞大规模扩增具有明显优势，目前国外相继研制了数种适合进行微载体大规模细胞培养的生物反应器系统，如搅拌式生物反应器系统、灌注式生物反应器系统以及旋转式生物反应器系统等。

1. 搅拌式生物反应器系统

搅拌式生物反应器系统在微载体细胞大规模扩增研究领域已有较长的研究历史，但因该细胞培养系统容易产生过大的剪切力，从而限制了其应用范围。尽管如此，由于该系统具有简单、实用及价格低廉等特点，国内外仍有不少应用该系统成功进行细胞大规模扩增的研究报道。

2. 灌注式生物反应器系统

灌流式培养是目前的研究热点之一。它的特点是不断地加入新鲜培养基并不断地抽走含细胞代谢废物的消耗培养基，使细胞得以在一个相对稳定的生长环境内增殖，既省时省力，又减少了细胞发生污染的机会，且可以提高细胞密度 10 倍以上。

3. 旋转式生物反应器系统

近年来，旋转式生物反应器系统（RCCS）已经成为应用微载体技术进行细胞大规模扩增的一种较常用的细胞培养系统。该系统是基于美国航空航天局为模拟空间微重力效应而设计的一种生物反应器。RCCS 既可以用于微载体大规模细胞培养，又能用于培育细胞与支架形成的三维空间复合体。至今，已有近百种组织细胞在该系统内成功进行了大规模扩增。

（五）微载体培养的优点

微载体培养具有以下优点：

（1）表面积与体积比（S/V）大，因此单位体积培养液的细胞产率高；

（2）把悬浮培养和贴壁培养融合在一起，兼有两者的优点；

（3）可用简单的显微镜观察细胞在微载体表面的生长情况；

（4）简化了细胞生长各种环境因素的检测和控制，重现性好；

(5) 培养基利用率较高；
(6) 容易放大；
(7) 细胞收获过程不复杂；
(8) 劳动强度小；
(9) 培养系统占地面积和空间小。

知识拓展

Cytodex™细胞培养微载体技术

在微载体细胞培养技术中，贴壁动物细胞在悬浮于生物反应器培养液内的球形微载体表面上贴壁生长。与转瓶和细胞工厂等传统方法相比，微载体可以提供极高的表面积与体积比，因此成为一种极具吸引力的新型替代技术，用于各种规模的细胞培养研究和工艺放大。

Cytodex1 是通过用遍布于整个基质的带正电荷的 DEAE 基团取代交联葡聚糖而形成的，是一种通用的微载体。它适合于大多数已经建立的细胞株，并可用于原代细胞和正常的二倍体细胞株中病毒或细胞产物的生产。图 1-56 所示为在 Cytodex1 上生长的猪肾细胞。

Cytodex3 是通过化学交联一个薄层的变性胶原蛋白到交联葡聚糖基质而形成的，它对于体外难以培养的细胞是首选的微载体，且特别适合于具有类表皮细胞形态的细胞。胶原表面层能够被多种水解蛋白酶所消化，从而为微载体表面收获细胞，同时保持最大的细胞活力和细胞膜完整性提供了可能性。这对于大规模细胞培养工艺所需要的连续传代步骤是非常关键的。

微载体培养技术可以用于几乎任何类型的无菌细胞培养容器中。然而，为了从常规的微载体培养中获得最大的细胞产量和生产率，最好使用具有有效的混合系统的培养设备，以提供均匀的培养环境、均一的微载体悬浮培养液和充足的氧气供应。此外，应该避免高剪切力对动物细胞的伤害。图 1-57 所示为 1000 L 发酵罐中脊髓灰质炎病毒疫苗的生产设备。

对于常规的、小规模微载体培养（几升工作体积），一些供应商已经改良了含有磁力驱动的搅拌棒或叶轮的玻璃旋转容器，可以用于微载体实验室小规模培养。

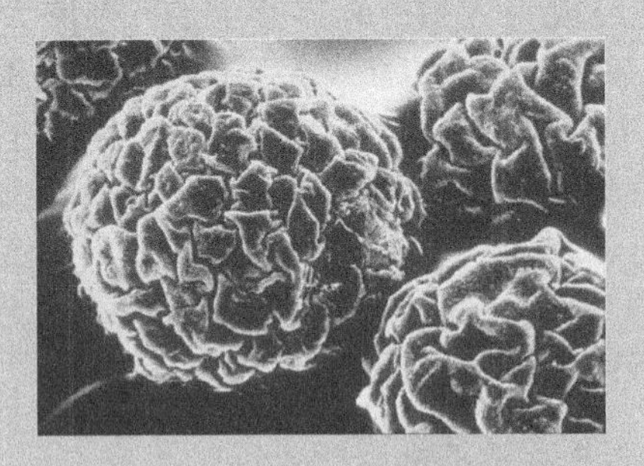

图 1-56 在 Cytodex1 上生长的猪肾细胞

图 1-57 1000 L 发酵罐中脊髓灰质炎病毒疫苗的生产设备

New Brunswick 推出一次性搅拌式生物反应器

提起生物反应器，大家脑海中浮现出的肯定是那种又大又重的罐子。其实，在最近几年，一次性生物反应器的应用也越来越广，逐渐被研发人员所接受。与重复使用的转瓶或不锈钢生物反应器相比，这类生物反应器有着明显的优势，包括节省劳动力和成本、运行中可快速转换等。为此，New Brunswick Scientific(Eppendorf 旗下公司)也推出了一次性的 CelliGen BLU 搅拌式生物反应器(图 1-58)。这种全新的反应器综合了一次性技术以及传统搅拌罐的可靠性能和扩展性。CelliGen BLU 使用了 5.0 L 和 14.0 L 的可替换的一次性搅拌罐体，能用于高密度动物细胞培养。罐体包括搅拌桨、管道和过滤器。罐体的顶板上还带有 RTD 温度传感器、pH 和溶解氧探头。控制套件具有符合 cGMP 生产要求的高级系统控制功能。

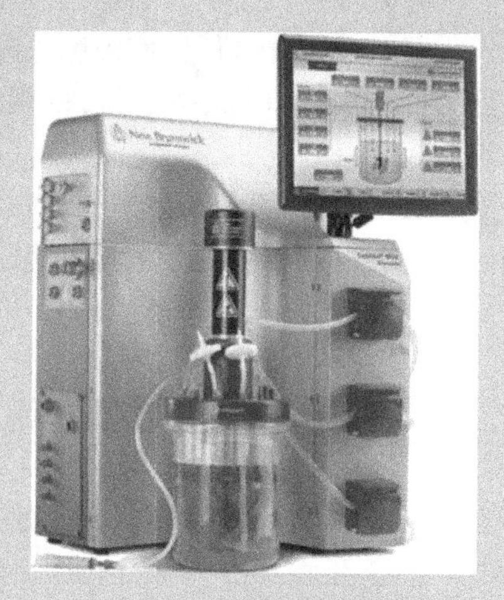

图 1-58　一次性搅拌式生物反应器

一次性罐体与传统生物反应器相比最大的优点就是避免了灭菌、清洗和组装，减少了污染风险，也减少了验证的需求，节省了时间和成本。

思考题

1. 大规模培养时，动物细胞的生长特性有哪些？
2. 简述微载体培养的原理。

项目四　动物细胞冷冻保存、复苏及运输

细胞培养技术自 1907 年开创以来已历经一个世纪，现已成为自然科学领域不可缺少的研究方法之一。在细胞培养技术广泛应用于科学研究领域的今天，细胞株的冷冻保存和解冻复苏这一基础技术日益得到重视。细胞一旦离开活体开始原代培养，它的各种生物特性都将逐渐发生变化，并随着传代次数的增加和体外环境条件的变化而不断发生新的变化。因此，为了保持培养细胞的生物学特性和活力，防止其发生遗传性质的改变和培养细胞的变异，减少人力和物力的消耗，在细胞传代培养时需进行细胞冷冻保存和复苏。细胞低温冷冻储存是细胞室的常规工作。细胞冷冻保存与细胞传代保存相比，可以减少人力、经费，减少细胞生物学特性的变化，减少污染。

在细胞系维持中，及时进行细胞的冷冻保存十分必要，利用冷冻保存技术将细胞置于

－196 ℃液氮中保存，可以使细胞暂时脱离生长状态而将其细胞特性固定起来，这样在需要的时候再复苏细胞用于实验，而且适度地保存一定量的细胞，可以防止因正在培养的细胞被污染或其他意外事件而使细胞丢种，特别是不易获得的突变型细胞或细胞株，起到了细胞保种的作用。除此之外，还可以利用细胞冷冻保存的形式来购买、寄赠、交换和运送某些细胞。

本项目的学习，可使学生掌握动物细胞冷冻保存、复苏和运输的基础知识，学会动物细胞的处理、冷冻保存、复苏、运输包装等基本技能，了解动物细胞冷冻、复苏过程的生理变化，同时培养严谨的工作态度。

任务1　动物细胞的冷冻保存

在体外培养过程中，常需要对细胞进行冷冻保存以减少工作量，防止细胞因传代过多发生变异甚至死亡。冷冻保存的细胞可为进行某个方面的重复实验提供永久的材料来源。

目前，细胞冷冻保存最常用的技术是液氮冷冻保存法，使用的冷冻剂是液氮，其温度是－196 ℃，在－70 ℃以下时，细胞内的酶活性均已停止，即代谢处于完全停止状态，故可以长期保存。这是大多数细胞样品的最佳储存温度，理论上储存时间可以是无限长的。例如，人的红细胞在液氮中可储存12年而不表现出明显的生化及生理功能变化。液氮对细胞材料的pH值没有影响，气化时也无残留物。

冷冻保存的条件和方法将直接影响细胞复苏后的生存率，主要采用加适量保护剂的缓慢冷冻法冷冻保存细胞。为了保持细胞最大的存活率，一般采用慢冻快熔的方法。缓慢降温可使细胞外液先冻结出现冰晶，细胞发生脱水，细胞内不出现冰晶。

一、冷冻保存的原理

在不加任何保护措施的条件下直接冷冻保存细胞时，细胞内和外环境中的水都会形成冰晶，能导致细胞内发生机械损伤、电解质浓度升高、渗透压改变、脱水、pH值改变、蛋白质变性等，能引起细胞死亡。如向培养液中加入保护剂，可使冰点降低。因此，细胞冷冻技术的关键是尽可能地减少细胞内水分，减少细胞内冰晶的形成量。目前细胞冷冻保存多采用二甲基亚砜（DMSO）或甘油作保护剂，这两种物质对细胞毒性小，相对分子质量小，溶解度大，易穿透细胞，能提高细胞膜对水的通透性，加上缓慢冷冻可使细胞内的水分渗出细胞，减少细胞内冰晶的形成量，从而减少冰晶形成造成的细胞损伤。

在一般低温条件下，活细胞内外可出现对细胞有机械损伤作用的冰晶，而且随着冰晶数量的增多，会导致细胞脱水及渗透压上升等后果，这些也可造成细胞的损伤。储存在－130 ℃以下的低温中能减少冰晶的形成量。

在体外培养的细胞，从增殖期到形成致密单层前的细胞都可用于冷冻保存，但一般认为处于对数生长期的细胞用于冷冻保存效果最佳。

当需要使用冷冻保存的细胞时，可加温使之复苏，复苏后的细胞可继续培养增殖用于研究或实验。冻结的细胞复苏要以快速熔化为原则，使之迅速通过细胞最易受损伤的温度区(−5～0 ℃),以防小冰晶变为大冰晶而对细胞造成损伤。

二、影响冷冻保存效果的因素

在细胞的冷冻保存过程中,冷冻速率、冷冻保存温度、冷冻保护剂、细胞密度、复温速率等都对细胞活力有影响。

1. 冷冻速率

冷冻速率是指降温的速度,它直接关系到冷冻效果。细胞冷冻过程中的冷冻速度不同,细胞内水分向细胞外流动的情况会不同。如果冷冻速度慢,细胞内水分外渗多,细胞脱水,体积缩小,细胞内溶质浓度增高,细胞内不发生结冰;如果冷冻速度快,细胞内水分没有足够的时间外渗,结果随着温度的下降而发生细胞内结冰,会对细胞造成损害。

为了减少冰晶对细胞的伤害,保证冷冻保存效果,选择最佳的降温程序和速度很重要。目前常用的降温程序是分段降温法,即利用不同温级的冰箱或液氮储存罐,将活细胞在不同的温度段分段降温冷却,例如,先从室温降至 4 ℃,再依次降至−40 ℃、−80 ℃、−196 ℃(在各温度段持续时间视细胞的类型而定)。关于最佳降温的速度,不同类型的细胞相差较大,与细胞的性质,特别是质膜的渗透率有关。一般来说,以每分钟 1～10 ℃的速度降温可得到良好的效果。

2. 冷冻保存温度

不同的细胞和生物体以及使用不同的冷冻保存方法要取得同样的冷冻保存效果,冷冻保存温度可以不同。但从现实性和经济性考虑,液氮温度(−196 ℃)是目前最佳冷冻保存温度。在−196 ℃时,细胞生命活动几乎停止,但复苏后细胞结构和功能完好。

3. 冷冻保护剂

冷冻保护剂是指可以保护细胞免受冷冻损伤的物质,常常配制成一定浓度的溶液,作为冷冻保护液。冷冻保护剂可分为渗透性冷冻保护剂和非渗透性冷冻保护剂两类。渗透性冷冻保护剂可以渗透到细胞内,一般是小分子物质。该类保护剂主要包括甘油、DMSO、乙二醇、丙二醇、乙酰胺、甲醇等。非渗透性冷冻保护剂不能渗透到细胞内,一般是大分子物质。该类保护剂主要包括聚乙烯吡咯烷酮(PVP)、蔗糖、聚乙二醇、葡聚糖、白蛋白及羟乙基淀粉等。由于许多冷冻保护剂(如 DMSO)在低温条件下能保护细胞,在常温下却对细胞有害,故在细胞复温后要及时洗去冷冻保护剂。

三、冷冻保存的方法

细胞的冷冻保存如图 1-59 所示。

1. 冷冻保存前处理

(1) 准备 20% DMSO 冷冻保存液,用 20%小牛血清培养液配制。

(2) 混匀细胞悬液和冷冻保存液。单层细胞培养物(冷冻保存前一天,细胞换液)经胰蛋白酶消化后制成细胞悬液,细胞活力为 95%。调节细胞密度为 $1\times10^{4}\sim1\times10^{7}$ 个/mL,1000 r/min 离心 20 s,去上清液。弹指法分散沉淀细胞后,左手摇动离心管,右手逐

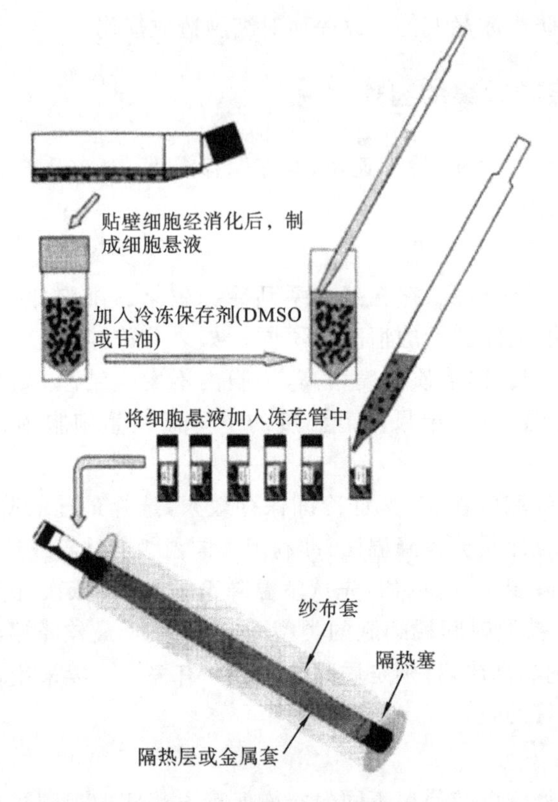

图 1-59　细胞的冷冻保存

滴加入与细胞悬液等量的20% DMSO的培养液(DMSO最终使用浓度为10%,血清最终使用浓度为8%)。

(3) 分装。将细胞悬液分装于2 mL冻存管(图1-60)中(注意拧紧管盖,管不要倒下)。密封后,标记冷冻细胞名称和冷冻日期。使用国产液氮罐(图1-61)时,冻存管要用白布包扎,布袋系以线绳。布表面和绳头末端再做好标记,以便日后查找。

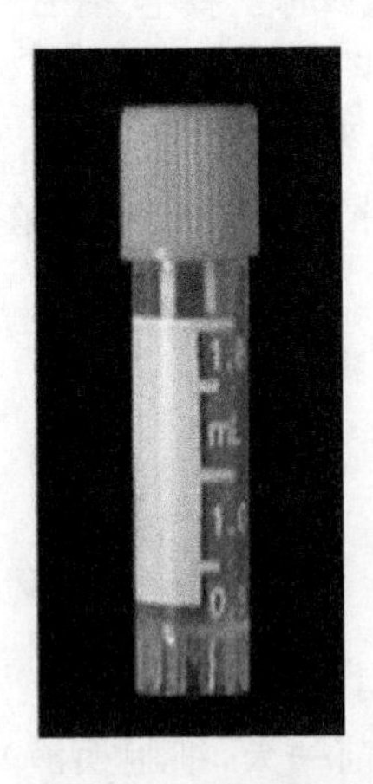

图 1-60　细胞冻存管

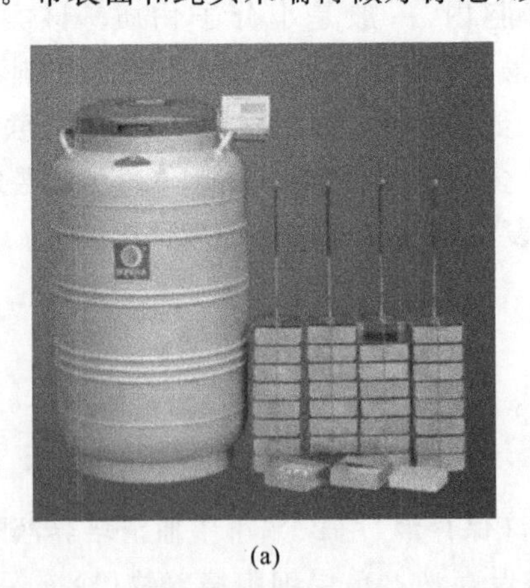

(a)

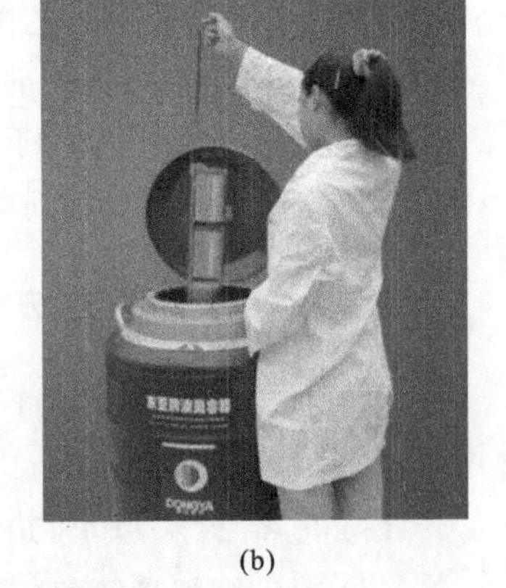

(b)

图 1-61　液氮罐及其使用

2. 冷冻保存方法

(1) 传统方法：将冻存管置于 4 ℃ 30 min，−20 ℃ 30 min，−80 ℃过夜，液氮罐中长期储存。−20 ℃不可超过 1 h，以防止冰晶过大，造成细胞大量死亡，也可跳过此步骤直接放入−80 ℃冰箱中，但存活率会稍微降低一些。

(2) 程序降温：利用已设定程序的等速降温机以−3～−1 ℃/min 的速度由室温降至−80 ℃以下，再放在液氮罐中长期储存。

知识拓展

二甲基亚砜

二甲基亚砜(DMSO)是一种含硫有机化合物，分子式为$(CH_3)_2SO$，常温下为无色无臭的透明液体，是一种吸湿性的可燃液体，具有极性高、沸点高、热稳定性好、非质子、与水混溶的特性。DMSO 是一种既溶于水又溶于乙醇、丙醇、苯和氯仿等有机溶剂的极为重要的非质子极性溶剂，被誉为“万能溶剂”。DMSO 对皮肤有极强的渗透性，有助于药物向人体渗透，能促进药物吸收和提高疗效，因此在国外被称为“万能药”。将各种药物溶解在 DMSO 中，不用口服和注射，涂在皮肤上就能渗入体内，这开辟了给药新途径。DMSO 也是一种渗透性保护剂，能够降低细胞冰点，减少冰晶的形成量，减轻自由基对细胞的损害，改变生物膜对电解质、药物、毒物和代谢产物的通透性。

玻璃化保存

玻璃化保存(vitrification)是一种超速冷冻方法。它是以极快的速度冷冻细胞，使细胞内外的游离水迅速形成玻璃样物质，而不形成冰晶。这种保存方法既可避免慢速降温导致的盐浓度升高，又可防止冰晶造成的物理损伤，可获得较高的细胞存活率。

思考题

1. 影响冷冻保存效果的因素有哪些？
2. 冷冻保存液的作用是什么？
3. 如何配制细胞冷冻保存液？
4. 为何在进行细胞冷冻保存前一天最好换液？
5. 细胞冻存管解冻培养时，是否应马上去除 DMSO？

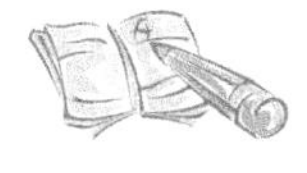

任务 2 动物细胞的复苏

细胞在液氮中可保存数年或数十年。冷冻保存体外培养物，除了必须有最佳的冷冻速率、合适的冷冻保护剂和冷冻保存温度外，在复苏时也必须有最佳的复温速率，这样才能保证最后获得最佳冷冻保存效果。

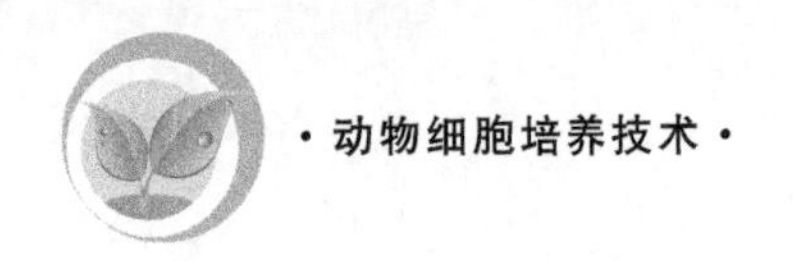

一、细胞复苏基础知识

细胞复苏与冷冻保存的要求相反，应采取快速熔化的手段。复苏时熔化细胞速度要快，使之迅速通过细胞最易受损的温度区（−5～0 ℃），这样可以保证细胞外的结晶在很短的时间内熔化，以免缓慢熔化时水分渗入细胞内形成胞内再结晶对细胞造成损害，甚至引起细胞死亡。复温速率是指在细胞复苏时温度升高的速度。复温速率选择不当也会降低冷冻保存细胞的存活率。一般来说，复温速度越快越好。常规的做法是，在 37 ℃水浴中，于 1～2 min 内完成复温。复温速度过慢，细胞内会重新形成较大冰晶而造成细胞损伤。复温时造成的细胞损伤非常快，往往在极短的时间内发生。

冷冻保存的细胞并非都能复苏成功。其失败原因可能与以下因素有关：①冷冻保存时细胞数量少或生长状态不良；②细胞被细菌或支原体污染；③液氮罐保管不善；④复苏时培养条件改变；⑤复苏方法不得当。

二、细胞的常规复苏培养方法

细胞的复苏在一般情况下采用常规复苏法，一般操作如下：从液氮罐中取出冷冻保存细胞，迅速放入 37 ℃水浴中，并不时摇动，在 1 min 内使其完全熔化，然后在无菌条件下离心 5～10 min，弃去上层液，加入适量培养液后接种于培养瓶中，置于 37 ℃培养箱中培养，次日更换一次培养液，继续培养，观察生长情况；或不经离心直接将细胞加入瓶中，并加入培养基贴壁培养 12～24 h 后，弃去上清液，换入新鲜培养基继续培养。细胞的复苏如图 1-62 所示。

图 1-62　细胞的复苏

三、注意事项

（1）防止玻璃冻存管在冰浴后爆炸（液氮进入管内之故），在熔化前不要拆除包管布袋。实验人员在细胞复苏操作时应戴护目镜和口罩，应有自我保护意识，避免被液氮冻伤。

(2) 冷冻保存细胞悬液一旦熔化后，要尽快离心弃去冷冻保护液，防止冷冻保护剂对细胞产生毒性。

(3) 复苏细胞没有污染、活力高时，通常 30 min 内贴壁。

(4) 复苏细胞瓶内常见细胞背景不清晰，有死亡细胞颗粒、碎片的现象。此现象在经长时间运输后或长久冷冻保存的细胞瓶内尤为明显。通过低速、短时间离心培养和多次换液，细胞背景逐渐清晰，细胞恢复生长特征。

知识拓展

十分钟的细胞活性检测

Life Technologies 公司近日推出了一种 PrestoBlue™ 细胞活性检测试剂，能在 10 min 内获得高质量的细胞活性结果。PrestoBlue 试剂是一种基于刃天青(resazurin)的即用型溶液。它利用活细胞的还原能力来定量测定细胞的增殖，从而指示细胞活性。PrestoBlue 试剂中包含一种细胞通透性的化合物，这种化合物是蓝色的，且几乎没有荧光。在加入细胞后，PrestoBlue 试剂被活细胞的还原环境所修饰，变成红色，且荧光很强。利用荧光或吸光度测量，可检测这种变化。整个分析流程可在 10 min 内完成。首先，准备好一块待测的 96 孔板。然后，直接向细胞中加入 PrestoBlue 试剂，并在 37 ℃培养 10 min。最后，将平板转移到分析仪中，测定信号。通过将信号与化合物浓度作图，可评估结果。

思考题

1. 细胞复苏后如何计算存活率？
2. 细胞复苏过程中为何要去除冷冻保存液？

任务 3　动物细胞的运输

培养细胞的交流、交换、购买已成为生命科学研究中的一个重要环节。从其他研究室索取细胞，牵涉到两地之间的包装运输，动物细胞是“娇嫩”的物品，一旦运输过程中不能有效保温、密封，就会造成细胞死亡、受污染，给实验、生产造成损失，因此要谨慎安排、小心运输。

一、根据运输的条件和状态分为长距离运输和短距离运输

(一) 长距离运输(几天)

(1) 选择生长良好的单层细胞或细胞悬液，去掉培养液，补充新培养液至瓶颈部，保留微量空气，拧紧瓶盖。这样可避免液体晃动导致的细胞损伤。

(2) 瓶口用胶带密封,并用棉花包裹做防震、防压处理,放在携带者贴身口袋中带回,或用包装盒空运。

(二) 短距离运输(几小时)

去掉大部分生长液,仅留少量液体覆盖单层细胞,以防止细胞干燥。将细胞附着面朝上带回。

利用 1 L 液氮罐(或便携式液氮罐)或大号保温瓶装液氮,将冻存管移入液氮中,这样可将细胞种子转送到其他实验室。因液氮挥发快,此法也仅适用于短距离运输。

二、根据冷冻条件分为冷冻介质法和充液法

(一) 冷冻介质法

这是一种利用特殊容器内盛液氮或干冰作为冷冻介质,细胞和介质隔开但共存于容器内保温的运输方法。此法保存效果较好,但缺点是比较麻烦,不宜长时间运输,多需空运,代价较大。

(1) 干冰运输:较为常用,也很保险,成本不算高,但航空禁运,如果本人携带,汽车、火车均可,20 h 用 5~10 kg 干冰。

(2) 液氮运输:首选短途携带,长途运输不安全,航空运输不允许,铁路运输要安检,汽车运输较颠簸容易泄漏,运输费用高。

(二) 充液法

此种方法较为简单。一般选择生长良好的细胞,以生长 1/3~1/2 瓶底壁为宜,去掉旧培养液,补充新的培养液至瓶颈部,保留微量空气,拧紧瓶盖,并用胶带密封,放在运送盒内,用棉花等做防震、防压处理。运输时间需 4~5 天,到达目的地后倒出多余的培养液,只需保留维持生长所需的培养液,于 37 ℃培养,次日传代。

知识拓展

引进细胞的方法

从其他研究室或者公司引进细胞时,应注意了解细胞的性状、培养液及培养时的注意事项等详细资料。

(1) 通过网上或电话咨询,了解细胞来源、生长条件、购买条件、邮寄方式等。

(2) 根据细胞生长条件准备细胞用液(培养基、消化液、血清等)、实验器材,确定培养方案。

(3) 引进细胞到达实验室时,保留细胞生长所需的液量,无菌收集剩留的液体。镜下观察细胞的生长状态、有无污染。细胞置于 CO_2 培养箱中过夜,次日观察。根据细胞的生长状况、培养液颜色,继续观察或换液培养。

(4) 防止外地细胞“水土不服”，首次换液时使用原培养液，以后逐渐增加自配的培养液，从 1/3 到 1/2、2/3，直到全部自配液，使细胞逐渐适应新的培养环境。

(5) 传代时提高细胞的接种数，尽量保持原细胞群的生长信息环境。一般按照 1∶2 传代，即使生长快的细胞系(株)也适合此点，千万不要一瓶传多瓶，否则细胞易死亡。

(6) 当引进细胞扩增、传代已形成规律时，说明细胞已适应新的培养环境，此时应冷冻保存备用。

思考题

1. 运送细胞都有哪些方法？试述其优缺点。
2. 运送细胞的比较简便的方法是哪一种？简述其过程。

模块二

应　用　篇

动物细胞培养开始于20世纪初，发展至今已成为生物、医学研究和应用中广泛采用的技术方法，利用动物细胞培养生产具有重要医用价值的酶、生长因子、疫苗和单克隆抗体等，已成为医药生物高技术产业的重要部分。利用动物细胞培养技术生产的生物制品已占世界生物高技术产品的50%。动物细胞在单克隆抗体制备、疫苗生产、基因重组蛋白药物生产、组织工程中都已得到广泛应用。本模块主要阐述动物细胞培养技术在病毒的分离培养、疫苗制备和单克隆抗体制备过程中的应用。

项目一　病毒的细胞培养

细胞培养在病毒学方面的研究最为广泛，除用于病毒的病原分离外，还可用于研究病毒的繁殖过程及细胞的敏感性和传染性（细胞的病理变化及包含体的形成），观察病毒传染时细胞新陈代谢的改变，探讨抗体与抗病毒物质对病毒的作用方式与机制，研究病毒干扰现象的本质和变异的规律性，以及病毒的分离鉴定，抗原的制备及疫苗、干扰素的生产，病毒性疾病诊断和流行病学调查等。通过本项目的学习，学生可掌握病毒的基本生物学特性、病毒的细胞培养技术和病毒的分离鉴定技术以及病毒细胞苗的制备技术。

任务1　病毒的结构及生物学特性

病毒（virus）是非细胞型微生物，其主要特征如下：①个体微小，可通过细菌滤器，需用电子显微镜观察；②结构简单，无细胞结构，由蛋白质与核酸组成，且仅含一种类型核酸（DNA或RNA）；③严格胞内寄生性，缺乏产生能量的酶系统，必须在易感的活细胞内进行增殖；④以复制的方式增殖；⑤在抵抗力方面，一般耐冷不耐热，对抗生素不敏感。

一、病毒的分类

病毒的分类方法有多种。根据遗传物质的不同，可分为DNA病毒、RNA病毒、蛋白质病毒(如朊病毒);根据病毒结构的不同,可分为真病毒(euvirus,简称病毒)和亚病毒(subvirus,包括类病毒、拟病毒、朊病毒);根据其寄生宿主的种类的不同,可分为噬菌体(细菌病毒)、植物病毒(如烟草花叶病毒)、动物病毒(如禽流感病毒、天花病毒、HIV 等)。根据性质的不同,可分为温和病毒(如 HIV)、烈性病毒(如狂犬病病毒)。

二、病毒的大小与形态

完整的成熟病毒颗粒称为病毒体(virion),属细胞外病毒形式,病毒的大小以纳米(nm)为单位表示。根据大小将病毒大致分为大、中、小三型。大型为 200～300 nm,如痘类病毒,在光学显微镜下勉强可见;中型为 80～150 nm,如流行性感冒病毒、腺病毒、副流感病毒、疱疹病毒等;小型为 20～30 nm,如口蹄疫病毒与脊髓灰质炎病毒等。大多数病毒体小于 150 nm,必须用电子显微镜放大数千倍至数万倍才能看到。

病毒的形态有多种类型,大多数病毒呈球形或近似球形,少数呈杆状(植物病毒多见)、丝状(如初分离时的流感病毒)、弹状(如狂犬病病毒)、砖形(如痘类病毒)和蝌蚪状(如噬菌体)。

三、病毒的结构和组成

病毒主要由核酸和蛋白质外壳组成。由于病毒是一类非细胞生物体,故单个病毒个体不能称为“单细胞”,这样就产生了病毒粒或病毒体。病毒粒有时也称病毒颗粒或病毒粒子(virus particle),专指成熟的结构完整的和有感染性的单个病毒。核酸位于它的中心,称为核心(core)或基因组(genome),蛋白质包围在核心周围,形成衣壳(capsid)。衣壳是病毒粒的主要支架结构和抗原成分,有保护核酸等作用。衣壳由许多在电子显微镜下可辨别的形态学亚单位(subunit)——衣壳粒(capsomere)构成。核心和衣壳合称核心壳(nucleocapsid)。有些较复杂的病毒(一般为动物病毒,如流感病毒),其核心壳外还被一层含蛋白质或糖蛋白(glycoprotein)的类脂双层膜覆盖着,这层膜称为包膜(envelope)。包膜中的类脂来自宿主细胞膜。有的包膜上还长有刺突(spike)等附属物。包膜的有无及其性质与该病毒的宿主专一性和侵入等功能有关。昆虫病毒中有一类多角体病毒,其核壳被蛋白质晶体所包被,形成多角形包含体。乙肝病毒结构模式如图 2-1 所示。

四、病毒增殖

病毒增殖指病毒粒入侵宿主细胞到最后细胞释放子代毒粒的全过程,大致可分为连续的五个阶段:吸附、侵入、脱壳、生物合成、装配与释放。病毒的复制周期约为 10 h。

(一) 吸附

病毒增殖的第一步就是吸附(adsorption) 于易感细胞,吸附是特异的、可逆的,这种特异性就决定了病毒嗜组织的特征,如脊髓灰质炎病毒的衣壳蛋白可与灵长类动物细胞表面脂蛋白受体结合,但不吸附兔或小鼠的细胞。流感病毒包膜上的血凝素蛋白只与宿主呼吸道黏膜细胞表面唾液酸寡糖支链结合。因此,有人利用消除细胞表面的病毒受体,或利用与受体类似的物质阻断病毒与受体的结合,来开发抗病毒药物。

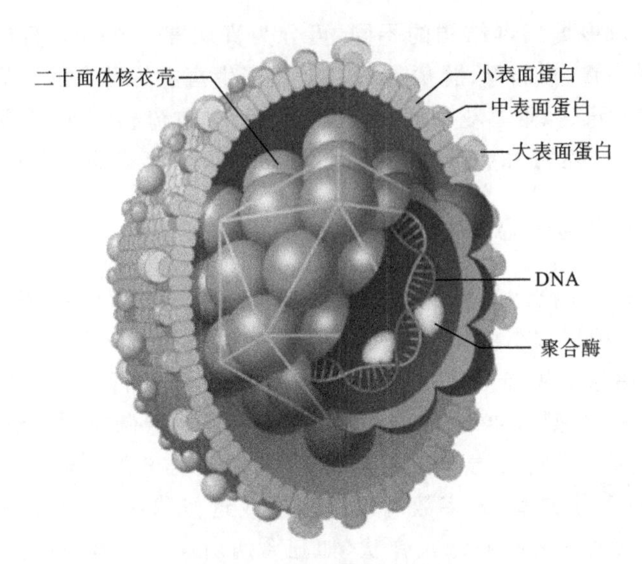

图 2-1　乙肝病毒结构模式

(二) 侵入

吸附在易感细胞上的病毒，可通过不同方式进入细胞内，称为侵入(penetration)。侵入的方式至少有三种：①胞饮，无包膜病毒一般以细胞膜的内吞作用，即细胞膜内陷将病毒包裹其中，形成类似吞噬泡的结构，使病毒原封不动地进入细胞质内；②融合，有包膜的病毒靠吸附部位的酶作用及包膜与宿主细胞膜的同源性等，发生包膜与宿主细胞膜的融合，使病毒核衣壳进入细胞质内；③转位作用，有些无包膜病毒吸附于宿主细胞膜后，其衣壳蛋白的某些多肽成分发生改变，使病毒直接穿过宿主细胞膜进入细胞，但这种方式较少见。噬菌体吸附于细菌后，可能由细菌表面的酶类作用，导致噬菌体头部的核酸通过尾髓直接进入细胞质内。

(三) 脱壳

穿入细胞质中的核衣壳脱去衣壳蛋白，使基因组核酸裸露的过程称为脱壳(uncoating)。这是病毒在细胞内能否进行复制的关键，病毒核酸如不暴露出来则无法发挥指令作用，病毒就不能进行复制。脱壳必须有酶的参与，这些特异性水解病毒衣壳蛋白的酶称为脱壳酶。

(四) 生物合成

病毒基因一经脱壳释放，就能利用宿主细胞提供的小分子物质和能量合成大量的病毒核酸及结构蛋白等，此过程称为病毒的生物合成(biosynthesis)。病毒成分的合成包括三个方面：①病毒 mRNA 的转录；②病毒复制子代病毒核酸；③特异性 mRNA 转译子代病毒结构蛋白及功能蛋白。此期仅合成子代病毒的组成元件，在细胞内查找不到完整的病毒粒，故称隐蔽期。病毒生物合成的方式因核酸类型而异。

(五) 装配与释放

病毒核酸和结构蛋白是分别复制的，然后装配成完整的病毒粒。最简单的装配方式

(如烟草花叶病毒)是核酸与衣壳蛋白相互识别,由衣壳亚单位按一定方式围绕 RNA 聚集而成,不借助酶,也不需能量再生体系。许多二十面体病毒粒先聚集其衣壳,再装入核酸。有包膜的病毒,在细胞内形成核以后转移至被病毒修饰了的细胞核膜或质膜下面,以芽生方式释放病毒粒。如 T4 噬菌体先分别装配头部、尾部和尾丝,最后组合成完整的病毒粒,裂解细菌而释放,其中有些步骤需酶的作用。

病毒的侵染、繁殖途径如图 2-2 所示。

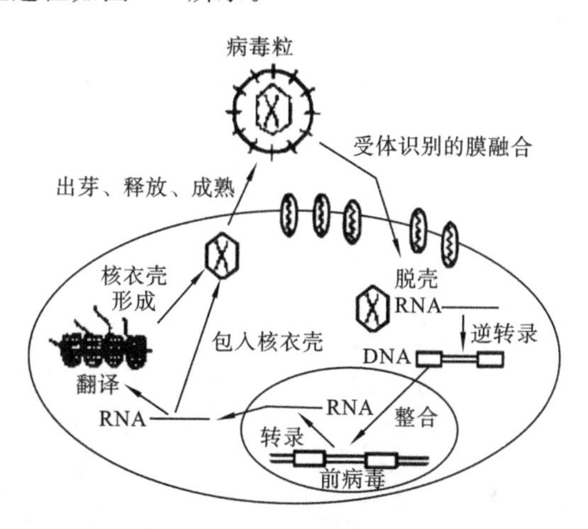

图 2-2　病毒的侵染、繁殖途径

五、细胞水平上的感染类型和宿主反应

很早就已发现噬菌体感染有裂解性和溶源性之分。以大肠杆菌的 λ 噬菌体为例,裂解性感染于经历上述复制周期后产生大量子代病毒粒而将细菌裂解;溶源性感染时,噬菌体 DNA 环化并整合到大肠杆菌 DNA 的特异性位点上,随着细菌的分裂而传给子代细菌,细菌不被裂解也不产生子代病毒粒。营养条件、紫外线或化学药物都能使溶源性感染转化为裂解性感染。动物的 DNA 病毒(如 SV40、腺病毒、疱疹病毒)感染敏感细胞(称为容许细胞)后,形成裂解性感染,而感染不大敏感的细胞(称为不容许细胞)后,则形成转化性感染。转化性感染与溶源性感染相似,病毒 DNA 或其片段整合于细胞染色体上,并随细胞分裂而传给子代细胞,表达其部分基因(一般为早期基因),但不产生子代病毒粒,细胞也不死亡,但被转化后类似于肿瘤细胞,可无限地传代。另一方面,RNA 肿瘤病毒(如鸡肉瘤病毒)必须先将其 RNA 逆转录成 dsDNA 并整合到细胞染色体上,才能进行复制,所以这种感染方式是独特的,既是转化性感染,又产生大量病毒粒。

(一) 细胞病变效应

在体外实验中,通过细胞培养和接种杀细胞性病毒,经过一定时间后,可用显微镜观察到细胞变圆,坏死,从瓶壁脱落等现象,称为细胞病变效应(cytopathic effect,CPE)。利用这种病变效应可进行病毒定量。一般来说,肿瘤病毒的此种效应较弱,或是不具有 CPE。细胞病变效应主要有以下几种:①整个细胞都发生改变,有两种情况,其一是细胞核及整个细胞都发生肿胀,细胞浆呈颗粒样变化,细胞膜边缘不整齐,其二是整个细胞皱缩，变圆直至碎裂、脱落等，多见于肠道病毒、痘病毒、呼吸病毒、鼻病毒、科萨奇病毒；②细胞发生聚合，如腺病毒；③细胞融合形成合胞体，即多数细胞发生相互融合而成“巨细胞”，但各个细胞核仍然能分辨清楚，如副黏病毒、疱疹病毒；④细胞仅产生轻微病变，如正黏病毒、狂犬病病毒、冠状病毒、逆转录病毒以及沙粒病毒。

有些动物病毒感染宿主细胞后，在细胞核或细胞质内形成具有特殊染色特性的内含物，称为包含体，它是一种蛋白质性质的病变结构，在光学显微镜下可见，多为圆形、卵圆形或不规则形。一般是由完整的病毒粒或尚未装配的病毒亚基聚集而成；少数则是宿主细胞对病毒感染的反应产物，不含病毒粒。有的位于细胞质中（如天花病毒），有的位于细胞核中（如疱疹病毒），或细胞质、细胞核中都有（如麻疹病毒）。有的还具有特殊名称，如天花病毒包含体又称为顾氏（Guarnieri）小体，狂犬病病毒包含体又称为内基氏（Vegri）小体。昆虫病毒可根据包含体的形状、位置而分为细胞质型多角体病毒、核型多角及颗粒体病毒等。Vero 细胞接种山羊痘病毒后的病变如图 2-3 所示。

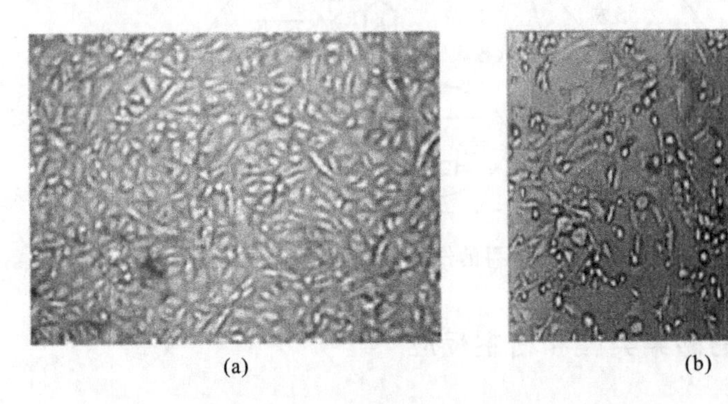

图 2-3　Vero 细胞接种山羊痘病毒后的病变

(a)正常 Vero 细胞，呈排列紧密的梭状；(b)接种山羊痘病毒 72 h 后的 Vero 细胞病变（如细胞折光性增强、细胞间隙增大或细胞圆缩、细胞聚集成簇或脱落呈蚀斑状等）

(二) 病毒的干扰现象

两种病毒感染同一种细胞或机体时，常常发生一种病毒抑制另一种病毒复制的现象，称为干扰现象（interference）。干扰现象可在同种以及同株的病毒间发生，后者如流感病毒的自身干扰。异种病毒和无亲缘关系的病毒之间也可以干扰，且比较常见。

病毒间干扰的机制还不完全清楚，总体上是病毒作用于宿主细胞，诱导产生干扰素（interferon，IFN）。除干扰素外，还有其他因素也能干扰病毒的增殖，例如，第一种病毒占据或破坏了宿主细胞的表面受体或者改变了宿主细胞的代谢途径因而阻止另一种病毒的吸附或穿入，如黏病毒等；另外，也可能是阻止第二种病毒 mRNA 的转译，如脊髓灰质炎病毒干扰水疱性口炎病毒；还有可能是在复制过程中产生了缺陷性干扰颗粒（defective interfering particle，DIP），能干扰同种正常病毒在细胞内的复制，如流感病毒在鸡胚尿囊液中连续传代，DIP 逐渐增加而发生自身干扰。

(三) 蚀斑形成单位

蚀斑形成单位（PFU）又称空斑形成单位，是计量病毒（或噬菌体）的一种单位，但只用在有产生蚀斑能力的病毒。其原理如下：用少量有破坏宿主细胞能力的病毒去感染已形成致密单层状态的宿主细胞群体时，经过一定培养时间使每个感染细胞周围的细胞逐渐感染崩溃，形成肉眼可见的蚀斑（噬菌体可直接观察，病毒则需借助于活体染色的方法）。在理论上，一个病毒体就可以形成一个蚀斑，但实际上有不同程度的误差，因此不能准确地与其他计量单位互换。用PFU计量病毒的方法称为PFU法。

知识拓展

病毒学研究与生命科学及生物技术密切相关，因为病毒是研究生命活动最简单的模型，为近代研究生物大分子结构及其功能、基因组高效表达与调控提供了有力工具，在人类认识生命现象的过程中提供了许多基本的信息。一方面病毒能够引起动物、植物及人类各种疾病，如艾滋病，对人类的生存至今仍是巨大的威胁；另一方面，它又可被用来消除害虫、用做外源基因的表达载体，可以为人类所利用。病毒学涉及医学、兽医、环境、农业及工业等广阔领域，相应发展成噬菌体学、医学病毒学、兽医病毒学、环境病毒学、植物病毒学及昆虫病毒学等分支学科。病毒学已成为人们认识生命本质、发展国民经济和保证人畜健康而必须深入研究的重点学科。

思考题

1. 病毒感染细胞和增殖的过程可分为哪几个阶段？
2. 病毒有哪些生物学特征？
3. 病毒的感染类型和宿主反应有哪些？

任务2 细胞培养法用于病毒的分离和培养

一、细胞培养用于病毒研究的优点

细胞培养用于病毒研究具有以下优点。

1. 没有隐性感染

动物可能带有某些病毒的隐性感染，往往有干扰作用和假阳性出现。但对于细胞培养，一方面细胞来源于动物部分组织，减少了隐性感染的机会，另一方面组织培养细胞可进行预先检查而加以克服。

2. 没有免疫力

动物经隐性感染获得免疫力，对接种病毒会发生抵抗，但由于后天免疫一般不表现为细胞抵抗力的增加，因此体外细胞无免疫力，利于病毒生长。

3. 容易选择易感细胞

细胞来源方便，可供病毒敏感性的筛选，可以从中选择最敏感的细胞以满足实验要求，同时还有利于从单一细胞水平上研究病毒的繁殖过程和病毒与细胞的相互关系。

4. 接种量大

动物和鸡胚的接种均受数量、年龄、途径的限制，而细胞不仅可以大量生产，而且可以较久地持续培养，便于病毒生长，特别是对那些生长缓慢或需在新环境中逐渐适应的病毒更为有利。

5. 培养条件易于控制

由于细胞培养可以人为控制温度、气体、pH 值、培养基成分，因此可采用大规模生产方式来生产细胞和病毒及细胞产物。

6. 可提高疫苗的产量和质量

细胞的大量生产可满足疫苗产量的需求，而且异性蛋白少，引起变态反应的机会少。疫苗中污染菌少或无，可随制随用，成本低，来源方便，便于储存，且效力均匀，易标准化。

7. 加速病毒分离过程

采用细胞培养分离病毒不仅阳性率高，而且可显著加速分离过程，早出结果，但应选用对该病毒敏感的细胞。

二、病毒的细胞培养技术

（一）制备病毒悬液

1. 接种标本的处理

(1) 接种病料的处理。

将病料剪碎、充分研磨，加生理盐水制备成 1：10 匀浆，反复冻熔 3 次，3000 r/min 离心，取上清液，过滤除菌，每毫升加青霉素 1000 U 和链霉素 1000 μg，室温放置 1～2 min。

(2) 粪便标本。

将用于分离肠道病毒的粪便标本放入装玻璃珠的 40 mL 沉淀管内，大约每 2 g 粪便用 15 mL Hank's 液稀释(其余粪便于－20 ℃保存，备用)，用橡皮塞塞紧后剧烈振摇，使粪便乳化，经 2500 r/min 离心沉淀 15 min 后，将上清液用无菌八层纱布过滤，于 4 ℃以 10000 r/min 离心沉淀 1 h，再取其上清液 1.8 mL，加入 0.2 mL 抗菌素液进行处理(浓度为 25000 U/mL 的双抗及 250 mg/L 二性霉素 B)，剩下的悬液保存于－20 ℃备用。用在 4 ℃下经抗菌素处理 1 h 后的悬液接种两管猴肾细胞和人二倍体细胞，每管 0.25 mL，37 ℃下培养，观察 CPE。如果接种材料毒性大，出现非特异性的细胞退化，则将培养物尽快传代。

(3) 肛门拭子。

肛门拭子擦拭后放在约 2 mL 的肉汤内，低温保存，培养前挤出液体于 4 ℃下 2500 r/min 离心沉淀 15 min，抗菌素处理及接种细胞培养方法同上。

(4) 咽漱液及鼻咽拭子。

呼吸道病毒常取咽漱液或鼻咽拭子(放在肉汤内)标本，立即接种细胞培养物或保存于－70 ℃，抗菌素处理方法同上。抗菌素处理(4 ℃，1 h)后，即可接种两管以上的细胞培养物，每管 0.2 mL，37 ℃下培养，观察 CPE(或进行血吸附实验，或观察干扰现象，依病毒种类而定)。

(5) 组织悬液。

将活体检查或尸体解剖取出的组织保存于−70 ℃。取出此组织并选择适当的样品放入无菌培养皿内称重，然后移入乳钵内，加入含 0.75%牛血清白蛋白的缓冲液，磨成20%悬液，若为结缔组织应加入适量铝氧粉研磨。此悬液经 1500 r/min 离心沉淀 15 min，吸掉上清液，取适量标本经 500 U/mL 双抗处理，4 ℃下 1 h，以每管 0.1～0.2 mL 接种 2～4 管细胞，37 ℃下培养，观察 CPE，或进行血吸附实验，或观察干扰现象，必要时也可接种于动物。原标本及剩余组织悬液均保存于−70 ℃。

2. 病毒接种前的预处理

有些病毒很难适应细胞培养生长，需在接种前经胰蛋白酶等蛋白水解酶处理后才能适应细胞，且维持液中不加血清。如轮状病毒接种前要先与等量的 30 μg/mL 的胰蛋白酶混合，37 ℃作用 1 h 后才能接种细胞，其原因在于轮状病毒表面 VP4 能抑制病毒在细胞上的生长，但 VP4 对胰蛋白酶敏感，用胰蛋白酶处理病毒后将 VP4 裂解为 VP5 和 VP8，暴露出和细胞受体相结合的位点，增强病毒的生长繁殖能力。

（二）病毒的细胞培养条件的选择

用于培养病毒的细胞，特别是细胞株，必须严格鉴定，并多设置不接种病毒或可疑材料的空白对照。因为组织培养细胞，特别是原代细胞或由原代细胞传代育成的细胞株，往往自身携带病毒，常被误以为是预分离的病毒，从而产生错误的结论。

病毒的细胞培养通常用人胚肾(或猴肾)细胞、WISH 及 FL 人胚羊膜细胞、人胚二倍体细胞(WI38、2BS、SL8 等)、鸡胚细胞及传代细胞(如 HeLa 细胞、Hep-2 细胞和 KB 细胞)等制备的单层细胞。分离培养病毒常用的细胞见表 2-1。

表 2-1　分离培养病毒常用的细胞

类　型	名　称
原代细胞	猴肾细胞，人胚肾、肺细胞，人胚羊膜细胞，鸡胚成纤维细胞，兔肾、狗肾细胞等
二倍体细胞株	WI38(人胚肺细胞株)、HL8(恒河猴胚细胞株)
传代细胞系	HeLa 细胞(人子宫颈癌细胞系)、Chang C/I/L/K(人结肠 C、肠 I、肝 L 与肾 K 细胞系)、绿猴肾细胞系、BHK21(幼地鼠肾细胞系)等

1. 培养细胞的选择

分离培养病毒时应选择易感细胞。一般情况下，同源性细胞为病毒的易感细胞。例如，禽类的病毒一般可选择鸡胚成纤维细胞；FPV 可选择 FK18 细胞；CDV 可用 Vero 细胞或 MDCK 细胞；CAV 可选用 MDCK 细胞。乙型脑炎病毒易在仓鼠肾、猪肾、羊胚肾和鸡胚等原代细胞上增殖，并常呈现明显的细胞病变或出现蚀斑；伪狂犬病病毒可在鸡胚、小白鼠、仓鼠、猪、兔、狗等许多动物和人的许多组织的原代细胞和传(继)代细胞中生长，但在 WI38、小鼠成神经细胞瘤细胞中产生的病毒效价最高，并形成明显的细胞病变；马传染性贫血(马传贫)病毒只能在马属动物的原代白细胞和骨髓细胞以及某些传代细胞内增殖等。关于哪些类型的细胞对哪些种类的病毒具有敏感性，没有明确的规律可循，只能

依靠经验,也就是通过实践来发现和验证。因此在分离未知病毒时,应多选几种细胞同时进行分离培养,以便增加分离成功的机会。病毒须在敏感的宿主细胞中增殖,病毒培养的宿主细胞一般选择相应易感动物等。但非敏感动物的细胞有时也能使病毒生长,如鸭胚成纤维细胞可培养马立克氏病病毒。通常病毒的细胞感染谱是通过试验获得的,同一病毒在不同敏感细胞增殖后毒价不尽相同。常见病毒的细胞感染谱见表 2-2。

表 2-2 常见病毒的细胞感染谱

病　毒	敏感细胞
口蹄疫病毒	BHK21 细胞、PK15 细胞、IBRS21 细胞、牛肾原代细胞、猪肾原代细胞、羊肾原代细胞
狂犬病病毒	BHK21 细胞、WI26 细胞、鸡胚成纤维细胞
伪狂犬病病毒	猪肾原代细胞、兔肾原代细胞、鸡胚成纤维细胞、BHK21 细胞
日本乙型脑炎病毒	鸡胚成纤维细胞、仓鼠肾细胞
猪瘟病毒	PK15 细胞、猪肾细胞
猪水疱病病毒	PK15 细胞、IBRS21 细胞、猪肾细胞
猪传染性胃肠炎病毒	猪肾细胞、猪甲状腺细胞、猪唾液腺细胞
猪繁殖与呼吸综合征病毒	Marcl45 细胞、CL2621 细胞、猪肺泡巨噬细胞
猪圆环病毒	PK15 细胞
猪细小病毒	ST 细胞、猪肾细胞
猪脑心肌炎病毒	鼠胚成纤维细胞(FMF 细胞)、BHK21 细胞
牛病毒性腹泻-黏膜病病毒	牛肾细胞、牛睾丸细胞
牛流行热病毒	牛肾细胞、牛睾丸细胞、BHK21 细胞、Vero 细胞
牛传染性鼻气管炎病毒	牛睾丸细胞、猪肾细胞、HeLa 细胞
马传染性贫血病毒	驴白细胞、马白细胞
鸡传染性喉气管炎病毒	鸡胚肾细胞
鸡痘病毒	鸡胚成纤维细胞、鸡胚肾细胞
鸡传染性法氏囊病病毒	鸡胚成纤维细胞
鸡马立克氏病病毒	鸡胚成纤维细胞、鸭胚成纤维细胞
鸭瘟病毒	鸡胚成纤维细胞、鸭胚成纤维细胞、鹅胚成纤维细胞
小鹅瘟病毒	鹅胚成纤维细胞
兔黏液瘤病毒	乳兔肾细胞、鸡胚成纤维细胞
犬瘟热病毒	鸡胚成纤维细胞、犬肾细胞、Vero 细胞
犬传染性肠炎病毒	MDCK 细胞、FK81 细胞、NLFK 细胞、CRFK 细胞、猫肾细胞、犬肾细胞
犬传染性肝炎病毒	MDCK 细胞、犬睾丸细胞、犬肾细胞
犬细小病毒	MDCK 细胞、FK81 细胞、犬猫胚肾细胞、水貂肺细胞系(CCL-64)

续表

病　　毒	敏感细胞
犬副流病毒	Vero 细胞、犬肾细胞、猴肾细胞
猫泛白细胞减少症病毒	FK81 细胞、NLFK 细胞、CRFK 细胞、FLF31 细胞、猫肾细胞
水貂传染性肠炎病毒	FK81 细胞、NLFK 细胞、CRFK 细胞、猫肾细胞、水貂肾细胞
水貂阿留申病毒	水貂肾细胞

2. 病毒的细胞培养方式的选择

对于分离特别困难的病毒，可以考虑使用带毒培养方法。若某系病毒的分离培养特别困难，器官培养可能是比较有效的一个方法。例如，一些新的呼吸道和肠道病毒就是通过这个途径获得的。带毒培养方法适用于污染严重或含有的活病毒量较少的病料。具体方法是，先用病料悬液接种健康同种动物或易感实验动物，当其出现可疑症状时扑杀，立即无菌采取可能感染病毒的组织器官进行原代细胞培养，经 48～72 h，细胞基本长成单层时换维持液，以后每天镜检 CPE 一次。这种带毒培养的细胞，往往在原代即可产生 CPE。为提高病毒分离率，当原代培养没有出现明显 CPE 时，可将原代细胞盲目地进行次代培养，有时原代细胞未出现 CPE 或 CPE 不明显，而于次代培养时出现。另外，这种方法也可用于已知 CPE 不明显的病毒的培养传代，方法是将此带毒培养物用胰蛋白酶消化后作 1∶1 或 1∶2 传代培养，往往在带毒传代以后，病毒对细胞的毒力表现增强，CPE 恢复正常。

3. 细胞培养物接种病毒的时机的选择

多数病毒是在培养细胞长成或基本长成单层后，在换液的同时接种病毒，但细小病毒例外，要在接种细胞的同时接种病毒。原因在于这类病毒复制过程中编码能力有缺陷，需要依赖细胞有丝分裂过程中的某些功能才能完成病毒粒的复制，因此需要与细胞传代同步接毒。

4. 病毒培养的条件

病毒在敏感细胞上增殖需要一定的条件，包括维持液、犊牛血清量、温度、pH 值、病毒接种量和方法等。只有在最佳条件下，病毒才能大量增殖，毒价才会最高。

(1) 血清。细胞培养必须加一定量的血清。但是，血清中存在一些非特异性抑制因子，对某些病毒的生长和增殖有抑制作用。为了克服血清中非特异性抑制因子的作用，病毒维持液内犊牛血清含量一般不超过 2%。

(2) 温度。大多数病毒培养的最适温度为 35～37 ℃，此温度有利于病毒吸附和侵入细胞，如口蹄疫病毒于 37 ℃可在 3～5 min 内使 90%的敏感细胞发生感染，而在 25 ℃时需要 20 min，15 ℃以下则很少引起感染。但有些病毒的最适温度或高于 37 ℃，或低于 37 ℃，如鼻病毒最适温度为 33 ℃。至于呼吸道病毒（合胞病毒除外），一般以降低温度为宜，而且以旋转鼓培养为佳，但有的病毒需静置培养，应依病毒种类而定。

(3) pH 值。在配制维持液时，pH 值一般在 7.6～7.8 才能防止细胞过早老化，有利于病毒增殖。如果维持液 pH 值下降过快或过低，可用 7.5% $NaHCO_3$溶液调整。

(4) 接毒量。病毒接种一般按维持液的 1%～10%（体积分数）接入。接种量过小，细胞不能完全发生感染,会影响毒价;接种量过大,会产生大量无感染性缺陷病毒。为获得培养液中典型病毒和高度感染性,接种时必须用高稀释度的病毒液,如应用高浓度的病毒液传代,在第3、4代时会出现明显的缺陷病毒,发生自我干扰现象,病毒效价下降。

(三) 将病毒接种于培养细胞

病毒接种细胞的方法有异步接毒和同步接毒。异步接毒是在细胞长成单层后倒去生长液,按维持液的1%～10%(体积分数)接毒,37 ℃吸附1 h后加维持液。多数病毒采用该接毒方式。同步接毒是在接种细胞的同时或在接种细胞后4 h内将病毒接入,主要用于病毒复制发生在细胞有丝分裂盛期的病毒,如细小病毒等。

1. *异步接毒*

异步接毒流程如图2-4所示。

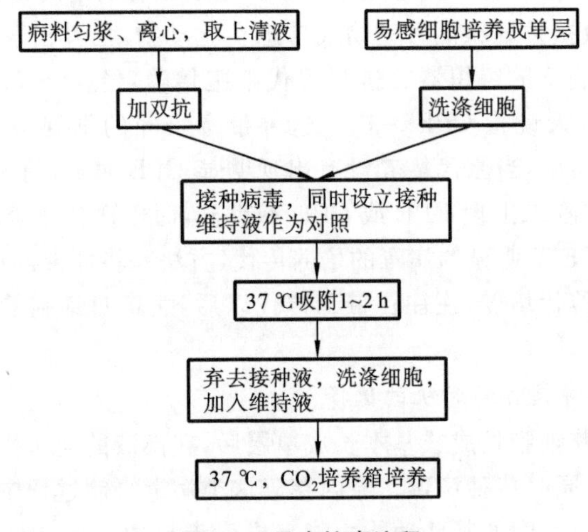

图2-4　异步接毒流程

(1) 将易感细胞培养,长成单层。

(2) 弃去细胞培养生长液,用预热至37 ℃的Hank′s液(pH 7.2～7.4)洗一次,以除去细胞碎片等。

(3) 加入病料上清液(或病毒悬液),接种量为生长液的1/10,以单层细胞都能接触病毒为度。在37 ℃放置1～2 h,使病毒吸附于细胞膜。在此期间可以轻轻转动细胞培养瓶2～3次,以防部分细胞未接触到接种物。同时设细胞对照实验,即将病料上清液换成维持液接种到细胞上。

(4) 弃去接种液,用pH 7.2的Hank′s液将单层细胞洗2～3次,以除去接种液内可能存在的对细胞有毒有害的物质,当接种的是粪便等病料时尤其要注意。如果接种液就是细胞培养的传代病毒,则可省略此步骤。

(5) 按生长液量换加维持液,在37 ℃培养箱中培养。

2. *同步接毒*

将病毒和细胞同时接种于培养板或培养瓶中。

(四) 病毒在细胞中增殖的指标

病毒在细胞中的增殖,可以根据它所引起的细胞病变、细胞代谢(颜色)反应、血凝素和特异性病毒抗原等病毒成分以及电镜直接观察而识别。

1. 细胞病变效应

病毒感染细胞后,大多能引起 CPE,无须染色可直接在普通光学显微镜下观察。CPE 的观察应以没有接种病毒的对照瓶作为对照,仔细比较两者的区别,判断 CPE 属于哪种类型:细胞圆缩、肿大、坏死、溶解或脱落;细胞圆缩、堆积成葡萄串状;形成合胞体;产生包含体等。不同病毒引起的 CPE 不同,例如,副黏病毒、疱疹病毒和合胞病毒等引起细胞融合;腺病毒引起 Hep-2 细胞圆缩;呼吸道合胞病毒引起 Hep-2 细胞融合,形成多核巨细胞。因此,观察 CPE 的情况是检测病毒的常用方法。根据选择的细胞类型、CPE 的种类可对标本中感染的病毒进行判定。但是应当指出,有些病毒虽然在培养细胞中增殖,但是不引起明显的 CPE,如猪瘟病毒和猪圆环病毒等。细胞病变效应如图 2-5、图 2-6 所示。

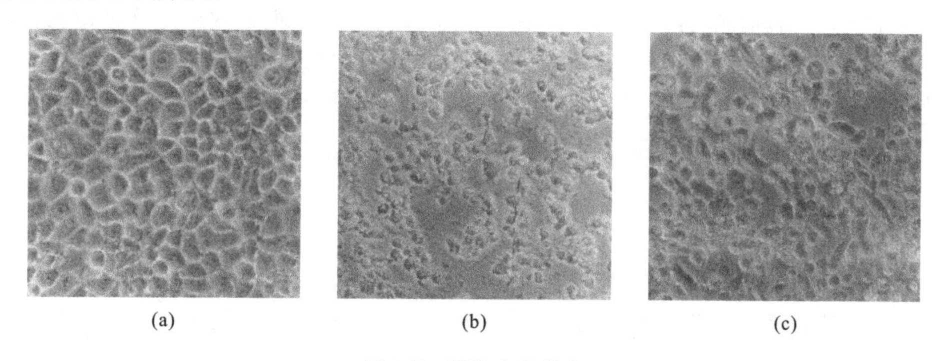

(a) (b) (c)

图 2-5 细胞病变效应

(a)未感染病毒的 HeLa 细胞;(b)被 B3 型柯萨奇病毒感染后,细胞变圆、皱缩,细胞折光性减弱;(c)被腺病毒感染后,细胞肿胀,折光性增强,呈葡萄状排列

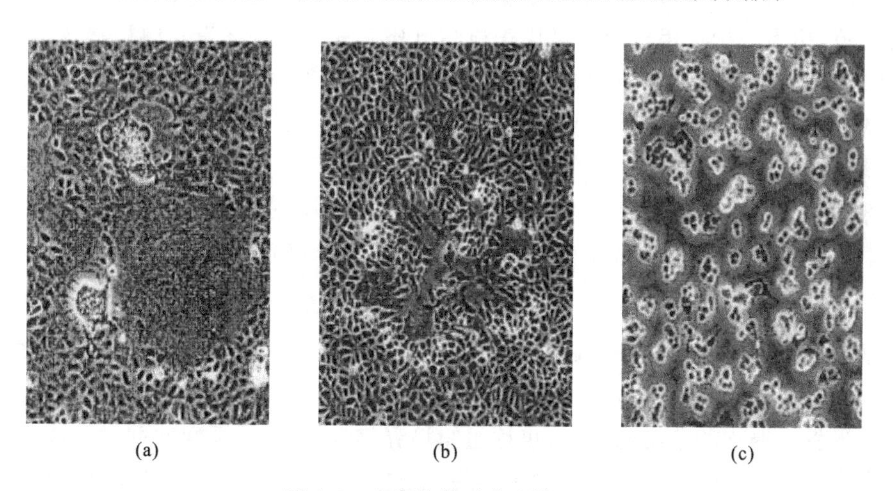

(a) (b) (c)

图 2-6 病毒培养时出现的 CPE

记录时“+”代表 25%以下细胞发生病变,“++”代表 50%左右细胞发生病变,“++

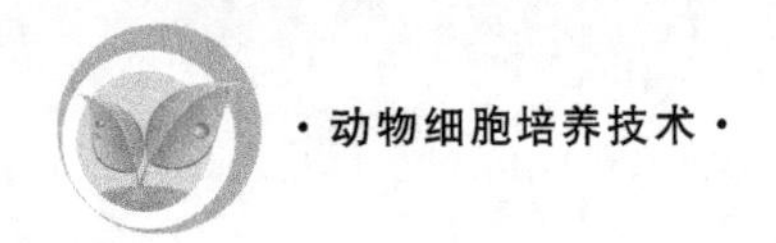

+”代表75%左右细胞发生病变,“++++”代表近100%细胞发生病变。不同病毒CPE产生的现象不同,有的细胞变圆、坏死、破碎或脱落,如滤泡性口腔炎病毒(VSV)、B3型柯萨奇病毒、脊髓灰质炎病毒等。有的只使细胞变圆,并堆积成葡萄状,如腺病毒。麻疹病毒、呼吸道合胞病毒可使细胞形成多核巨细胞。而有些病毒能使细胞形成包含体,位于细胞浆内或细胞核内,一至数个不等,嗜酸性或嗜碱性。

注意不同病毒感染细胞后CPE出现的时间不一致,有的在48 h内出现CPE,有的在72~96 h内出现CPE,有的病毒在接种后前几代可能不产生CPE,需盲传几代后才能出现明显的CPE,因此,观察CPE时要有耐心,坚持每天观察,做好记录,具体情况具体分析。

有的细胞不发生CPE,但能改变培养液的pH值,或出现红细胞吸附及血凝现象(如流感病毒或副流感病毒、NDV-F、仙台病毒),有的需用免疫荧光技术或ELISA法检测。

2. 红细胞吸附

有些病毒在细胞内增殖的同时,病毒或其血凝素(hemagglutinin,HA)会出现于感染细胞膜上,使感染细胞能与红细胞结合,这种现象称为红细胞吸附现象。这是检测正黏病毒和副黏病毒的间接指标。如流感病毒在感染细胞后不出现明显的CPE,但其血凝素会出现在感染细胞上。在细胞培养中加入红细胞后,后者会吸附在被感染的细胞上。若有相应的抗血清,则能中和细胞膜上的血凝素,红细胞吸附现象不再发生,称为红细胞吸附抑制试验。

3. 红细胞凝集

某些病毒感染细胞并在细胞内增殖后,从细胞内释放出来。如果这些病毒具有血凝素,用细胞培养上清液与红细胞作用,则可出现红细胞凝集现象。这也是一种检测含血凝素病毒的方法。

4. 病毒干扰作用

有些病毒感染细胞后,不产生明显的CPE,但是可干扰感染同一细胞的另一种病毒的正常增殖,称为干扰作用。此法可用于检测风疹病毒。风疹病毒在感染猴肾细胞后,不产生CPE,但可抑制随后接种的埃可病毒Ⅱ型在细胞培养中的正常增殖。而埃可病毒单独感染猴肾细胞则可出现明显的CPE。

5. 细胞代谢的变化

病毒感染细胞的结果可使培养液的pH值改变,说明细胞的代谢在病毒感染后发生了变化。这种培养环境的生化改变也可作为判断病毒增殖的指标。

(五)病毒的感染性测定

根据有无CPE来判断病毒感染性和毒力的指标是50%组织培养物感染剂量(50% tissue culture infectious dose,$TCID_{50}$),它是指不同稀释度的病毒液接种细胞后,使组织培养物一半发生退化的最高稀释度,也称组织培养物50%发生病变的剂量。该方法是将待测病毒作10倍系列稀释,分别接种于细胞,经过一定时间后,观察CPE等指标,以能感染50%细胞的最高稀释度为终点。

$TCID_{50}$的测定,首先将病毒用维持液作对数或半对数逐步稀释,每个稀释度接种于4

支以上细胞培养管，接种后的培养物在适宜条件下培养，定期观察 CPE，如果一半或一半以上的细胞培养出现 CPE，则视为阳性（或感染），再计算 $TCID_{50}$。

操作步骤如下。

（1）准备细胞。

取出一块细胞培养板，每个孔传 8000～10000 个细胞（一个 T25 细胞培养瓶的细胞消化后加 10 mL 培养液正好传一块 96 孔板，要传匀）。每个孔的细胞铺成单层大约 60% 丰度即可接种病毒。

细胞对照实验选取 16 个孔即可。滴定与对照可以在一块培养板上进行，操作中注意不要串孔。也可以分别在不同的细胞培养板上进行，但要保证实验条件一致。

（2）稀释待测病毒液。

在青霉素瓶或离心管中将病毒液作连续 10 倍的稀释，从 10^{-1} 到 10^{-10}。

（3）接种、培养。

待细胞长成单层后，吸去 96 孔板中的培养液，用培养液或 Hank's 液洗涤细胞一次，然后吸出培养液或 Hank's 液（此步目的是去除血清，因为血清能干扰病毒的吸附）。将稀释好的病毒液加到 96 孔板上，每孔 100 μL，每个稀释度接种 8 个孔，若要统计分析则还要增加至 16 个孔。病毒稀释过程中一定要将病毒液与培养液或 Hank's 液充分混匀。

37 ℃ CO_2 培养箱中培养 1 h，取出培养板，吸去病毒液（从低浓度向高浓度吸取，可避免串孔），加入维持液 200 μL，继续在 37 ℃ CO_2 培养箱中培养。（切记：设置正常的细胞对照。每次实验要重复 4 次，计算标准差。）

（4）测定结果。

接种后按病毒增殖情况，在显微镜下观察、记录细胞病变的情况。逐日观察并记录结果，一般需要观察 5～7 d。如果一半或一半以上的细胞培养出现 CPE，则视为阳性（或感染），再按 Reed-Muench 两氏法或 Karber 法计算 $TCID_{50}$。

① Reed-Muench 两氏法。

举例说明，接种病毒后细胞病变情况见表 2-3。

表 2-3　接种病毒后细胞病变情况（一）

病毒液稀释度	出现 CPE 孔数	无 CPE 孔数	累计		出现 CPE 孔所占的百分比/（%）
			CPE 孔数	无 CPE 孔数	
10^{-1}	8	0	27	0	100(27/27)
10^{-2}	8	0	19	0	100(19/19)
10^{-3}	7	1	11	1	91.6(11/12)
10^{-4}	3	5	4	6	40(4/10)
10^{-5}	1	7	1	13	0.7(1/14)
10^{-6}	0	8	0	21	0(0/21)

公式如下。

$$距离比例=\frac{高于50\%病变率的百分数-50\%}{高于50\%病变率的百分数-低于50\%病变率的百分数}$$

$$=\frac{91.6\%-50\%}{91.6\%-40\%}$$

$$=0.8$$

$lgTCID_{50}$=距离比例×稀释度对数之间的差+高于50%病变率的稀释度的对数

$=0.8\times(-1)+(-3)$

$=-3.8$

$TCID_{50}=10^{-3.8}/(0.1\ mL)$

含义：将该病毒稀释$10^{3.8}$倍接种100 μL，可使50%的细胞发生病变。

② Karber法。

举例说明，接种病毒后细胞病变情况见表2-4。

表2-4 接种病毒后细胞病变情况(二)

病毒液稀释度	出现CPE的孔数	出现CPE孔的比率
10^{-1}	8	8/8=1
10^{-2}	8	8/8=1
10^{-3}	7	7/8=0.875
10^{-4}	3	3/8=0.375
10^{-5}	1	1/8=0.125
10^{-6}	0	0/8=0

公式如下。

$$lgTCID_{50}=L-d(s-0.5)$$

式中，L为最高稀释度的对数；d为稀释度对数之间的差；s为阳性孔比率总和。

$$lgTCID_{50}=-1-1\times(3.375-0.5)=-3.875$$

$$TCID_{50}=10^{-3.875}(0.1\ mL)$$

含义：将该病毒稀释$10^{3.875}$倍接种100 μL，可使50%的细胞发生病变。

大多数病毒的中和试验用$100TCID_{50}$表示，含$100TCID_{50}$病毒悬液的稀释方法计算如下：

$TCID_{50}$的对数+2=含$100TCID_{50}$病毒悬液的稀释度对数

例如：如果$TCID_{50}=10^{-6.5}(0.1\ mL)$，则

$-6.5+2=-4.5$，即0.1 mL含$100TCID_{50}$病毒悬液的稀释倍数为1∶10000～1∶100000。

(六) 病毒的收集和纯化

1. 病毒的收集

病毒在敏感细胞内增殖，一般在CPE达80%左右时收集病毒，反复冻熔多次使病毒释放，然后3000 r/min离心15～20 min除去细胞碎片，上清病毒液于-20 ℃下保存。病

毒效价测定方法多采用 $TCID_{50}$、中和试验、琼脂扩散试验、血凝试验、ELISA 和补体结合试验等免疫学方法。

2. 病毒纯化的原则和方法

病毒感染的细胞培养物的培养液中不可避免地混杂有大量的细胞组织成分、培养基成分、可能污染的其他微生物与杂质。因此，细胞培养后的病毒悬液要经过纯化才能成为良好的血清学抗原，才可以用于病毒中和试验、血凝试验、补体结合试验、凝集及沉淀反应等。

(1) 病毒纯度的判定依据：物理均一性；病毒效价和蛋白质含量的比例；免疫反应单一而无特异反应；结晶形成。

(2) 病毒纯化的主要原则：在病毒不失活的前提下，从宿主细胞中释放出来；病毒的纯化可以应用提纯蛋白质的技术方法；在浓缩提纯病毒抗原时，应避免用可使蛋白质变性的理化方法处理，否则将改变其抗原特性，此点甚为重要。对大小、形状和密度高度一致的病毒粒，可以采取分级分离的技术。

(3) 病毒的纯化方法。

不同病毒的纯化方法不一样，一般来说，先采用物理或化学方法破裂细胞，释放病毒到细胞外，再浓缩纯化。

① 病毒悬液浓缩方法：a. 聚乙二醇(PEG)浓缩法，这是最常用的方法，可浓缩大量病毒，对病毒抗原和结构有保护性，其中直接加入法适用于少量的病毒液，直接加入8%～10%的 PEG 进行浓缩，再用密度梯度离心法去除 PEG，液体浓缩法适合于大量病毒，用超声波或冻熔法破裂细胞，先加 NaCl 至终浓度为 0.5 mol/L，再加 PEG 沉淀，固体浓缩法则是将病毒液装入透析袋，用 PEG 包埋；b. 超滤法，即利用孔径比病毒颗粒小的硝酸纤维素膜，将水、无机盐及小分子滤过，将病毒等颗粒物质截留。

② 超速离心法：a. 差速离心法，不同大小和密度的粒子因起程时速度存在差异而分离，适用于从组织培养液、鸡胚尿囊液或红细胞吸附的悬液中提取病毒，先以低速和中速去除宿主细胞等杂质，再以较高速度沉淀病毒；b. 密度梯度离心法，根据病毒的密度制备适宜的梯度介质，病毒铺于上面，高速离心后在介质中部形成明显的沉淀带；c. 等密度梯度离心法，加 CsCl 于病毒液中，随离心力下降，形成连续梯度，上面密度小而下面密度大，病毒在等密度大小的位置悬浮。

3. 病毒纯化的步骤

现代病毒研究往往需要大量的纯病毒粒子，以便于进行化学研究或制备抗体。下面以脊髓灰质炎病毒(polio virus)为例，简单介绍病毒的纯化步骤。

(1) 大型装置中培养细胞。

为获得足够的用于化学研究的病毒，必须制备大量病毒。每种病毒的培养都有不同的步骤。脊髓灰质炎病毒是在人或灵长类动物细胞系中培养的，可以在一大瓶沿壁生长的单层细胞上培养，也可以在轻轻搅拌的细胞悬液中培养。在有利于病毒生长的条件下，每个宿主细胞能生产 10～1000 个感染单位的病毒。

(2) 富含病毒培养液的去除。

病毒的生长和释放伴随着细胞的破损。在病毒复制完成的时候，培养液中大多数细胞已经变成了细胞碎片。为使所有病毒分子完全释放，要通过反复冷冻—熔化的循环过程使细胞进一步破碎。然后将富含病毒的液体从培养瓶转移到离心管中，低速离心除去大分子的细胞残骸。

(3) 通过沉淀将病毒物质浓缩。

由于病毒是具有蛋白质性质的，它们能通过蛋白质沉淀法沉淀。脊髓灰质炎病毒可通过高浓度的NH_4Cl(每毫升培养液中加0.4 g)沉淀下来。这一过程要在低温下进行，NH_4Cl要在搅拌下缓慢加到培养液中。由于病毒蛋白质沉降，溶液将变得混浊，将沉淀物低速离心(2000g，1～2 h)，然后将含有病毒分子的沉淀物在少量磷酸盐缓冲液中再次悬浮培养。这一步骤可浓缩病毒大约10倍，99%以上的病毒粒子可沉淀回收。

(4) 通过密度梯度离心最终纯化病毒。

脊髓灰质炎病毒可以通过蔗糖或CsCl的密度梯度离心纯化。在后者中，病毒在离心管中成为一个分离带，这一过程与对DNA的分离相同，须高速离心(120000g)，且要进行多个小时，最好是一整夜。离心管中的液体通过试管底部一点点滴出来，分步收集不同分离带组分，要检测每一组分的病毒效价。在合适的离心条件下，所有的病毒分子都聚集在一两个组分中，所以它们是非常纯的结晶脊髓灰质炎病毒。如果能在合适的条件下浓缩大量且高纯度的病毒，就可以获得病毒晶体。这种晶体为化学分析提供了很好的材料，且易于通过X射线衍射技术进行结构分析。

下面是CsCl密度梯度离心纯化轮状病毒的方法，仅供参考。

① 病毒浓缩。

a. PEG沉淀病毒：在收集到的病毒上清液中加入终浓度为5%的PEG6000，4 ℃搅拌过夜，10000 r/min、4 ℃离心1.5 h，弃上清液，用TNMC缓冲液(50 mmol/L Tris-HCl，pH 7.5；100 mmol/L NaCl；10 mmol/L $CaCl_2$；1 mmol/L $MgCl_2$)悬浮沉淀。

b. 三氟三氯乙烷抽提：取PEG浓缩的病毒液，加入等体积的三氟三氯乙烷抽提一次，12000 r/min、4 ℃离心10 min，收集水相，用TNMC缓冲液稀释10倍后，50000 r/min、4 ℃离心1 h，沉淀用TNMC缓冲液悬浮。

② CsCl密度梯度离心。

取病毒液，与CsCl制成56%的乳化液，装入5 mL梯度离心管中，水平转头50000 r/min、4 ℃超速离心22 h，得三条乳白色的条带。分别收集离心所得的条带，用TNMC缓冲液稀释10～15倍，50000 r/min、4 ℃离心1.5 h，去除CsCl，得到较纯的病毒。

(七) 病毒的保藏

病毒的保藏在病毒研究中是一个很重要的环节，不论是病毒的基础研究，还是病毒的应用研究，都与病毒的保藏有着紧密的联系。

1. 病毒保藏的原则

病毒保藏的原则如下：

(1) 低温条件下保藏，温度越低越好；

(2) 根据不同的病毒种类，采用不同的病毒保藏方法；

(3) 在特定的保藏条件(温度、方法)下,经过一段时间保藏之后,一定要进行活化增殖,同时测定病毒活力大小,再入库保藏;

(4) 在保藏过程中应尽量减少不必要的传代,传代时严格按规范操作,避免毒种交叉感染,使病毒不产生变异,保持病毒的遗传稳定性;

(5) 必须开展保藏相关技术的研究,对各类病毒的最佳保藏条件进行摸索,为毒种保藏提供科学依据。

2. 病毒保藏的方法

(1) 冰箱保藏法。

普通冰箱保藏时,4～8 ℃;低温冰箱保藏时,－40～－20 ℃;超低温冰箱保藏时,－85 ℃。需加保护剂,如脱脂牛奶、血清等。此法方便,成本相对较低。此法保存时要注意停电和冰箱的故障。

(2) 液氮保藏方法。

温度:－196 ℃。

设备:液氮发生器。

(3) 冷冻真空干燥保藏法。

冷冻真空干燥保藏法又称低压冻干法、冰冻干燥法,简称冻干法。先将液态的样品冻结成固态,在真空条件下使温度下降,通过直接升华抽去水分,从而使物质脱水干燥。冻干法保藏是在低温、干燥和隔绝空气的条件下,使病毒处于休眠状态,它的代谢是相对静止的,因而使病毒可以保存较长的时间。

知识拓展

2011 年 9 月,河南省“十一五”重大科技专项——“猪主要疫病新型诊断技术及新型疫苗研发与开发”取得重大成果,我国首创的“猪圆环病毒 2 型灭活疫苗”在洛阳研制成功,打破了进口疫苗垄断市场的格局,结束了我国养猪业猪圆环病毒病无国内疫苗可用的历史。自此,长期困扰我国养猪业发展的三大疫病之一——猪圆环病毒病有了克星! 据悉,该疫苗主要性能指标与进口疫苗的相当,产品售价却仅为进口产品的三分之一,四年新药保护期内可为我国养猪业节约免疫成本 120 亿元,减少疫病损失 360 亿元以上,对促进农民增收、农业增效,保障我国养猪业健康发展具有重要现实意义。

思考题

1. 利用细胞培养病毒时,如何进行病毒接种?

2. 在进行细胞培养前,如何处理接种的病毒性材料?

3. 相对于鸡胚接种和动物接种,利用动物细胞培养病毒有哪些优势?

4. 什么是 $TCID_{50}$? 怎样计算 $TCID_{50}$?

任务3　病毒的鉴定技术

一、病毒蚀斑技术

(一) 概述

病毒蚀斑(又称为空斑)如同噬菌体的噬斑,一个蚀斑为一个病毒体的繁殖后代品系。在细胞培养中,蚀斑技术是一种较精确地测定病毒感染力的方法,将各稀释度病毒接种入单层细胞瓶,吸附1 h后,在单层细胞上覆以营养琼脂培养基,病毒在细胞中繁殖使细胞死亡。但由于琼脂的限制,只能感染邻近的细胞,形成"蚀斑"的退化细胞区,经中性红染料着色后,活细胞显红色,而蚀斑区细胞已退化不着色,形成不染色区域。凡是能在细胞培养物中产生细胞死亡现象的病毒都可采用蚀斑技术来分离和测定。病毒蚀斑如图2-7所示。

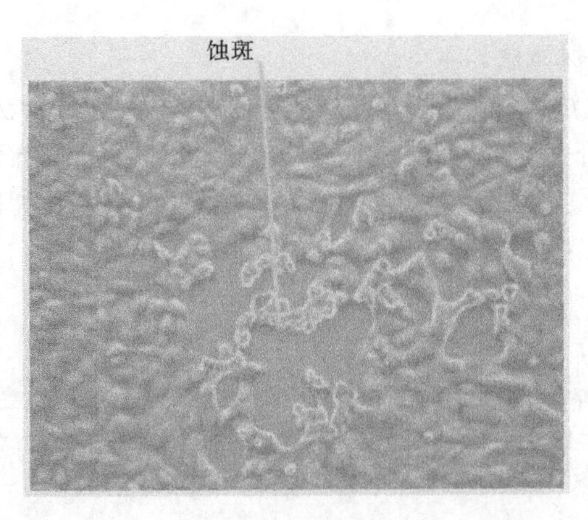

图2-7　病毒蚀斑

蚀斑技术在测定病毒感染时是很好的定量方法,也是测定干扰素和抗体中和病毒繁殖能力的一种非常敏感的方法。此外,还可以用来纯化病毒,纯化时挑选合适的蚀斑进行传代即可。若目的是要提高病毒毒力,应选大蚀斑;若是为了减毒以制备疫苗,应挑选小蚀斑,但每瓶蚀斑数目以不超过40个为宜。

试验时,应翻转培养瓶进行培养,以免水滴在琼脂面流动导致各个蚀斑交叉融合,应在蚀斑出现前加入中性红,在暗处培养,以防止染料抑制病毒和破坏细胞。对那些生长较慢的病毒蚀斑,中性红则不是加在最初的覆盖层里,而是加在经过几天培养后的最后一层覆盖层上,可使培养物维持更久,甚至有的中间还得补加营养琼脂覆盖层1～2次。

蚀斑使用的琼脂往往含有少量抑制物而影响蚀斑的产生,应将琼脂用单蒸水浸泡过夜,再用单蒸水冲洗2～3次,然后用去离子水冲洗1～2次,用Hank's液配制成3%浓度,煮沸1 h除菌备用。

有人在试验时补加25 mmol/L的$MgCl_2$或$CaCl_2$及1 mmol/L半胱氨酸,可加强肠道病毒形成蚀斑的能力，而 $MgCl_2$ 的加强作用最明显。

（二）蚀斑技术举例

1．虫媒病毒在鸡胚纤维母细胞中的蚀斑

（1）选择经 24～48 h 培养的 4×10^9 个/L 鸡胚细胞若干瓶。

（2）将细胞培养瓶按病毒稀释度分组，每个稀释度为 2～3 瓶，对照组为 2～3 瓶。

（3）配制含 2%～5%小牛血清的 0.5%水解乳蛋白的 Hank's(LH)稀释液（维持液）100 mL：

0.2%或 0.5% LH　　97 mL（也可用 Eagle MEM 或 199、RPMI1640 培养基）

灭活小牛血清　　2 mL

双抗（指青霉素和链霉素，2 万单位/mL）　　1 mL，调 pH 值至 7.4～7.6

（4）在冰浴盘内用上述稀释液将病毒作一系列稀释，如图 2-8 所示。

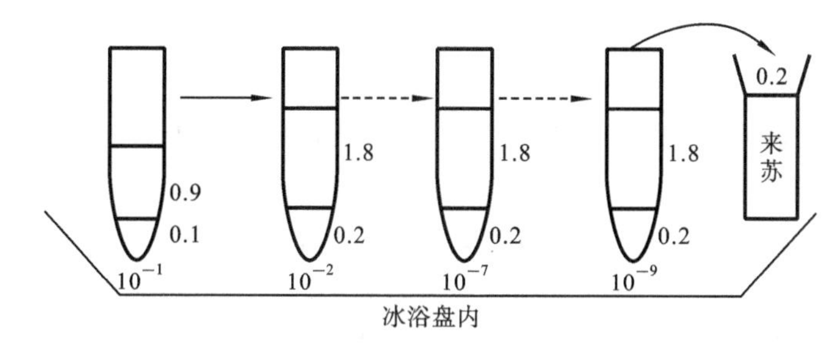

图 2-8　稀释示意图

（5）用 Hank's 液（pH 值约 7.8）洗涤细胞层约 3 min（轻洗，勿使细胞脱落）。

（6）将各稀释度病毒接种于两瓶细胞，每瓶接种 0.5 mL（小方瓶）或 1 mL（大方瓶）病毒，轻轻摇匀。

（7）置于 37 ℃培养箱吸附 1 h（中间摇动一次），切勿倒置。

（8）加含培养基的熔化琼脂，每小瓶加 5 mL，每大瓶加 10 mL，控制温度在 45～50 ℃时加入，以防凝固。

培养基琼脂配制法：

灭活小牛血清	6 mL	加入等量 56 ℃熔化的 3% Hank's 琼脂液并摇匀
双抗（2 万单位/mL）	1 mL	
卡那霉素（2 万单位/mL）	1 mL	
0.5% LH	90 mL	
7.5% $NaHCO_3$	2～3 mL	

（9）冷凝后将各瓶琼脂层朝上，37 ℃下培养 24 h（注意勿倒置）。

（10）于每瓶中加入 0.2%中性红，小瓶加入 0.25 mL，大瓶加入 0.5 mL，摇匀，37 ℃下培养 4 h 后将培养物朝上继续培养。

注：①若需保存蚀斑，可于每瓶中加入 3%氯化汞溶液 0.5 mL 并摄影记录。

② A 组虫媒病毒培养 24 h，B 组虫媒病毒培养 72 h，观察结果。

③ 病毒蚀斑形成单位（pfu）计算法。

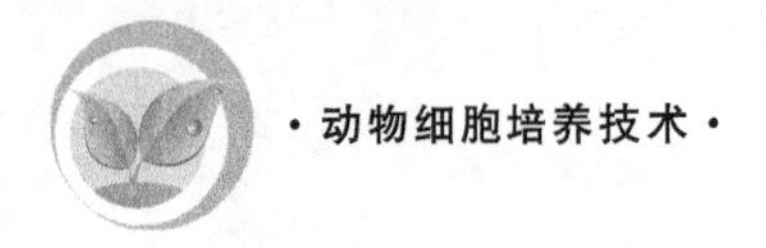

蚀斑出现时，作第一次观察，记录蚀斑数，于次日进行第二次观察，蚀斑数以每瓶10～50个为宜。

$$蚀斑单位(pfu)=\frac{每瓶平均蚀斑数}{病毒稀释度\times病毒接种量(mL)}$$

计算方法举例：如果10^{-7}病毒液的蚀斑数一瓶为31，另一瓶为27，每瓶中各加病毒液的量是0.5 mL，因此两瓶共有蚀斑数为58，代入公式即

$\frac{58/2}{10^{-7}\times0.5}=58\times10^{7}=5.8\times10^{8}$，查对数表为8.77(即效价为8.77 Lg pfu/mL)

注：①稀释时每个稀释度均应换取新吸管将病毒来回吹打三次(或轻轻振摇，混匀)，当加至各细胞培养瓶时应加至无细胞层的瓶壁侧底角，然后倾斜并来回摇动，使病毒与细胞均匀接种。

② 加中性红时也应倾斜，轻摇，使中性红均匀覆盖染色整个琼脂表面，然后将瓶子翻转培养。培养液可用Eagle或RPMI1640替代0.5% HL。

2. 用传代细胞系培养皿法检查蚀斑

(1) 将单层细胞(2×10^{9}个/L，6 mL)置于60 mL培养皿中培养，生长液为10%小牛血清加89%水解乳蛋白-酵母浸液培养液，加双抗并调pH值至7.2。

(2) 将培养物置于潮湿的5% CO_2培养箱中，于36～37 ℃培养成单层，除去生长液，用Hank's液洗一次。

(3) 每皿加各稀释度病毒0.1 mL或0.2 mL，轻轻摇匀，使之均匀分布于整个细胞层，CO_2培养箱中吸附90 min后，加营养覆盖琼脂。

(4) 将双倍营养覆盖层溶液与等量的1%琼脂的水溶液(已熔化)混合，维持在45～50 ℃下防凝，每皿8 mL。

双倍营养覆盖层溶液配制法：

灭活小牛血清	6 mL	加入等量56 ℃已熔化的2%琼脂的水溶液并摇匀
10倍浓Eagle(MEM)	20 mL	
3%谷氨酰胺(水配)	4 mL	
8.8% $NaHCO_3$(水配)	5 mL	
双抗(水配)	2 mL	
无菌三蒸水	63 mL	

(5) 冷凝后翻转培养皿，CO_2培养箱中培养4～5 d后再加入1 mL营养琼脂覆盖层溶液。

(6) 继续培养，于第5～8天(依病毒而定)加入0.01%过滤中性红，检查蚀斑情况。

3. 在塑料板孔内做病毒蚀斑

(1) 备好塑料板(96孔或24孔)，若用旧板，洗净后浸于95%酒精中5 min，再用紫外线照射2～4 h备用，新板可直接使用。

(2) 将传代细胞系经胰蛋白酶消化分散后，用含5%小牛血清的95%的199(或Eagle)培养液将细胞配成2.4×10^{9}个/L。

(3) 按96孔板中每孔0.1 mL细胞量，24孔板中每孔0.5 mL细胞量，在CO_2培养箱

中培养 24～48 h，直至形成单层。

(4) 除去生长液，每孔加入 0.05 mL 不同稀释度病毒，然后将此板于 33 ℃吸附 1 h。

(5) 按下述方法制备双倍营养覆盖层溶液，与等量已熔化的 2%琼脂的水溶液混匀，并维持在 45～50 ℃防凝。

双倍营养覆盖层溶液配制法：

灭活胎牛血清	4 mL	加入等量 56 ℃已熔化的2%琼脂的水溶液并摇匀
10 倍浓 Eagle	20 mL	
1%酵母浸液-5%水解蛋白水溶液	13.3 mL	
7.5% $NaHCO_3$(水配)	6 mL	
双抗(水配)	2 mL	
无菌三蒸水	54.7 mL	

(6) 在 45～50 ℃下每孔加 0.1 mL 熔化的营养琼脂覆盖层溶液，待冷凝后于 CO_2 培养箱内培养。1～5 d 后再加第二层染色覆盖层(依病毒种类而定)，其中含有 1∶25000 的中性红，继续于暗处培养，定期检查蚀斑情况。

二、病毒蚀斑抑制试验

一般来说，凡是抵抗力强、容易控制蚀斑效价的病毒(如少数虫媒病毒和肠道病毒等)皆可用“固定病毒，稀释血清”的方法进行，反之，凡是抵抗力弱、不易控制蚀斑效价的病毒(如大多数虫媒病毒等)皆可改用“固定血清，稀释病毒”的方法进行。

1. 固定病毒稀释血清法

(1) 选择每瓶能出 50～100 个蚀斑量的病毒*。

(2) 按 2、4 或 10 倍稀释法分别将正常血清和免疫血清作一系列稀释**。

(3) 将病毒分别与不同稀释度的正常血清和免疫血清等量混合，并于 37 ℃水浴作用 1 h。

(4) 分别取两组混合物 0.5 mL，接种于生长良好的单层细胞，每个稀释度接种2～3 瓶，37 ℃吸附 1 h 后，覆盖营养琼脂。

注：* 取正常血清将病毒稀释至所需蚀斑单位。

** 血清可用维持液稀释，并经 56 ℃灭活 30 min。

(5) 培养适当时间后(培养时间视不同病毒而定)，加中性红染液，继续在 37 ℃培养 4 min，每天观察结果，直至蚀斑出齐。

(6) 判定结果：与对照组相比，凡能抑制蚀斑形成数 80%以上的抗血清稀释度为最高效价，一般认为抑制蚀斑数 80%～100%者为阳性，70%～79%者为可疑，69%以下者为阴性。

2. 固定血清稀释病毒法

(1) 分别将正常血清与免疫血清用维持液稀释成 1∶5(不灭活)，按 10 倍稀释法将病毒作一系列稀释(冰浴内进行)。

(2) 先将血清按每管 1 mL 分装于一系列无菌试管中，再分别取不同稀释度的病毒液

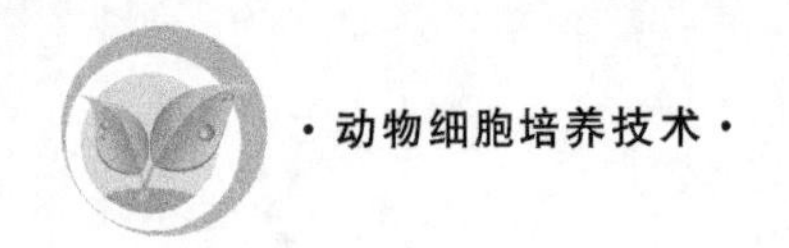

5 mL与血清混合，并于室温下作用1 h。

(3) 分别将两组混合物按每瓶0.5 mL感染生长良好的单层细胞，每个稀释度2～3瓶，37 ℃吸附1 h后，覆盖营养琼脂，培养24 h后加中性红染色，继续培养4 h后观察结果，以后每天观察结果，直至蚀斑数稳定为止。

对照组蚀斑效价减去实验组蚀斑效价即为抗血清中和指数。

三、细胞培养系统中的中和试验

(一) 概述

在细胞培养中进行中和试验可用于病毒实验室诊断。首先，从患者中分离的病毒可用已知特异免疫血清来中和，抑制细胞培养上的CPE或蚀斑形成等能力，有助于鉴定病毒；其次，患者的急性和恢复期血清中抗该病毒的抗体明显升高，可作为此病毒患者的诊断依据。

在细胞培养中测定中和抗体含量，一般是将血清作一系列稀释，然而加入定量(通常是100$TCID_{50}$)病毒，即病毒定量-血清变量法，相反用定量稀释的血清来中和各个不同稀释度病毒的方法，即在血清定量-病毒变量法中，抗体的效价以能中和上述剂量病毒的最高稀释倍数来表示。中和试验也可用于干扰素抗病毒效应和效价测定。

(二) 中和试验举例

1. 试管单层细胞中和抗体的测定

(1) 已知免疫血清与未知血清经56 ℃灭活30 min，破坏不耐热的非特异性病毒抑制物。

(2) 用维持液将血清作一系列稀释，用100$TCID_{50}$的病毒稀释液分别与各稀释度血清等量混合，其量依接种培养物的管数而定。同时也应将病毒液与等量的稀释液混合，作为病毒对照，均放在相同条件下培养(依病毒而定)。

(3) 培养后的血清-病毒混合物及病毒对照均按照每管0.2 mL，每个稀释度2管进行接种。

(4) 接种的培养物应培养于该病毒的最适生长条件中，定期检查CPE或血吸附的情况等，以测定血清对病毒的抑制能力。

2. 单层细胞微量中和试验

微量中和试验已用于多种病毒，采用微量96孔板。有的是先在各孔内培养细胞，然后接种病毒-血清混合物。为方便起见，细胞、病毒、血清可同时接种，这样未经中和的病毒使细胞退化，最后不形成单层；相反，若孔中无病毒或病毒已被中和，则经过一段时间培养后可形成单层，此板需在37 ℃ 5% CO_2培养箱中培养，检查时用倒置显微镜观察。

(1) 试验血清需经56 ℃灭活30 min，使用微量加样器作递倍稀释，稀释液与维持液相同，即98% Eagle(MEM)、2%小牛血清，再加双抗1 mL，pH值为7.2～7.4。每孔0.025 mL。

(2) 将病毒稀释至100$TCID_{50}$的浓度，取0.05 mL病毒加入血清各稀释度孔内，血清-病毒混合物于室温下结合30 min。

(3) 同时将 Hep-2 细胞或相应敏感细胞稀释成 3×10^9 个/L～5×10^9 个/L，其稀释液用 90% Eagle (MEM)、10%小牛血清配制，各孔加 0.025 mL，细胞对照各孔加 0.025 mL 稀释液和 0.025 mL 细胞悬液，另外设血清对照和病毒对照。

(4) 置于 35 ℃ CO_2 培养箱内培养。

(5) 经 48 h 培养后，无病毒或病毒被中和的各孔细胞可形成单层，而病毒未被中和的各孔和病毒对照孔的细胞则退化，用倒置显微镜观察结果。

注：若测定黏液病毒中和作用，则采用血吸附抑制试验，方法基本同上，只是细胞、病毒、血清混合培养 4～6 d 后用 23 号针头吸去各孔上清液，并小心地用 0.25 mL 生理盐水洗涤后，在每孔中加入 0.05 mL 0.5%的鼠红细胞(用生理盐水稀释)，用胶带封盖，于 4 ℃作用 30 min，检查板孔，确认所有孔均已封牢，然后将微量板翻转，使未被吸附的红细胞从细胞层上流下，而吸附于病毒感染的细胞上的红细胞仍附着于其上，用光学显微镜查血吸附结果，若发生血吸附抑制，则表明血清有中和作用。

3. 代谢抑制(色变)中和试验

代谢抑制试验近年来逐渐趋向采用微量法，以节约材料和时间。下述两方法可作为代谢抑制试验的例子，第一法适用于迅速产生 CPE 的病毒，第二法即"两段法(two phase system)"，则适用于使细胞发生缓慢退化的病毒(如 Reo 病毒)。

(1) 测定肠道病毒。

一般来说，肠道病毒在灵长类上皮样细胞上生长最好。测定时采用微量滴定板，具体方法如下。

① 先灭活血清，然后用代谢培养基以 0.05 mL 微量加样器作倍比稀释，从 1∶8 到 1∶1024，每组测试一种病毒。同时取 1∶8～1∶32 各稀释度血清(不加病毒)作血清对照，以测定血清对细胞有无毒性。

② 各稀释度血清内加入用代谢培养液稀释至 100～300 $TCID_{50}$ 的病毒悬液0.05 mL。

③ 将细胞配成 1×10^9 个/L 细胞悬液，各血清-病毒混合物、血清对照及病毒对照孔内都接种 0.05 mL 细胞悬液(含 5000 个细胞)。

④ 细胞对照：四个孔内各加 0.05 mL 培养液及 0.1 mL 细胞悬液(其中含 10000 个细胞)，另四个孔内各加 0.1 mL 培养液、0.05 mL 1∶2 稀释的细胞悬液(其中含 2500 个细胞)，另四个孔内各加 0.1 mL 培养液及 0.05 mL 1∶4 稀释的细胞悬液(其中含 1250 个细胞)，对照组含细胞量分别为试验组的 2 倍、1 倍、1/2、1/4。

观察结果时含 10000 个及 5000 个细胞的各孔培养液 pH 值应为 6.8～7.0，含有 2500 个细胞的孔中培养液 pH 值应为 7.2～7.6，含 1250 个细胞的孔中培养液 pH 值应为 8.0。相应各孔内 pH 值高于上述值，则说明所用细胞数过少或细胞代谢过慢；若 pH 值低于上述值，则说明加入细胞过多。

⑤ 各孔内加入 0.1 mL 无菌矿物油，用胶带封盖并确保封紧，于 36～37 ℃培养 6～8 d。

⑥ 培养到期后，观察其颜色，pH 值为 7.4 或高于 7.4 说明有病毒繁殖，而 pH 值为 7.2 或低于 7.2 则表明没有病毒繁殖(病毒滴定时)，或已发生病毒的特异性中和作用(测

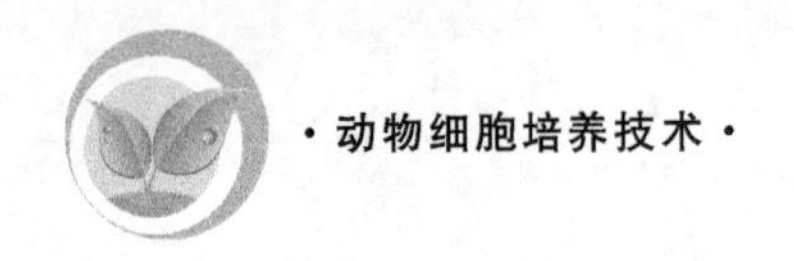

定抗体时)。细胞对照的 pH 值应同上述。

(2) 测定 Reo 病毒。

此法即“两段法”代谢抑制试验,在细胞代谢引起 pH 值改变不大的情况下可使用本法,通常用于测定生长缓慢的病毒,该病毒不能在宿主细胞本身改变 pH 值前表现其代谢抑制作用,为此应分两段进行。第一段方法同上,第二段是在第一段的基础上,各孔再加入 0.05 mL 培养液以维持宿主细胞本身的 pH 值,使病毒仍能继续生长繁殖,直至产生代谢抑制现象,判定方法与上述相同。

用于病毒中和试验的抗原不需很纯,但是其感染性病毒与非感染性病毒的比值应高。因后者可结合抗体,感染效价高,这样经稀释后,即可除去大多数宿主材料及非感染性病毒。所以用于中和试验的病毒,其最适培养条件应能获得最大量感染性病毒。处理和保存中也应注意,使其不致失去感染性。

血凝抗原应具有足够高的效价,使在稀释后,尚有 4 或 8 个抗原单位。重要的问题在于维持液中的血清不得含有病毒血凝的非特异性抑制物。此外,该血清中也不得含有试验血凝系统中红血球的血凝素。维持液血清经白陶土处理或用不含血清的维持液,则可解决非特异性抑制物的问题,有时感染的组织培养液用氟碳化合物处理,可使其中的血凝素“暴露”出来,有些病毒抗原的血凝效价也可通过反复冻熔,超声波或 Tween-80、乙醚处理而提高。

一般认为,补体结合抗原应有适当效价,不含宿主物质(因中和试验血清一起结合补体),不得有抗补体作用。

用于沉淀反应的病毒抗原应为高度浓缩者,这样才能与特异抗体形成可见沉淀线。通常使用物理和化学方法进行浓缩,但其原始材料应具有高效价。

在浓缩提纯病毒抗原时,应避免采用可使蛋白质变性的理化方法处理,否则将改变其抗原特性,此点甚为重要。

知识拓展

通过细胞培养分离得到的病毒,必须通过全面了解其特性才能得到鉴定。

(1) 根据临床特点、流行病学资料、标本来源,可大致了解病毒的一些特性,有助于确认病毒的种类;

(2) 注意观察动物感染范围及特点,病毒感染动物的范围、发病的潜伏期有差异,影响因素较大,应具体分析;

(3) 注意观察细胞培养的特点,如细胞变化、中和试验、蚀斑形成试验等。

思考题

1. 病毒的鉴定方法有哪些?

2. 什么叫病毒蚀斑? 简述病毒蚀斑技术的操作过程。

3. 简述病毒中和试验的原理。

4. 简述病毒蚀斑技术的原理。蚀斑技术的应用及试验时的注意事项有哪些?

项目二　单克隆抗体生产技术

免疫反应是人类对疾病具有抵抗力的重要因素。人类提高免疫的途径已经从体内被动产生发展到体外主动防疫，从而增强对疾病的抵抗力。

抗体的特异性取决于抗原分子的决定簇。各种抗原分子具有很多抗原决定簇，免疫动物所产生的抗体实为多种抗体的混合物（多抗），用这种传统方法制备抗体效率低、产量有限，且动物抗体注入人体会产生严重的过敏反应。此外，要把这些不同的抗体分开也极为困难。近年来，将B淋巴细胞制造专一抗体进行培养可得到由单细胞经分裂增殖而形成的细胞群，即单克隆。单克隆细胞将合成针对一种抗原决定簇的抗体，称为单克隆抗体（单抗）。

单克隆抗体的大量生产得益于杂交瘤技术（图2-9）的创建，此技术被誉为免疫学上的一次革命，广泛用于各种单克隆抗体的制备。将预定抗原免疫的B淋巴细胞与能在体外培养中无限制生长的骨髓瘤细胞融合，形成B淋巴细胞杂交瘤。这种杂交瘤细胞具有双亲细胞的特征，既像骨髓瘤细胞一样在体外培养中能无限地快速增殖且永生不死，又能像B淋巴细胞那样合成和分泌特异性抗体。通过克隆化可得到来自单个杂交瘤细胞的单克隆系，即杂交瘤细胞系，它所产生的抗体是针对同一抗原决定簇的高度同质的抗体，即单克隆抗体（monoclonal antibody，McAb），简称单抗。与多抗相比，单抗纯度高，专一性强，重复性好，且能持续地无限量供应。单抗技术的问世，不仅带来了免疫学领域里的一次革命，而且它在生物科学、医学的各个领域获得极广泛的应用，促进了众多学科的发展。

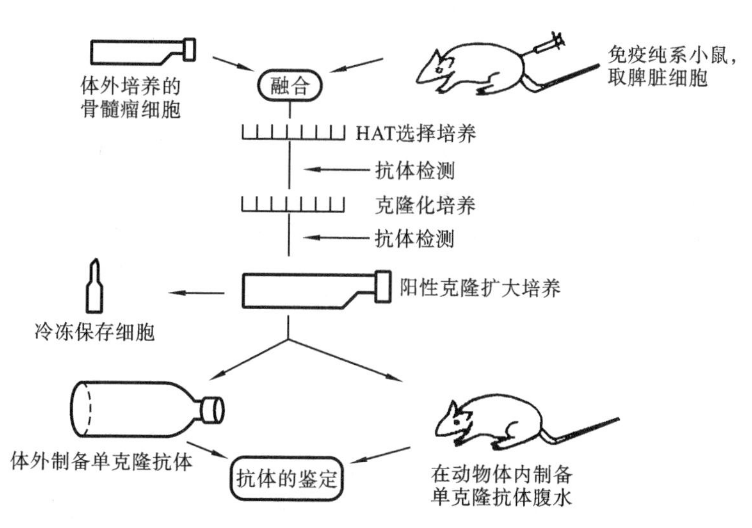

图2-9　杂交瘤技术过程示意图

本项目主要介绍单克隆抗体生产技术，包括动物免疫，细胞融合，单克隆抗体的筛选、鉴定、纯化以及应用，通过本项目能够熟悉单克隆抗体的生产过程和技术要点，并能了解单克隆抗体生产的应用前景。

任务1　杂交瘤细胞的制备

单克隆抗体制备的关键技术是骨髓瘤细胞的体外培养、细胞融合与杂交细胞的筛选，以上综合就是杂交瘤细胞的制备。而单克隆抗体的生产包括动物免疫、饲养细胞、细胞融合、杂交瘤选择、抗体筛选、杂交瘤细胞的克隆化、冷冻保存以及单克隆抗体的大量制备等一系列实验步骤。

一、动物免疫

（一）动物的选择

作为免疫用的动物有哺乳类和禽类，主要为羊、马、家兔、猴、猪、豚鼠、鸡等，实验室常用者为家兔、山羊和豚鼠等。动物种类主要根据抗原的生物学特性和所要获得的抗血清数量来选择，要求动物反应良好，而且能够提供足够数量的血清，用于免疫的动物应适龄，健壮，无感染性疾病，最好为雄性，此外还需十分注意动物的饲养，以消除动物的个体差异以及在免疫过程中死亡的影响。若用兔，最好用纯种新西兰兔，一组三只，兔的体重以2～3 kg为宜。目前开展杂交瘤技术的实验室常用纯种BALB/C小鼠，因其较温顺，活动范围小，体弱，食量及排污量较小，一般环境洁净的实验室均能饲养成活。

（二）免疫方案

选择合适的免疫方案对于细胞融合杂交的成功，获得高质量的单克隆抗体至关重要。一般要在融合前两个月左右确立免疫方案并开始初次免疫，免疫方案应根据抗原的特性而定。一要有质量好的抗原，二要选择适当的免疫途径，这样才能产生质量好（特异性强和效价高）的抗体。

（三）免疫途径

免疫途径多种多样，如静脉内、腹腔内、肌肉内、皮内、皮下、淋巴结内注射等，常用皮下或背部多点皮内注射，每点注射0.1 mL左右。途径的选择取决于抗原的生物学特性和理化特性，如激素、酶、毒素等生物学活性抗原，一般不宜采用静脉注射。

（四）免疫佐剂

由于不同个体对同一抗原的反应不同，而且不同抗原产生免疫反应的能力也有强有弱，因此常常在注射抗原的同时，加入能增强抗原的抗原性物质，以刺激机体产生较强的免疫反应，这种物质称为免疫佐剂。

免疫佐剂除了延长抗原在体内的存留时间，增加抗原刺激作用外，更主要的是，它能刺激网状内皮系统，使参与免疫反应的免疫活性细胞增多，促进T淋巴细胞与B淋巴细胞的相互作用，从而增强机体对抗原的细胞免疫和促进抗体的产生。

常用的免疫佐剂是弗氏佐剂，其成分通常是羊毛脂1份、石蜡油5份，羊毛脂与石蜡油的比例视需要可调整为1∶2～1∶9（体积比），这是弗氏不完全佐剂，在每毫升不完全佐剂中加入1～20 mg卡介苗就成为弗氏完全佐剂。是否添加免疫佐剂视情况而定。

(1) 颗粒性抗原免疫性较强，不加佐剂就可获得很好的免疫效果。以细胞性抗原的免疫为例，初次免疫采用腹腔内注射，2～3周后同剂量第二次免疫，3周后静脉内注射同剂量加强免疫(融合前三天)，然后取脾融合。

(2) 可溶性抗原免疫原性弱，一般要加免疫佐剂。要求抗原和佐剂等体积混合在一起，研磨成油包水的乳糜状，放一滴在水面上不易马上扩散呈小滴状，表明已达到油包水的状态。商品化弗氏完全佐剂在使用前须振摇，使沉淀的分枝杆菌充分混匀。

目前，用于可溶性抗原(特别是一些弱抗原)的免疫方案也不断更新，例如：

(1) 将可溶性抗原颗粒化或固相化，一方面增强抗原的免疫原性，另一方面可降低抗原的使用量；

(2) 改变抗原注入的途径，基础免疫可直接采用脾内注射；

(3) 使用细胞因子作为免疫佐剂，提高机体的免疫应答水平，促进免疫细胞对抗原的反应性。

二、融合前的准备

(一) 饲养细胞的制备

在制备单克隆抗体过程中，许多环节需要加饲养细胞，例如，在杂交瘤细胞筛选、克隆化和扩大培养过程中，加入饲养细胞是十分必要的。常用的饲养细胞有小鼠腹腔巨噬细胞(较为常用)、小鼠脾脏细胞和小鼠胸腺细胞，也有人用小鼠成纤维细胞系3T3经放射线照射后作为饲养细胞，使用比较方便，照射后可放入液氮罐长期保存，随用随复苏。

一般饲养细胞在融合前一天制备，若用小鼠胸腺细胞作为饲养细胞，细胞浓度为5×10^6个/mL，小鼠脾细胞的浓度为1×10^6个/mL，小鼠的成纤维细胞(3T3)的浓度为1×10^5个/mL，用量均为每孔100 μL。

(二) 骨髓瘤细胞的培养

骨髓瘤细胞系应和免疫动物属于同一品系，这样杂交融合率高，也便于接种杂交瘤细胞在同一品系小鼠腹腔内产生大量单克隆抗体。常用骨髓瘤细胞系有NS1、SP2/0、X63-Ag 8.653等。

骨髓瘤细胞的培养可用一般的培养基，如RPMI-1640、DMEM培养基。小牛血清的浓度一般在10%～20%，细胞的最大密度不得超过10^6个/mL，一般扩大培养以1∶10稀释传代，每3～5 d传代一次。细胞的倍增时间为16～20 h，悬浮或轻微贴壁生长，只用弯头滴管轻轻吹打即可悬起细胞。

一般在准备融合前的两周就应开始复苏骨髓瘤细胞，为确保该细胞对HAT的敏感性，每3～6个月应用8-AG(8-氮杂鸟嘌呤)筛选一次，以防止细胞的突变。保证骨髓瘤细胞处于对数生长期，具有良好的形态，活细胞计数高于95%，也是细胞融合的关键。

(三) 免疫脾细胞的制备

免疫脾细胞指的是处于免疫状态脾脏中的B淋巴母细胞和浆母细胞。一般取最后一次加强免疫3 d以后的脾脏，制备成细胞悬液，由于此时B淋巴母细胞占比较大，融合的成功率较高。

脾细胞悬液的制备:在无菌条件下取出脾脏,用不完全培养液洗一次,置于培养皿中不锈钢筛网上,用注射器针芯研磨成细胞悬液后计数。一般免疫后脾脏体积约是正常脾脏体积的 2 倍,细胞浓度为 2×10^6 个/mL 左右。

三、细胞融合

(1) 取对数生长期的骨髓瘤细胞,离心,弃上清液,用不完全培养液混悬细胞后计数,取所需数量的细胞,用不完全培养液洗涤。

(2) 同时制备免疫脾细胞悬液,用不完全培养液洗涤。

(3) 将骨髓瘤细胞与脾细胞按比例混合在一起,在塑料离心管内用不完全培养液洗涤。

(4) 弃上清液,用滴管吸净残留液体,以免影响 PEG 的浓度。

(5) 轻轻弹击离心管底,使细胞沉淀略微松动。

(6) 在室温下融合。

四、杂交瘤选择(HAT 法)

1. HAT 法筛选杂交瘤细胞原理

HAT 选择培养液是在普通的动物细胞培养液中加入次黄嘌呤(H)、氨基喋呤(A)和胸腺嘧啶核苷酸(T)而得到的培养液。细胞中的 DNA 合成有两条途径。一条途径是生物合成途径("D 途径"),即由氨基酸及其他小分子化合物合成核苷酸,为 DNA 分子的合成提供原料。在此合成过程中,叶酸作为重要的辅酶参与这一过程,而 HAT 选择培养液中氨基喋呤是叶酸的拮抗物,可以阻断 DNA 合成的"D 途径"。另一条途径是应急途径或补救途径("S 途径"),它是利用次黄嘌呤-鸟嘌呤磷酸核苷转移酶(HGPRT)和胸腺嘧啶核苷激酶(TK)催化次黄嘌呤和胸腺嘧啶核苷生成相应的核苷酸,两种酶缺一不可。因此,在 HAT 选择培养液中,未融合的效应 B 细胞和两个效应 B 细胞融合的细胞的"D 途径"被氨基喋呤阻断,虽然"S 途径"正常,但因缺乏在体外培养液中增殖的能力,一般 10 d 左右就会死亡。对于骨髓瘤细胞以及自身融合细胞而言,由于通常采用的骨髓瘤细胞是次黄嘌呤-鸟嘌呤磷酸核苷转移酶缺陷型细胞,因此自身没有"S 途径",且"D 途径"又被氨基喋呤阻断,所以在 HAT 培养液中也不能增殖而很快死亡。唯有骨髓瘤细胞与效应 B 细胞相互融合形成的杂交瘤细胞,既具有效应 B 细胞的"S 途径",又具有骨髓瘤细胞在体外培养液中长期增殖的特性,因此能在 HAT 培养液中选择性存活下来,并不断增殖。

2. HAT 选择方法

一般在细胞融合 24 h 后,加入 HAT 选择培养液。在培养板内已加入饲养细胞、融合后的细胞,所以在加选择培养液时应加 3 倍量的 HAT。融合后最初补加的量可用全量的 2/3,可得到满意的筛选结果。一般用 HAT 选择培养液维持培养两周后,改用 HT 培养液,过 3～4 d 后可改用一般培养液。

五、抗体筛选

在通过选择性培养而获得的杂交细胞系中，仅少数能分泌针对免疫原的特异性抗体。一般在杂交瘤细胞布满孔底1/10面积时，即可开始检测特异性抗体，筛选出所需要的杂交瘤细胞系。

检测抗体时应根据抗原的性质、类型的不同，选择不同的筛选方法，一般以快速、简便、特异、敏感为原则。

常用的方法如下。

(1) 酶联免疫吸附试验(ELISA)：用于可溶性抗原(蛋白质)、细胞和病毒等单克隆抗体的检测。

(2) 放射免疫分析法(RIA)：用于可溶性抗原、细胞单克隆抗体的检测。

(3) 荧光激活细胞分类仪(FACS)：用于细胞表面抗原的单克隆抗体的检测。

(4) 免疫荧光检测法(IFA)：用于细胞和病毒单克隆抗体的检测。

上述方法均为一般实验室的常规方法，故在此不介绍具体的实验过程。必须在融合前建立可靠的筛选方法，避免由于方法不当而贻误整个筛选时机。

六、杂交瘤的克隆化和冷冻保存

杂交瘤的克隆化一般是指将抗体阳性孔进行克隆化。经过HAT筛选后的杂交瘤克隆不能保证一个孔内只有一个克隆。在实际工作中，可能有数个甚至更多的克隆，可能包括抗体分泌细胞、抗体非分泌细胞，所需要的抗体(特异性抗体)分泌细胞和其他无关抗体分泌细胞。要想将这些细胞彼此分开，就需要克隆化。克隆化的原则是，对于检测抗体阳性的杂交克隆应尽早进行克隆化，否则抗体分泌细胞会被抗体非分泌细胞所抑制，因为抗体非分泌细胞比抗体分泌细胞生长快，两者竞争的结果会使抗体分泌细胞丢失。即使克隆化过的杂交瘤细胞也需要定期再克隆，以防止杂交瘤细胞的突变或染色体丢失，从而丧失产生抗体的能力。

(一) 杂交瘤的克隆化

杂交瘤的克隆化方法很多，最常用的是有限稀释法和软琼脂平板法。

1. *有限稀释法*

有限稀释法的操作步骤如下：

(1) 制备饲养细胞悬液(同融合前准备)；

(2) 进行阳性孔细胞的计数，并调节细胞数；

(3) 取细胞，加入饲养细胞完全培养液；

(4) 培养4～5 d后，在倒置显微镜上可见到小的细胞克隆，补加完全培养液；

(5) 第8～9天时，肉眼可见细胞克隆，及时进行抗体检测。

2. *软琼脂平板法*

软琼脂平板法的操作步骤如下：

(1) 配制软琼脂；

(2) 将上述琼脂液(含有饲养细胞)倾注于直径为 9 cm 的培养皿中,在室温下凝固后作为基底层备用;

(3) 按 100 个/mL、500 个/mL 或 5000 个/mL 等浓度配制需克隆的细胞悬液;

(4) 将 1 mL 0.5%琼脂液(预热至 42 ℃)在室温下分别与 1 mL 不同浓度的细胞悬液相混合;

(5) 混匀后立即倾注于琼脂基底层上,在室温下放置 10 min 使其凝固,于37 ℃ 5% CO_2培养箱中培养;

(6) 4～5 d后即可见针尖大小的白色克隆,7～10 d 后,直接移种至含饲养细胞的 24 孔板中进行培养;

(7) 检测抗体,扩大培养,必要时再克隆化。

(二) 杂交瘤细胞的冷冻保存

及时冷冻保存原始孔的杂交瘤细胞、每次克隆化得到的亚克隆细胞是十分重要的。因为在没有建立一个稳定分泌抗体的细胞系时,在细胞的培养过程中随时可能出现细胞的污染、分泌抗体能力丧失等情况。如果没有原始细胞的冷冻保存,则可能因为上述意外而前功尽弃。

杂交瘤细胞的冷冻保存方法同其他细胞系的冷冻保存方法一样,但对原始孔的杂交瘤细胞可以因培养环境不同而改变,在 24 孔培养板中培养,当长满孔底时,一孔就可以冻成一支安瓿。

冷冻保存液最好预冷,操作动作应轻柔、迅速。冷冻保存时从室温可立即降到 0 ℃,再降温时一般按每分钟降温 2～3 ℃的速度降温,待降至－70 ℃时可放入液氮中。或将细胞管降至0 ℃后放入－70 ℃超低温冰箱中,次日转入液氮中。也可以用细胞冷冻保存装置进行冷冻保存。冷冻保存细胞要定期复苏,检查细胞的活性和分泌抗体的稳定性,在液氮中细胞可保存数年或更长时间。

七、单克隆抗体的鉴定

对制备的单克隆抗体进行系统的鉴定是十分必要的,应对其做以下方面的鉴定。

(一) 抗体特异性的鉴定

除用免疫原(抗原)进行抗体的检测外,还应用与其抗原成分相关的其他抗原进行交叉试验,方法可用 ELISA、IFA、间接血凝和免疫印迹技术等,同时还需做免疫阻断试验等。例如:①制备抗黑色素瘤细胞的单克隆抗体,除用黑色素瘤细胞反应外,还应用其他脏器的肿瘤细胞和正常细胞进行交叉反应,以便挑选肿瘤特异性或肿瘤相关抗原的单克隆抗体;②制备抗重组的细胞因子的单克隆抗体,应首先考虑是否与表达菌株的蛋白质有交叉反应,其次考虑与其他细胞因子间有无交叉反应。

(二) 单克隆抗体的 Ig 类型与亚型的鉴定

购买兔抗小鼠 Ig 类型和亚型的标准抗血清,采用琼脂扩散法或 ELISA 夹心法测定单抗的 Ig 类型和亚型。一般在用酶标或荧光素标记的第二抗体进行筛选时,已经基本上确定了抗体的 Ig 类型。如果用的是酶标或荧光素标记的兔抗鼠 IgG 或 IgM,则检测出来的抗体一般是 IgG 型或 IgM 型。至于亚型则需要用标准抗亚型血清系统做双扩或夹心 ELISA 来确定单克隆抗体的亚型。

(三) 单克隆抗体的效价测定

单克隆抗体的效价可采用凝集反应、ELISA 或放射免疫法测定。不同的测定方法测定的效价不同。采用凝集反应,腹水效价可达 5×10^{4},而采用 ELISA 检查,腹水效价可达 1.0×10^{6}。培养上清液的效价远不如腹水的效价。单克隆抗体的效价以培养上清液和腹水的稀释度表示。

(四) 单克隆抗体中和活性的鉴定

用动物的或细胞的保护试验来确定单克隆抗体的生物学活性。例如,如果要确定抗病毒单克隆抗体的中和活性,则可用抗体和病毒同时接种于易感的动物或敏感的细胞,来观察动物或细胞是否得到抗体的保护。

(五) 单克隆抗体识别抗原表位的鉴定

用竞争结合试验测相加指数的方法,通过测定单克隆抗体所识别抗原位点,来确定单克隆抗体的识别的表位是否相同。

(六) 单克隆抗体亲和力的鉴定

用 ELISA 或 RIA 竞争结合试验来确定单克隆抗体与相应抗原结合的亲和力。

八、影响因素和失败原因分析

由于制备单克隆抗体的实验周期长,环节多,所以影响因素比较多,稍不注意就会失败。主要的失败原因和影响因素如下。

(一) 污染

污染包括细菌、真菌和支原体的污染。这是杂交瘤工作中最棘手的问题。一旦发现有真菌污染,就应及早将污染板弃去,以免污染整个培养环境。支原体的污染主要来源于牛血清,此外,其他添加剂、实验室工作人员及环境也可能造成支原体污染。在有条件的实验室,要对每一批小牛血清和长期传代培养的细胞系进行支原体的检查,查出污染源应及时采取措施处理。对于污染的杂交瘤细胞可以采取生物学的过滤方法,将污染的杂交瘤细胞注射于 BALB/c 小鼠的腹腔,待长出腹水或实体瘤时,取出并分离杂交瘤细胞,一般可除去支原体污染。

(二) 融合后杂交瘤不生长

在保证融合技术没有问题的前提下,主要考虑下列因素:

(1) PEG 有毒性或作用时间过长;

(2) 牛血清的质量太差,用前没有进行严格的筛选;

(3) 骨髓瘤细胞污染了支原体;

(4) HAT 有问题,主要是 A 含量过高或 H、T 含量不足。

(三) 杂交瘤细胞不分泌抗体或停止分泌抗体

(1) 融合后有细胞生长,但无抗体产生,可能是 HAT 中 A 失效或骨髓瘤细胞发生突变,变成 A 抵抗细胞所致。

(2) 有可能是免疫原抗原性弱,免疫效果不好。

(3) 对于原分泌抗体的杂交瘤细胞变为阴性,可能是细胞受支原体污染,或非抗体分泌细胞克隆竞争性生长,从而抑制了抗体分泌细胞的生长。也可能是发生染色体丢失。

(4) 防止抗体停止分泌的有效措施("三要"、"三不要")。

"三要":要大量保持和补充液氮冷冻保存的细胞原管;要应用倒置显微镜经常检查细胞的生长状况;要定期进行再克隆。

"三不要":不要让细胞"过度生长",否则不分泌抗体的杂交瘤细胞将成为优势,压倒分泌抗体的杂交瘤细胞;不要不加检查地任培养物连续培养几周或几个月;不要不经克隆化而使杂交瘤在机体内以肿瘤生长形式连续传好几代。

(四) 杂交瘤细胞难以克隆化

可能与小牛血清质量、杂交瘤细胞的活性状态有关,或由于细胞受支原体污染,使克隆化难以成功。若是融合后的早期克隆化,应在培养液中加 H、T。

知识拓展

1975 年,Kohler 和 Milstein 建立了淋巴细胞杂交瘤技术,他们把用预定抗原免疫的小鼠脾细胞与能在体外培养中无限制生长的骨髓瘤细胞融合,形成 B 淋巴细胞杂交瘤。这种杂交瘤细胞具有双亲细胞的特征,既像骨髓瘤细胞一样在体外培养中能无限地快速增殖且永生不死,又能像脾淋巴细胞那样合成和分泌特异性抗体。通过克隆化可得到来自单个杂交瘤细胞的单克隆系,即杂交瘤细胞系,它所产生的抗体是针对同一抗原决定簇的高度同质的抗体,即单克隆抗体。Kohler 和 Milstein 两人因此杰出贡献而荣获 1984 年度诺贝尔生理学和医学奖。

抗体药物一般是由单克隆抗体通过基因工程得到的,具有靶向性强、药物副作用小等优势,目前主要用于肿瘤、免疫系统等疾病的治疗,在临床治疗中有较好的应用前景。从全球的角度看,抗体药物市场份额占整个生物技术药物市场份额的 40%左右,并且还在继续增长,抗体药物已经成为生物技术药物最重要的一部分,而抗体药物中单克隆抗体药物更是"明星中的明星",2010 年全球最畅销的 10 种药物中单克隆抗体药物就占了 5 席,单体产品市场销售额均突破 50 亿美元。近年来,单克隆抗体药物销售收入快速增长,全球单克隆抗体制剂销售额超过 400 亿美元,其中,罗氏(基因泰克)公司是单克隆抗体产品的领军企业,拥有 7 个上市产品,其中包括阿瓦斯丁、美罗华等重磅产品,其主要单克隆抗体产品的销售额占整个生物技术药物销售额的比例已经超过 30%,单克隆抗体药物的发展将是未来生物医药发展的主旋律。

思考题

1. HAT 筛选后为什么要克隆化?克隆化的原则是什么?
2. 杂交瘤细胞为什么要适时冷冻保存?

3. 融合后的杂交瘤不生长一般是什么原因?
4. 试述单克隆抗体的制备原理。
5. 名词解释:杂交瘤细胞、单克隆抗体。

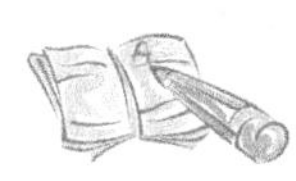

任务 2 杂交瘤细胞生产单克隆抗体

一、单克隆抗体的大量制备

目前大量制备单克隆抗体的方法主要有两种:一种是动物体内生产法,这是国内外实验室所广泛采用的方法;另一种是体外培养法。

(一) 动物体内生产单克隆抗体的方法

迄今为止,通常情况下均采用动物体内生产单克隆抗体的方法。鉴于绝大多数动物用杂交瘤均由 BALB/c 小鼠的骨髓瘤细胞与同品系的脾细胞融合而得,因此使用的动物当然首选 BALB/c 小鼠。

将杂交瘤细胞接种于小鼠腹腔内,在小鼠腹腔内生长杂交瘤,并产生腹水,因而可得到大量的腹水单克隆抗体且抗体浓度很高。该法操作简便、经济,不过腹水中常混有小鼠的各种杂蛋白(包括 Ig),因此在很多情况下要提纯后才能使用。另外,由于还有污染动物病毒的危险,故最好用 SPF 级小鼠。

1. 材料

(1) 成年 BALB/c 小鼠。

(2) 降植烷(pristane)或液体石蜡。

(3) 处于对数生长期的杂交瘤细胞。

2. 方法

(1) 腹腔接种降植烷或液体石蜡,每只小鼠 0.3~0.5 mL。

(2) 7~10 d 后腹腔接种用 PBS 或无血清培养基稀释的杂交瘤细胞(5×10^5个/mL),每只小鼠 0.2 mL。

(3) 间隔 5 d 后,每天观察小鼠腹水产生情况,如腹部明显膨大,以手触摸时,皮肤有紧张感,即可用 16 号针头采集腹水,一般可连续采 2~3 次,通常每只小鼠可采 5~10 mL 腹水。

(4) 将腹水离心(2000 r/min,5 min),除去细胞成分和其他沉淀物,收集上清液,测定抗体效价,分装,−70 ℃冷冻保存备用,或冻干保存。

(二) 体外培养生产单克隆抗体的方法

总体上讲,杂交瘤细胞系并不是严格的贴壁依赖性细胞,因此既可以进行单层细胞培养,又可以进行悬浮培养。杂交瘤细胞的单层细胞培养法是各个实验室最常用的手段,即将杂交瘤细胞加入培养瓶中,以含 10%~15%小牛血清的培养基培养,细胞浓度以 1×10^6~2×10^6个/mL 为佳,然后收集培养上清液,其中单克隆抗体含量为 10~50 μg/mL。显然,这种方法制备的单克隆抗体量极为有限,无疑不适用于单克隆抗体的大规模生产。

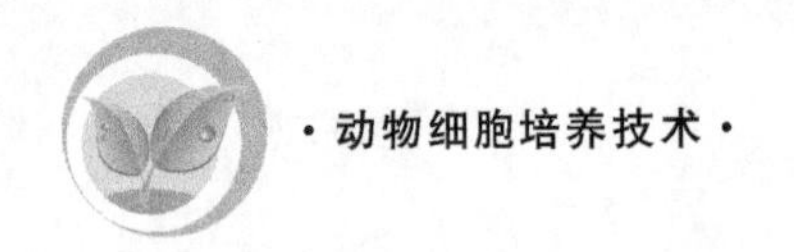

要想在体外大量制备单克隆抗体，就必须进行杂交瘤细胞的大量(高密度)培养。单位体积内细胞数量越多，细胞存活时间越长，单克隆抗体的浓度就越高，产量就越大。

目前在杂交瘤细胞的大量培养中，主要有两种类型的培养系统：一种是悬浮培养系统，采用转瓶或发酵罐式的生物反应器，其中包括使用微载体；另一种是细胞固定化培养系统，包括中空纤维细胞培养系统和微囊化细胞培养系统。

(三) 杂交瘤细胞的无血清培养

杂交瘤细胞的体外培养绝大多数用 DMEM 或 RPMI-1640 作为基础培养基，添加10%～20%胎牛血清或新生小牛血清。基础培养基主要提供各种氨基酸、维生素、葡萄糖、无机盐、合成核酸和脂质的前体物质。血清主要供给各种营养成分，血清中的激素可刺激细胞生长，其中的许多蛋白质能结合有毒性的离子和热原质而起解毒作用，同时这些蛋白质对激素、维生素和脂类有稳定和调节作用。但是，血清中含有上百种蛋白质，这给单克隆抗体的纯化带来很大麻烦，而未纯化的含有异种蛋白质的单克隆抗体用于动物治疗可诱发变态反应，另外，血清来源有限，且每批血清之间质量差异较大，直接影响结果的稳定性，同时血清是杂交瘤细胞发生支原体污染的最主要来源之一，而且价格较贵，为了克服血清的这些缺点，采用无血清培养基培养杂交瘤细胞越来越受到广泛的重视。

无血清培养的实质就是用各种不同的添加剂来代替血清，然后进行杂交瘤细胞的培养。目前已报道的各类无血清培养基包括含有大豆类脂的、含有酪蛋白的、化学限定性的、无蛋白质的、含有血清低分子质量成分的无血清培养基，其中部分已有产品出售。综合这些无血清培养基，约有几十种不同的添加剂可用于无血清培养基，在其中至少必须添加胰岛素、转铁蛋白、乙醇胺和亚硒酸钠这四种成分，才能起到类似血清的作用，其他较重要的添加剂包括白蛋白、亚油酸和油酸、抗坏血酸以及锰等一些微量元素。

采用无血清培养基培养杂交瘤细胞制备单克隆抗体，有利于单克隆抗体的纯化，有助于大规模生产，可减少细胞污染的机会，且成本较低。但无血清培养细胞的生产率低、细胞密度小，影响单克隆抗体的产量；无血清培养基还缺少血清中保护细胞免受环境中蛋白酶损伤的抑制因子等。尽管如此，无血清培养基最终会成为杂交瘤细胞培养的理想的培养基。

二、单克隆抗体的纯化技术

(一) 单克隆抗体的预处理

在单克隆抗体纯化之前，均需对腹水进行预处理，其目的是为了进一步除去细胞及其残渣、小颗粒物质以及脂肪滴等。常用的方法有二氧化硅吸附法、过滤离心法以及混合法，以二氧化硅吸附法处理效果为佳，而且操作简便。

1. 二氧化硅吸附法

取新鲜采集的腹水(或冷冻保存的腹水)，2000 r/min 离心 15 min，除去细胞成分(或冷冻保存过程中形成的固体物质)等；取上层清亮的腹水，加入等量 pH 7.2 的巴比妥缓冲盐水(VBS、0.004 mol/L 巴比妥、0.15 mol/L NaCl、0.8 mmol/L Mg^{2+}、0.3 mmol/L Ca^{2+})；然后在每 10 mL 稀释腹水中加 150 mg 二氧化硅粉末，混匀，悬液在室温下培养 30 min，不时摇动；2000g 离心 20 min，脂质等被通过该法除去，即可得澄清的腹水。

2. 过滤离心法

用微孔滤膜过滤腹水，以除去较大的凝块及脂肪滴；4 ℃高速（10000g）离心 15 min，除去细胞残渣及小颗粒物质。

3. 混合法

即上述两法的组合，先将腹水高速离心，取上清液，再用二氧化硅吸附处理。

（二）单克隆抗体的粗提

1. 硫酸铵沉淀法

（1）饱和硫酸铵溶液的配制。

将 500 g 硫酸铵加入 500 mL 蒸馏水中，加热至完全溶解，室温过夜，析出的结晶任其留在瓶中。临用前取所需的量，用 2 mol/L NaOH 溶液调节 pH 值至 7.8。

（2）盐析。

吸取 10 mL 处理好的腹水，移入小烧杯中，在搅拌下滴加饱和硫酸铵溶液 5.0 mL；继续缓慢搅拌 30 min；10000 r/min 离心 15 min；弃去上清液，沉淀物用 1/3 体积饱和硫酸铵溶液悬浮，搅拌 30 min，同法离心；重复前一步 1～2 次；沉淀物溶于 1.5 mL PBS（0.01 mol/L，pH7.2）或 Tris-HCl 缓冲液中。

（3）脱盐。

常用柱层析法或透析法脱盐。柱层析法是将盐析样品过 Sephadex G-50 层析柱，以 PBS 或 Tris-HCl 缓冲液作为平衡液和洗脱液，流速为 1 mL/min。第一个蛋白质峰即为脱盐的抗体溶液。透析法是将透析袋于 2% $NaHCO_3$、1 mmol/L EDTA 溶液中煮 10 min，用蒸馏水清洗透析袋内外表面，再用蒸馏水煮透析袋 10 min，冷至室温即可使用（可置于 0.2 mol/L EDTA 溶液中，4 ℃保存备用）。将盐析样品装入透析袋中，对 50～100 倍体积的 PBS 或 Tris-HCl 缓冲液透析（4 ℃）12～24 h，其间更换 5 次透析液，用奈氏试剂（碘化汞 11.5 g、碘化钾 8 g，加蒸馏水 50 mL，待溶解后，再加 20% NaOH 溶液 50 mL）检测，直至透析外液无黄色物形成为止。

2. 辛酸-硫酸铵沉淀法

该法简单易行，适合于提纯 IgG_1 和 IgG_{2b}，但对 IgG_3 和 IgA 的回收率及纯化效果差。其主要步骤如下：取 1 份预处理过的腹水，加 2 份 0.06 mol/L pH 5.0 的醋酸缓冲液，用 1 mol/L HCl 溶液调节 pH 值至 4.8；按每毫升稀释腹水加 11 μL 辛酸的比例，室温搅拌下逐滴加入辛酸，于 30 min 内加完，4 ℃静置 2 h，15000g 离心 30 min，弃沉淀；上清液经尼龙筛（125 μm）过滤，加入 1/10 体积的 0.01 mol/L PBS，用 1 mol/L NaOH 溶液调节 pH 值至 7.2；在 4 ℃下加入饱和硫酸铵溶液至 45%饱和度，作用 30 min，静置 1 h；10000g 离心 30 min，弃上清液；沉淀溶于适量 PBS（含 137 mmol/L NaCl、2.6 mol/L KCl、0.2 mmol/L EDTA）中，对 50～100 倍体积的 PBS 透析，4 ℃过夜，其间换透析液 3 次以上；取出，10000g 离心 30 min，除去不溶性沉渣，测定蛋白质含量后，分装，冷冻保存备用。

3. 优球蛋白沉淀法

该法适用于 IgG_3 和 IgM 型单克隆抗体的提取，所获制品的抗体活性几乎保持不变，对 IgG_3 单克隆抗体的回收率高于 90%，对 IgM 单克隆抗体的回收率为 40%～90%。其操作步骤如下：取一定量的预处理过的腹水，先后加入 NaCl 和 $CaCl_2$，使各自的浓度分别达 0.2 mol/L 和 25 mmol/L，随之可见纤维蛋白产生；经滤纸过滤后，滤液对 100 倍体积的去离子水透析，4 ℃透析 8～15 h(若是 IgG_3 单克隆抗体，也可室温下透析 2 h)，其间换水 1～2 次；取出后 22000*g* 离心 30 min，弃上清液；将沉淀溶于 pH 8.0 的含 1 mol/L NaCl 和 0.1 mol/L Tris-HCl 的溶液中，重复上述的透析与离心；将沉淀的优球蛋白浓度调至 5～10 mg/mL，分装，冷冻保存，备用。

(三) 单克隆抗体纯化的方法

单克隆抗体纯化的方法有很多种，应根据单克隆抗体的特性和实验条件选择适宜的方法，常用的技术有 DEAE 离子交换层析柱纯化方法、凝胶过滤法和亲和层析法三种。

1. DEAE 离子交换层析柱纯化方法

(1) 材料。

① 20 mmol/L pH 7.8～7.9 Tris-HCl 缓冲液，20 mmol/L NaCl。

② 20 mmol/L pH 7.8～7.9 Tris-HCl 缓冲液，40 mmol/L NaCl。

③ 20 mmol/L pH 7.8～7.9 Tris-HCl 缓冲液，80 mmol/L NaCl。

④ 20 mmol/L pH 7.8～7.9 Tris-HCl 缓冲液。

⑤ 饱和硫酸铵液。

⑥ DEAE-纤维素柱。

(2) 操作方法。

① 小鼠腹水用冷 PBS 稀释 4 倍后，10000 r/min 离心 30 min，去沉淀。

② 在 4 ℃上清液中缓缓滴加饱和硫酸铵溶液，边加边搅拌，使溶液最终硫酸铵饱和度为 50%。

③ 将此溶液置于冰中 30～60 min，然后 5000 r/min 离心 10 min，去上清液。

④ 将沉淀溶于 Tris-HCl 缓冲液(40 mmol/L NaCl)中(溶液可能混浊)。

⑤ 装入透析袋于 Tris-HCl 缓冲液(20 mmol/L NaCl)中透析除盐。

⑥ 离心去沉淀。

⑦ 溶液稀释(1∶100 或更高倍稀释)后，于 280 nm 波长处测蛋白质含量，估计蛋白质质量。1 个吸光度($A_{280\ nm}$)单位相当于 0.8 mg 蛋白质。

一般每毫升腹水中，含有总蛋白质 25～36 mg。

⑧ 过 DEAE-纤维素柱：柱高 40 cm，以 Tris-HCl 缓冲液(20 mmol/L NaCl)平衡。透析样品以 Tris-HCl 缓冲液等量稀释。

样品进入柱床速度为 1～2 mL/min，以 NaCl 线性梯度洗脱。大部分单克隆 IgG 于 40 mmol/L 和 80 mmol/L NaCl 洗脱，也有极少量的单克隆抗体于 120～150 mmol/L NaCl 洗脱。

测 $A_{280\ nm}$，收集蛋白质峰对应组分，将单克隆 IgG 保存，备用。

2. A 蛋白亲和层析法

A 蛋白是金黄色葡萄球菌的表面蛋白，相对分子质量为 42000，有 6 个不同的 IgG 结合位点。其中有 5 个位点对 IgG 的 Fc 片段显示出很强的特异性亲和力，不同的位点独立地与抗体结合。但 IgA、IgM、IgE 也可能结合在配体上，当达到饱和时，一个 A 蛋白分子至少可以结合两个 IgG 分子。A 蛋白对 IgG 有高亲和力和特异性,这一特点使之非常适用于纯化腹水或细胞培养上清液中的单克隆抗体。

下面为应用 A 蛋白-Sepharose CL-4B 亲和层析法纯化单克隆抗体,用 AKTA explorer100 进行监测。

(1) 腹水的处理。

取腹水,在 4 ℃、12000g 条件下离心 15 min,以除去较大的凝块。

(2) 装柱。

将 1.5 g A 蛋白-Sepharose CL-4B 干粉用 6~7 mL 三蒸水溶解,再用 0.02 mol/L、pH 7.4 的磷酸盐缓冲液(上样缓冲液)浸泡 15 min,然后装入层析柱中。

(3) 平衡。

用 10 倍柱床体积的上样缓冲液过柱,流速为 1 mL/min,用 pH 试纸测试流出液体的 pH 值为 7.4。

(4) 上样。

取预处理过的腹水 5 mL,用上样缓冲液稀释至 50 mL,用 0.45 μm 的滤膜过滤,上样,流速为 1 mL/min。

(5) 洗脱。

用上样缓冲液进行流洗,10 倍柱床体积,流速为 1 mL/min。随后用 0.02 mol/L、pH 4.0 的柠檬酸缓冲液洗脱抗体,同时应用 AKTA explorer100 进行监测,当观察到基线开始上升,即出现洗脱峰时,取干净的 5 mL 离心管收集,每收集 3 mL 后,立即用 1 mol/L、pH 9.0 的 Tris-HCl 缓冲液调节 pH 值至 7.0。

(6) 平衡。

收集洗脱液至回到基线后,继续用 5~10 倍柱床体积上样缓冲液平衡,流速调至 1 mL/min。再用 10 倍柱床体积三蒸水平衡。

三、单克隆抗体的应用

单克隆抗体以其特异性强、纯度高、均一性好等优点,广泛应用于淋巴细胞的鉴别、病原体的鉴定、肿瘤的诊断和分型以及体内激素含量的测定等,其应用很大程度上促进了商品化试剂盒的发展。但是单克隆抗体对抗原的识别与多克隆抗体有很大的不同。不同试剂盒因使用的单克隆抗体不同,识别抗原的位点不同,导致检测结果有一定差异。因此,标准化问题还需要进一步研究。

(一) 诊断各类病原体

这是单克隆抗体应用最多的领域,已有大量诊断(检测)试剂供选择,如用于诊断乙肝病毒、丙肝病毒、疱疹病毒、巨细胞病毒、EB 病毒和各种微生物、寄生虫感染的试剂等。单克隆抗体所具有的灵敏度高、特异性好的特点,使其在鉴别菌种的型及亚型、病毒变异株,以及寄生虫不同生命周期的抗原性等方面具有独特优势。

(二) 检测肿瘤特异性抗原和肿瘤相关抗原

肿瘤特异性抗原和肿瘤相关抗原的检测可用于肿瘤的诊断、分型及定位。尽管目前尚未制备出肿瘤特异性抗原的单克隆抗体，但对肿瘤相关抗原（如甲胎蛋白、肿瘤碱性蛋白和癌胚抗原）的单克隆抗体早就用于临床检验。

随着淋巴细胞杂交瘤技术的应用，许多抗人肿瘤标记物的杂交瘤细胞株已建立，这为肿瘤的早期诊断及阐明肿瘤的发生、发展，了解肿瘤细胞的生物学活性及其定量研究奠定了基础。用抗肿瘤单克隆抗体检查病理标本，可协助确定转移肿瘤的原发部位。以放射性核素标记单克隆抗体可用于体内诊断，再结合 X 射线断层扫描技术，可对肿瘤的大小及其转移灶作出定量诊断。

（三）检测淋巴细胞表面标志

淋巴细胞表面标志的检测可用于区分细胞亚群和细胞的分化阶段。例如，检测 CD 系列标志，有利于了解细胞的分化和 T 淋巴细胞亚群的数量和质量变化，这对多种疾病诊断具有参考意义。细胞表面抗原的检测将对白血病患者的疾病分期、治疗效果、预后判断等方面有指导作用。组织相容性抗原检测是移植免疫学的重要内容，应用单克隆抗体对其进行位点检测可得到更可信的结果。

（四）测定机体微量成分

应用单克隆抗体结合其他技术，可对机体的多种微量成分进行测定。如放射免疫分析，即是利用同位素的灵敏性和抗原-抗体反应的特异性而建立起来的方法，它可以测至 10^{-9}～10^{-12} g，使原来难以测定的激素能够进行定量分析。除了激素，还可检测诸多酶类、维生素、药物和其他生化物质。单克隆抗体在这一领域的应用主要是利用单克隆抗体能与其相应的抗原特异性结合，因而能够从复杂系统中识别出单个成分的原理。只要得到针对某一成分的单克隆抗体，利用它作为配体，固定在层析柱上，当样品流经层析柱时，待分离的抗原可与固相的单克隆抗体发生特异性结合，其余成分不能与之结合。将层析柱充分洗脱后，改变洗脱液的离子强度或 pH 值，欲分离的抗原与抗体解离，收集洗脱液便可得到欲纯化的抗原。如用抗人绒毛膜促性腺激素（hCG）亲和层析柱，就可从孕妇尿中提取到纯的 hCG。与其他提取方法（沉淀法、高效疏水色谱法等）相比，具有简便、快速、经济、产品活性高等优点。这对受检者健康状态判断与疾病检出、指导诊断和临床治疗均具有实际意义。

（五）临床治疗

单克隆抗体在临床上用于以下几个方面：

（1）移植物受者使用 T 淋巴细胞的单克隆抗体，可预防急性排斥反应；

（2）供体骨髓在体外经 T 淋巴细胞的单克隆抗体处理，可减轻或消除移植物抗宿主反应；

（3）艾滋病治疗；

（4）肿瘤介入治疗，即将细胞毒剂（药物）与抗肿瘤抗原的单克隆抗体结合后，利用单克隆抗体的导向作用，将细胞毒剂（药物）定位于肿瘤细胞，达到直接杀死肿瘤细胞的目的。

（六）其他研究价值

单克隆抗体具有高度的特异性和敏感性，它好像分子刀一样，能够剖析任何一种抗原物质的微细结构，它又具有均质的特点，故利用单克隆抗体能更深刻、更全面地分析抗原构造，特别是对细胞表面的小分子抗原的分析更有意义。目前国外已有几个系列的产品，例如最常用的OKT和抗Leu系列，用于分析白细胞的表面抗原。OKT是英文缩写，“O”指美国Ortho公司，“K”指研制者的姓(Kung、龚氏，美籍华人)，“T”指T淋巴细胞，根据T淋巴细胞膜抗原的特异性编号，如OTK1、OTK3、OTK4等。抗Leu系列是美国Becton Dickinson公司生产的抗人白细胞单克隆抗体，其中抗Leu1～Leu6可检测T淋巴细胞表面不同的膜抗原。临床上使用这类T淋巴细胞单克隆抗体来测定血液、渗出液和组织切片中T淋巴细胞及其亚群的数量、比值以及是否处于激活状态等。

单克隆抗体只与抗原分子上某一个表位(即抗原决定簇)相结合，利用这一特性可把它作为研究工作中的探针。此时，可以从分子、细胞和器官的不同水平上，研究抗原物质的结构与功能的关系，进而可从理论上阐明其机理。

知识拓展

单克隆抗体特异性强、灵敏度高，在兽医临床诊断上优于现有的抗血清，采用已知的单克隆抗体与动物未知抗原发生特异性结合，可快速、简便而又准确地检测出肿瘤、过敏性疾病、内分泌病、血液病、寄生虫病、病毒病、细菌性疾病等病原的特异性抗原而加以确诊。单克隆抗体与多种免疫组织化学方法(如免疫荧光法、免疫酶法、免疫胶体金法及放射自显影法等)联合应用可以特异性地识别病原，准确地对病原或病变组织的抗原进行定性、定位甚至定量分析。

单克隆抗体在动物传染病治疗中的应用途径主要有三种。第一种是将单克隆抗体直接注入动物体以治疗疾病，在免疫学上称为人工被动免疫。单克隆抗体与病变细胞结合后，通过抗体依赖性细胞介导的细胞毒作用(ADCC)或者形成抗原抗体复合物激活补体来杀伤靶细胞，从而达到治疗效果。第二种是抗体导向药物治疗，利用具有高度特异性的单克隆抗体作为载体，与对病原或肿瘤细胞具有很强杀伤作用的药物、干扰素、毒素、放射性核素或肿瘤坏死因子等偶联，将其携带至病灶局部，可以特异性地杀灭病原或杀伤肿瘤，同时能降低对正常组织细胞和宿主的损害作用，常被形象地称为“生物导弹”，此方法在癌症治疗上很有前景，现已成为抗体工程的研究热点。第三种是通过阻断或中和作用产生治疗效果。临床应用中大多数是自体免疫和免疫抑制，表现出的机制为阻断或调节反应。

思考题

1. 试述杂交瘤细胞的无血清培养的发展和优缺点。
2. 简述大量制备单克隆抗体的方法。
3. 简述A蛋白亲和层析法纯化单克隆抗体的方法。
4. 单克隆抗体的应用领域有哪些?

模块三

实践技能操作篇

动物细胞培养技术是一门实践性很强的学科。在细胞培养过程中，需要准备大量器皿和材料，配制多种试剂，对无菌环境、培养条件等要求都比较高，操作者不仅要有娴熟的无菌操作技能，而且在培养过程中还需要适时对培养细胞的生产状况进行检测和监控，过程烦琐、周期长、连续性强，任何一个环节的失误都会导致细胞培养工作的失败。

本模块是动物细胞培养技术的实践技能操作模块，目的是训练和强化实践操作技能，培养分析问题、解决问题的能力，形成良好的实验习惯和严谨的科学研究素养。本模块在内容安排上，以细胞培养工作过程为主线，以每个细胞培养环节单项技能的强化为重点，分成十二个实践项目，由基本技能到综合技能，逐层展开，注重知识的整体性、系统性和应用性。项目一至项目四为细胞培养的准备工作，包括动物细胞培养常用设备的使用，酸液的配制及酸缸的使用，实验器材的清洗、包装和消毒，培养用液与培养基的配制；项目五、项目六是细胞的原代培养，包括鸡胚成纤维细胞的原代培养与小鼠胚胎成纤维细胞的原代培养；项目七、项目八是培养细胞的观察检测，包括培养细胞的死、活鉴别试验与培养细胞的常规检查；项目九是 MDCK 细胞（犬肾细胞）的传代培养；项目十是 MDCK 细胞的冷冻与复苏；项目十一是 PRRSV 的 MARC145 细胞培养；项目十二是抗伪狂犬病病毒 gG 蛋白单克隆抗体的制备。通过本模块的训练与强化，要求学生：①牢固掌握细胞培养准备工作的基本技能；②具有熟练的细胞原代与传代培养、细胞冷冻保存与复苏的操作技能；③掌握培养过程细胞的观察与检测方法；④掌握病毒的细胞培养方法；⑤初步掌握单克隆抗体的制备方法。

围绕教学目标，以激发学生兴趣、培养学生团队精神为主线，本模块的教学组织以任务驱动、项目导向、团队互动形式展开。第一步，教师可以根据实践项目编写项目任务，制定详细的考核标准；第二步，学生组建团队，教师下发任务书，要求学生明确任务目标与工作方式；第三步，在教师指导或带领下，团队开展工作；第四步，学生填写项目报告单；第六步，开展任务考核与团队自评与互评。该教学形式的开展，一方面需要教师进行严谨的教学组织，另一方面需要教师为每个实践项目制定详细的量化评分标准，具体体现在项目任务书、工作过程评价表、项目报告单、团队自评表、团队互评表、项目综合评价表（参考表格详见表 3-1、表 3-2、表 3-3、表 3-4、表 3-5、表 3-6），在具体教学中，各院校可视情况选用。

表 3-1　动物细胞培养技术课程实践教学项目任务书

<table>
<tr><td colspan="2">项目名称</td><td colspan="3"></td><td>学时数</td><td></td></tr>
<tr><td colspan="2">班级</td><td></td><td>地点</td><td></td><td>日期</td><td></td></tr>
<tr><td rowspan="3">教学目标</td><td>知识目标</td><td colspan="5"></td></tr>
<tr><td>能力目标</td><td colspan="5"></td></tr>
<tr><td>素质目标</td><td colspan="5"></td></tr>
<tr><td colspan="2">项目条件与要求</td><td colspan="5"></td></tr>
<tr><td rowspan="2">教学方法</td><td>方法</td><td colspan="5">实施方案</td></tr>
<tr><td></td><td colspan="5"></td></tr>
<tr><td colspan="2">任课教师工作任务</td><td colspan="5"></td></tr>
<tr><td colspan="2">实践指导教师任务</td><td colspan="5"></td></tr>
<tr><td colspan="2">学生任务</td><td colspan="5"></td></tr>
<tr><td colspan="2">重点与难点</td><td colspan="5"></td></tr>
<tr><td colspan="2">任务下达日期</td><td colspan="2"></td><td>完成日期</td><td colspan="2"></td></tr>
<tr><td colspan="2">指导教师</td><td colspan="2"></td><td>学生签名</td><td colspan="2"></td></tr>
</table>

表 3-2 动物细胞培养技术课程实践教学项目工作过程评价表(以项目一为例)

项目名称____________ 班级____________ 组别____________

评价指标	考核内容	标准分值	考核记录	得 分
超净工作台	用前准备	3分		
	使用过程正确、规范	6分		
	善后工作	2分		
CO_2培养箱	用前准备	3分		
	CO_2气体浓度、培养温度等参数设置正确	6分		
	使用过程正确、规范	6分		
	善后工作	2分		
电热干燥箱	用前准备	3分		
	温度、时间等参数设置正确	6分		
	使用过程正确、规范	6分		
	善后工作	2分		
离心机	用前准备	3分		
	温度、时间、转速等参数设置正确	6分		
	操作过程规范、正确	5分		
	善后工作	2分		
水纯化装置	用前准备	3分		
	操作过程规范、正确	6分		
	善后工作	2分		
高压灭菌器	用前准备	3分		
	时间、温度、压力设置正确	6分		
	操作过程规范、正确	6分		
	善后工作	2分		
倒置显微镜	用前准备	3分		
	操作过程规范、正确	6分		
	善后工作	2分		
总计		100分		

表 3-3 动物细胞培养技术课程实践教学项目报告单

项目名称____________________ 班级__________ 完成日期__________

<table>
<tr><td>组别</td><td></td><td>组员</td><td></td><td>组长</td><td></td></tr>
<tr><td>项目实施计划</td><td colspan="5"></td></tr>
<tr><td rowspan="4">仪器设备</td><td>序号</td><td colspan="2">名　　称</td><td colspan="2">型　　号</td></tr>
<tr><td>1</td><td colspan="2"></td><td colspan="2"></td></tr>
<tr><td>2</td><td colspan="2"></td><td colspan="2"></td></tr>
<tr><td>3</td><td colspan="2"></td><td colspan="2"></td></tr>
<tr><td rowspan="2">工作过程</td><td colspan="3">正常过程记录</td><td>事故记录</td><td>解决对策</td></tr>
<tr><td colspan="3"></td><td></td><td></td></tr>
<tr><td>结果记录</td><td colspan="5"></td></tr>
<tr><td rowspan="2">分析与
评议</td><td colspan="5"></td></tr>
<tr><td colspan="5">操作人员签字：</td></tr>
<tr><td rowspan="2">教师审核</td><td colspan="5"></td></tr>
<tr><td colspan="5">教师签字：</td></tr>
</table>

表 3-4　动物细胞培养技术课程实践教学团队成员自评表

项目名称________________　班级__________　日期__________

组别	学号	姓名	综合评语	评分

备注：

每一名组员的成绩须经小组内成员共同协商后给出；

给定成绩时须遵循公平、公正的原则；

本成绩最后归入本项目考核评价总成绩内。

表 3-5　动物细胞培养技术课程实践教学团队间互评表

项目名称________________　班级__________　日期__________

组　别	姓　名	评　语	得　分
第一组			
第二组			
第三组			
第四组			
第五组			
第六组			

备注：

不参与对自己成绩的评比过程；

必须对被评人的组织能力、对知识点的理解能力、语言表达能力、自我展示能力等方面进行综合评定，然后给出评比成绩；

本成绩最后归入本项目考核评价总成绩内。

表 3-6 动物细胞培养技术课程实践教学项目综合评价表

项目名称__________________ 班级__________ 日期__________

<table>
<tr><td colspan="2" rowspan="2"></td><td colspan="4">评价标准</td><td rowspan="2">实际得分</td></tr>
<tr><td>A</td><td>B</td><td>C</td><td>D</td></tr>
<tr><td colspan="2">工作态度</td><td>态度端正，积极认真，操作规范、细心，遵守纪律，记录真实、详细，注意安全、卫生（30 分）</td><td>较好
25 分</td><td>一般
20 分</td><td>较差
15 分</td><td></td></tr>
<tr><td rowspan="5">工作成果</td><td>专业知识成果</td><td>操作过程规范，各种实验仪器设备使用熟练（30 分）</td><td>较好
25 分</td><td>一般
20 分</td><td>较差
15 分</td><td></td></tr>
<tr><td rowspan="4">非专业知识成果</td><td>1. 积极参与实验项目的分工与讨论（9 分）</td><td>较好
7 分</td><td>一般
5 分</td><td>较差
3 分</td><td></td></tr>
<tr><td>2. 具备创新精神，善于分析问题和解决问题（11 分）</td><td>较好
9 分</td><td>一般
7 分</td><td>较差
5 分</td><td></td></tr>
<tr><td>3. 具有良好的团队合作能力和组织协调能力（9 分）</td><td>较好
7 分</td><td>一般
5 分</td><td>较差
3 分</td><td></td></tr>
<tr><td>4. 展现出良好的语言表达能力、对知识点的理解能力（11 分）</td><td>较好
9 分</td><td>一般
7 分</td><td>较差
5 分</td><td></td></tr>
<tr><td colspan="2">合计</td><td>100 分</td><td>82 分</td><td>64 分</td><td>46 分</td><td></td></tr>
</table>

<table>
<tr><td rowspan="4">评价</td><td>学号</td><td></td><td>姓　名</td><td></td></tr>
<tr><td>组别</td><td></td><td>组长签字</td><td></td></tr>
<tr><td colspan="4">评语：</td></tr>
<tr><td colspan="4">教师签字：</td></tr>
</table>

项目一　动物细胞培养常用设备的使用

一、项目背景

要完成动物细胞的培养工作，细胞培养实验室必须满足：①符合无微生物污染和其他有害因素影响的条件；②能提供维持细胞正常生长的环境；③有容纳无菌器材、培养用液和培养液、冷冻保存细胞等的设施。因此，一个细胞培养实验室应配备以下常用设备：足够数量的超净工作台、CO_2培养箱、电热干燥箱、离心机、水纯化装置、高压灭菌器、倒置显微镜、冰箱、液氮容器等。一个细胞培养工作者，不仅要会合理、安全地使用这些设备，还需经常保持这些设备的清洁，及时清理污染源，避免造成整个实验环境的污染，这是开展细胞培养工作的基础。

二、项目目标

(1) 熟悉细胞培养实验室常用的各种仪器设备，明确各设备的功能；
(2) 会安全、规范地使用各种仪器设备；
(3) 熟知各种仪器设备的日常维护工作，能独立处理简单的仪器故障；
(4) 明确细胞培养实验室的规章制度与实验要求。

三、工作流程

流程一：工作准备

教师	仪器	磁力搅拌器、酸缸、水纯化装置、电热干燥箱、高压灭菌器、正压式不锈钢滤器等；超净工作台、离心机、水浴锅等；CO_2培养箱；倒置显微镜、液氮罐等。 细胞培养常用器皿等
	材料	各仪器设备使用说明书、细胞培养实验室的规章制度与实验要求等
	教学组织方案	(1)带领学生参观细胞培养实验室，让学生明确实验室的功能布局及各种设备的合理摆放； (2)对于学生从未接触到的仪器设备，详细讲解并规范操作演示； (3)按照细胞培养实验室的功能，把设备分为清洗、灭菌、操作、培养观察、保存等五部分；把学生对应分为五大组，由组长负责，每个仪器作为一个工作站，由学生自己讲解操作，在规定的时间内要求每一组同学会安全、规范地完成每一种仪器设备的操作过程； (4)每组同学依次轮换，完成细胞培养实验室所有设备及相关器皿的使用与操作； (5)最后，进行小组间互考，进行实践内容的强化

续表

学生	(1)了解动物细胞培养的基本流程,对各环节所需的设备及其功能有一个初步的感性认识; (2)对于在其他课程中已经使用过的仪器设备,复习巩固其原理、操作方法及注意事项,要求能够独立讲解; (3)明确项目工作任务的目标要求

流程二:操作方法

按照细胞培养实验室的功能,把设备分为清洗、灭菌、操作、培养观察、保存等五部分;把学生对应分为五大组,由组长负责,每个仪器作为一个工作站;学生未接触过的新设备,由老师详细讲解、演示;其他课程已经使用过的仪器,由学生自己讲解操作,在规定的时间内要求每一组同学会安全、规范地完成每一种仪器设备的操作过程。

每种仪器设备的使用方法和注意事项应根据本实验室所具备的仪器设备型号而定,具体操作和注意事项可参考本教材模块一项目二之任务一。

流程三:实验室的整理与物品归位

实验结束后,应将实验用器材整理归位、摆放整齐,做好实验场地的卫生。

四、工作注意事项

(1) 在正式工作之前,告知每一位同学工作结束后要对工作过程与工作综合表现进行双重考核,各组组员要做好互相监督工作,要公平、客观地为每一位合作成员作出评价。

(2) 学生在其他课程已经学习、会使用的设备由学生讲解,细胞培养所需的专用设备由教师讲解。

(3) 为防止发生在某一站人员堆积等候的现象,可安排不同的组从不同的站点开始工作。

五、思考题

(1) 如何正确使用超净工作台?有哪些使用注意事项?

(2) 如何进行CO_2培养箱的供气调节和消毒?

(3) 试述高压蒸汽灭菌器的使用方法。存放物品和消毒时有何要求?

(4) 在动物细胞培养的过程中,需要用到哪些仪器设备?其功能分别是什么?

项目二 酸液的配制及酸缸的使用

一、项目背景

细胞培养是否成功与所用培养器皿的清洁状况具有直接关系。为了保障清洗效果,

有些器皿常常需要用清洁液清洗，清洁液也常称为酸液。清洁液去污能力很强，是由重铬酸钾、浓硫酸和蒸馏水按一定比例配制而成，对玻璃器皿的腐蚀作用不太明显，而其强氧化作用可除掉刷洗不掉的微量杂质，是清洗过程中关键的一环。酸液的配制与酸缸的使用是细胞培养清洗工作的第一步。

二、项目目标

(1) 熟知清洁液的组成、特性；
(2) 会配制清洁液，明确清洁液配制的注意事项；
(3) 会安全使用清洁液进行清洗工作。

三、工作流程

流程一：工作准备

<table>
<tr><td rowspan="4">教师</td><td>仪器</td><td>陶制酸缸、天平、电磁炉</td></tr>
<tr><td>材料</td><td>搪瓷盆或塑料盆、玻璃棒、药匙、称量纸、量筒；耐酸碱手套、防护眼镜等</td></tr>
<tr><td>试剂</td><td>重铬酸钾、浓硫酸、蒸馏水等</td></tr>
<tr><td>教学组织方案</td><td>(1)学生自己讲解酸液的配制过程及注意事项，采取小组间互考的形式；
(2)老师演示相关细节，强调注意事项；
(3)两人一组，每组配 2000 mL 酸液；
(4)配制后倒入酸缸；
(5)小组间交流配制心得体会</td></tr>
<tr><td>学生</td><td colspan="2">(1)复习浓硫酸的特性及使用注意事项；
(2)复习物质称量的相关知识；
(3)了解酸液的配方及配制流程和注意事项；
(4)了解酸缸的使用方法及注意事项；
(5)明确项目工作任务的目标要求</td></tr>
</table>

流程二：清洁液配方

成　　分	常用方	弱液	次强液	强液
重铬酸钾质量/g	100	50	100	60
清水体积/mL	800	1000	1000	200
浓硫酸体积/mL	200	90	160	800
硫酸浓度(体积分数)	20%	8%	14%	80%

流程三:操作方法

1. 酸液的配制

(1) 常用清洁液配方为重铬酸钾 100 g,浓硫酸 200 mL,蒸馏水 800 mL;

(2) 按配方称量好重铬酸钾和蒸馏水,然后将重铬酸钾完全溶于蒸馏水中(用玻璃棒搅拌或用电磁炉加热助溶);

(3) 缓缓加入浓硫酸,边加边搅拌,切忌过急,否则将导致溶液过热而发生危险(绝不可将重铬酸钾液倒入浓硫酸中);

(4) 自然冷却、备用。

配制清洁液时,操作者必须小心、认真,戴耐酸碱手套和防护眼镜,避免酸液溅出伤及皮肤。

新配制的清洁液呈棕红色。当使用时间过长,清洁液颜色变暗、发绿或变混浊时,应弃去(深埋地下),配制新的清洁液。配制、盛装清洁液的容器应防酸、耐热、有较大的开口,一般用瓷缸、玻璃制品或耐酸塑料制品。目前细胞培养实验室都使用一种专用耐酸塑料容器。

2. 酸缸的使用

(1) 将酸缸的内缸取出,放置于外缸的支架上,沥干酸液;

(2) 将干燥后的玻璃器皿放入内缸,缓缓将内缸放入酸液中,浸酸物品应完全被充满和覆盖,不能留有气泡。

流程四:物品的清洗与归位、实验室的整理等

实验结束后,应将实验用器材根据情况进行清洗、整理归位、摆放整齐,打扫实验场地的卫生。

四、工作注意事项

(1) 本项目所用的浓硫酸、重铬酸钾或重铬酸钠均为危险性化学药品,在工作之前教师一定要告知学生不正确操作的危险性;

(2) 加入浓硫酸时,为确保安全,由任课教师或实践指导教师完成,学生在旁边观摩即可;

(3) 在溶解重铬酸钾或重铬酸钠的过程中,不要加热过度,以防止重铬酸钾或重铬酸钠溶液外溢;

(4) 一般实验室需配制的清洁液量较大,配制时要反复多次溶解重铬酸钾或重铬酸钠药品,故在配制过程中一定要做好重铬酸钾或重铬酸钠溶液入酸缸的记录,以便最后确定浓硫酸的添加量;

(5) 清洁液配制完毕后,从每一组抽取一名同学完成培养瓶、移液管、培养皿等玻璃器皿的浸泡工作。

五、思考题

(1) 配制清洁液时的注意事项有哪些?

(2) 清洁液的配制方法是什么?
(3) 简述器皿浸酸的注意事项。

项目三　实验器材的清洗、包装和消毒

一、项目背景

在组织细胞培养过程中,体外细胞对任何有害物质都非常敏感。微生物产品附带的杂物、上次细胞残留物以及非营养成分的化学物质,均能影响细胞的生长。因此,对新使用的玻璃器皿和重新使用的培养器皿都要严格彻底地清洗,且在清洗过程中要根据被清洗器皿组成材料的不同,选择不同的清洗方法。此外,消毒灭菌是防止细胞培养污染的最基础、最关键的一个环节。因此,清洗与消毒灭菌是细胞培养的第一步,也是细胞培养中工作量最大、最基本的步骤。

二、项目目标

(1) 会清洗和包扎各种玻璃器皿、橡胶制品、塑料制品等;
(2) 能无菌化处理培养瓶、培养皿、滤器、瓶塞等物品;
(3) 熟练、规范地包扎各种器材;
(4) 合理运用各类消毒灭菌手段;
(5) 学会已灭菌处理物品的存放与安全使用;
(6) 能与小组其他成员有效合作完成工作任务;
(7) 善于表达自己的思想;
(8) 本着对自己与他人负责的态度,严格做好清洗、包扎、灭菌等工作;
(9) 安全意识强,对紫外线、各类消毒灭菌药品与溶液、清洁液等能安全使用;
(10) 能将无菌意识贯穿于各工作过程。

三、工作流程

流程一:工作准备

教师	仪器	酸缸、电热干燥箱、超纯水仪、高压蒸汽灭菌锅、超净工作台
	材料	耐酸碱手套、软毛刷、待处理滤器、细胞培养瓶、培养瓶盖子、吸管、培养皿、烧杯、小漏斗、盐水瓶、锥形瓶、离心管、牛皮纸、扎口绳、滤纸、滤膜、脱脂棉、洗涤剂、眼科剪、小镊子、不锈钢网筛(100 μm)等

续表

教师	试剂	蒸馏水、超纯水（或双蒸水）等
	教学组织方案	(1)由各小组分别讲解细胞培养器材清洗、包装、灭菌的相关知识与注意事项； (2)教师布置工作任务，强调实验细节； (3)以小组为单位，组长负责，小组内制定任务分工方案，统筹安排、合理分工； (4)小组内交流，形成小组实验心得； (5)每组派一名学生汇报实验心得，进行小组间交流
学生	(1)复习细胞培养各种器材清洗、包装、灭菌的相关知识，复习相关设备的使用方法和注意事项； (2)初步设计实验方案； (3)按学生分组，提前制备双蒸水； (4)明确项目工作任务的目标要求	

流程二：清洗

1. 玻璃器皿的清洗流程

(1) 新购置玻璃器皿的清洗步骤。

清水浸泡半小时以上⟶简单刷洗⟶5% HCl 溶液浸泡过夜⟶自来水冲洗⟶在洗涤剂中反复刷洗⟶自来水中充分冲洗⟶晾干（或 50 ℃烤干）⟶浸入清洁液中（俗称浸酸）过夜⟶流水振荡冲洗 20 遍⟶沥水⟶去离子水冲洗 3～4 次或浸泡 2 次（每次 24 h）⟶三蒸水冲洗两次（或浸泡一次）⟶50 ℃烤干，待包装。

(2) 用过的玻璃器皿的清洗步骤。

带毒玻璃器材用后应立即浸入消毒水中，非带毒的玻璃器材需浸入清水中浸泡⟶刷洗⟶自来水冲洗⟶晾干（或 50 ℃烤干）⟶浸入清洁液中（俗称浸酸）过夜⟶流水振荡冲洗 20 遍⟶沥水⟶去离子水冲洗 3～4 次或浸泡 2 次（每次 24 h）⟶三蒸水冲洗两次（或浸泡一次）⟶50 ℃烤干，待包装。

2. 橡皮帽和胶塞的清洗流程

新购置的橡胶制品（大、小胶塞，胶头）的洗涤方法如下：

2%NaOH 溶液煮沸 15 min ⟶流水冲洗⟶2%～5% HCl 溶液煮沸 15 min ⟶流水冲洗⟶去离子水煮沸 20 min（或去离子水浸泡过夜）⟶去离子水冲洗一次⟶三蒸水煮沸 20 min ⟶三蒸水冲洗一次⟶50 ℃烤干，备用。

3. 塑料器皿的清洗方法

用后立即用流水冲洗⟶浸于自来水中过夜⟶用纱布或棉签刷洗⟶流水冲洗⟶晾干⟶浸于清洁液中 15 min ⟶流水冲洗 20 遍⟶去离子水浸洗三次⟶双蒸水中浸泡 24 h ⟶晾干，备用。

注射器、薄膜滤器刷洗前先将上、下两部分分开，按上述方法清洗、晾干后，将纤维薄膜滤片夹在中间（光面向下），合上上、下两部分拧紧，备用。

4. 不锈钢除菌滤器的清洗

先用洗涤剂刷洗滤器⟶流水冲洗 15 min ⟶去离子水冲洗 2～3 次（或去离子水浸泡 24 h）⟶三蒸水冲洗 2～3 次或浸泡 24 h ⟶干燥，备用。

5. 镊子、剪刀的清洗

纱布擦去脏污⟶自来水洗净⟶酒精棉球擦拭。

6. 金属滤网的清洗

自来水冲洗⟶蒸馏水冲洗⟶三蒸水冲洗。

流程三：包装

(1) 包装时手指与器材接触面积要小，手指不能触及器材的使用端。

(2) 瓶类：需局部包扎，用牛皮纸包扎，随后单个或几个一起用纸包好。

(3) 玻璃管管口（移液管手持端、抽滤瓶下口端等）加脱脂棉，吸管、滴管随后置于玻璃吸管筒或铜制、铝制吸管筒内（内放纱布），塞上棉塞或盖上有孔盖子（内、外孔对好），外包两层牛皮纸，若没有吸管筒则每根吸管单独包装。

(4) 带盖的瓶子或塑料离心管等物品应拧松盖子，包装消毒后再拧紧。

(5) 为防止已消毒品和未消毒品发生混淆，应在包装盒或包装纸的表面标注符号（“－”、“＋”）或写上字。

流程四：器皿的消毒

干热消毒主要用于玻璃器皿的消毒，在 160 ℃下消毒 120 min，消毒后不要立即打开箱门，以防止冷空气骤然进入引起玻璃炸裂，影响消毒效果。

湿热消毒即高压蒸汽消毒，布类、胶塞、金属器械、玻璃器皿以及某些培养用液等都可用此方法消毒灭菌。消毒时间是从压力（表压）达到 103.5 kPa，温度达到 121 ℃时算起。一般蒸汽消毒 30 min。橡皮手套和小瓶内的溶液的消毒都不应超过 15 min。消毒后，调节活塞使压力在 7 min 左右均匀地下降到零。这样能使可能存在的液体得以与周围蒸汽以相同的速度散热，而不至于激烈地沸腾。

各种物品有效消毒压力和时间不同，一般要求如下：

培养用液、橡胶制品	69 kPa，10 min
布类、玻璃制品、金属器械等	103.5 kPa，20 min

流程五：物品的清洗与归位、实验室的整理等

实验结束后，应将实验用器材根据情况进行清洗、整理归位、摆放整齐，打扫实验场地的卫生。

四、工作注意事项

(1) 无论采用何种洗涤方法，都不应对玻璃器皿有所损伤，不能用有腐蚀作用的化学药剂，也不能使用比玻璃器皿硬度大的物品来擦拭玻璃器皿；

（2）用过的器皿应立即洗涤，放置太久会增加洗涤难度；

（3）强酸、强碱及其他氧化物和有挥发性的有毒物品，都不能倒在洗涤槽内，以免污染环境水质，必须倒在废液桶内；

（4）难洗涤的器皿不要与易洗涤的器皿放在一起，以免增加洗涤的难度，有油的器皿不要与无油的器皿混在一起，否则使本来无油的器皿沾上油垢，增加洗涤的难度；

（5）棉塞应采用普通新鲜、干燥的棉花制作，不要用脱脂棉，以免因脱脂棉吸水而使棉塞无法使用；

（6）棉塞不要塞得过紧或过松，以塞好后手提棉塞，移液管、三角瓶不下落为宜；

（7）干烤玻璃器皿时，需待烘箱内温度自然下降到 60 ℃以下后，方可开门取出玻璃器皿，避免由于温度突然下降而引起玻璃器皿碎裂。

五、思考题

（1）细胞培养所用器材的清洗要求、清洗要领和注意事项有哪些？

（2）细胞培养常用器材的包装要领和注意事项有哪些？

（3）细胞培养常用器材的消毒灭菌方法有哪些？

（4）如何对细胞培养用培养液进行灭菌？

项目四　培养用液与培养基的配制

一、项目背景

培养用液是维持组织细胞生存、生长及进行细胞培养各项操作过程中所需的基本溶液，主要包括平衡盐溶液、培养基、杂用液（其他培养用液）三大类。平衡盐溶液具有维持渗透压，调控酸、碱平衡的作用，并可提供细胞生存所需的能量和无机离子成分，另外可用做洗涤组织、细胞以及配制各种培养用液的基础溶液，常用的平衡盐溶液有 PBS、Earle、Hank′s、D-Hank′s 等。培养基可分为天然培养基和合成培养基。天然培养基主要来自动物体液或从组织中分离提取的成分，其营养性高，成分复杂，但来源受限，而且存在较大的个体差异；合成培养基是模拟人或动物体内环境合成的，配方恒定，常规做法是将合成培养基中混入少量天然成分，使细胞良好生长和繁殖。杂用液包括消化液、pH 值调整液、谷氨酰胺补充液、抗生素液等。

二、项目目标

（1）掌握 PBS、DMEM 培养基及胰蛋白酶的配制方法及注意事项；

（2）培养学生的实验设计能力和团结协作精神。

三、工作流程

流程一:工作准备

教师	仪器	正压式不锈钢滤器、双连球、1 L三角瓶、磁力搅拌器、盐水瓶、小烧杯、灭菌吸管、剪刀、小镊子、酒精棉、pH试纸
	材料	DMEM干粉培养基、胰蛋白酶
	试剂	灭活的血清、75%酒精或新洁尔灭、无菌三蒸水、$NaHCO_3$、NaCl、KCl、KH_2PO_4、$Na_2HPO_4 \cdot 12H_2O$
	教学组织方案	(1)分小组讲解PBS、胰蛋白酶、DMEM培养基在细胞培养中的作用及配制方法; (2)教师强调各培养用液的注意事项,进行任务分工,PBS、胰蛋白酶、DMEM培养基配制以大组为单位(约10人一大组),然后通过稀释工作液或分装,获得后续培养用的相关用液; (3)各大组制定实验工作方案; (4)小组内交流,形成小组实验心得; (5)班级内进行实验工作任务交流
学生	(1)复习PBS、胰蛋白酶、DMEM培养基在细胞培养中的作用及配制方法; (2)复习滤器的使用方法,初步设计实验方案; (3)以组为单位,制备双蒸水; (4)明确项目工作任务的目标要求	

流程二:操作方法

(1) PBS储存液(10×):NaCl 8.0 g、KCl 0.2 g、KH_2PO_4 0.2 g、$Na_2HPO_4 \cdot 12H_2O$ 3.49 g(或$Na_2HPO_4 \cdot 2H_2O$ 1.56 g),溶于100 mL双蒸水中。

PBS应用液:取储存液100 mL,用三蒸水稀释至1000 mL即成,经103.5 kPa(121 ℃)30 min灭菌,室温或4 ℃下保存,备用。

(2) 0.1%胰蛋白酶:称取1 g胰蛋白酶,溶解于1 L已灭菌的PBS中,用磁力搅拌器搅拌助溶,在超净工作台中过滤、分装,每人10 mL。

(3) DMEM培养基:

① 取700~800 mL三蒸水,加入磁棒;

② 将粉状培养基加入其中,清洗袋子内壁2~3次,用磁力搅拌器搅拌30 min;

③ 将$NaHCO_3$溶解到烧杯中(浓度为5.6%),防止局部过浓,调整溶液的pH值至7.1~7.2,加三蒸水定容至1000 mL;

④ 用正压式不锈钢滤器过滤,前20 mL弃去,分装使用。

流程三:物品的清洗与归位、实验室的整理等

实验结束后,应将实验用器材根据情况进行清洗、整理归位、摆放整齐,打扫实验场地的卫生。

四、工作注意事项

(1) 使用新制备的三蒸水,严格无菌操作;

(2) 保证培养液中各成分完全溶解(判断方法:将培养液置于室温或 4 ℃冰箱中 30 min 后,观察瓶底有无颗粒产生);

(3) 由于在高压灭菌后 pH 值会降低 0.1～0.2,过滤除菌后会升高 0.1～0.2,所以 pH 值要根据实际情况调整。

五、思考题

(1) 简述 DMEM 培养基的配制流程及注意事项。

(2) 简述血清在细胞培养中的主要作用。

(3) 简述细胞培养中使用血清的缺点。

项目五　鸡胚成纤维细胞的原代培养

一、项目背景

原代培养是指在体外模拟体内生理环境,使从体内取出的组织细胞生存、生长和传代,并维持原有组织细胞的结构和功能特性。鸡胚成纤维细胞具有相对容易获得、增殖能力强、适应性强、耐受性良好、性状比较稳定等特点,被用来生产各种鸡的疫苗,如传染性法氏囊病、马立克氏病、新城疫疫苗等,也被用来表达一些基因工程产物。鸡胚成纤维细胞的原代培养在分子生物学、细胞学、遗传学、免疫学、肿瘤学及细胞工程学等领域,已发展成为一门重要的生物技术,并取得显著成就。

二、项目目标

(1) 了解动物细胞培养的取材与分离方法;

(2) 掌握细胞计数技术及细胞密度换算方法;

(3) 掌握鸡胚成纤维细胞原代培养操作及常规观察方法;

(4) 培养学生严谨认真的实验态度和团队合作精神。

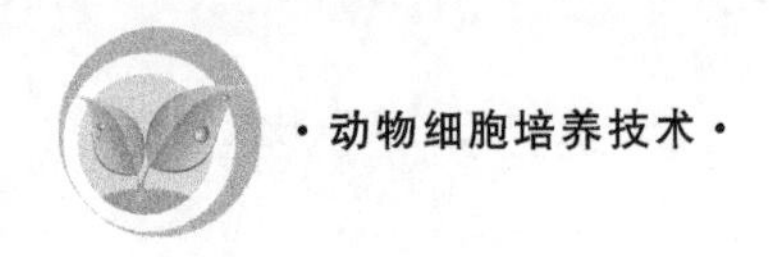

三、工作流程

流程一:材料准备

教师	仪器	超净工作台、CO_2培养箱、倒置显微镜、计数板、细胞培养瓶、洗耳球、灭菌吸管、培养皿、离心机、100 目不锈钢筛网、离心管、剪刀、小镊子、碘酒棉、酒精棉等
	材料	受精鸡卵
	试剂	灭活的血清、75%酒精或新洁尔灭、Hank's 液、胰蛋白酶、DMEM 培养基等
	教学组织方案	(1)小组间讨论和制定本组实验设计方案,注意时间的统筹安排; (2)教师审核实验方案,强调实验注意事项,安排操作、观察等各环节的具体时间; (3)由教师具体组织:第一组、第二组、第三组学生操作,第四组、第五组、第六组学生观摩与纠错,然后进行交换,要求能够指出操作的规范与不规范之处; (4)实验的观察按照老师指定时间,利用课余时间,以组为单位; (5)各组选取实验效果好的,开展班级观摩活动; (6)小组间总结实验心得; (7)班级开展实验心得交流活动
学生		(1)观看鸡胚成纤维细胞原代培养操作视频,复习巩固鸡胚成纤维细胞原代培养的操作流程与注意事项; (2)复习巩固倒置显微镜的使用方法,复习巩固细胞计数的方法; (3)初步设计实验方案; (4)掌握无菌操作的要领,培养无菌操作意识; (5)明确项目工作任务的目标要求

流程二:鸡胚的孵育

将受精鸡卵放在蛋托上,大头(气室)朝上,入培养箱培养。在培养箱底部放上一盘水,将温度调至 37.8 ℃,孵育 9～11 d,选择合适鸡胚备用。

流程三:操作方法

(1) 取选择好的鸡胚 2～3 个,放入超净工作台中,大头朝上放置,依次用碘酒棉和酒精棉消毒气室部位。

(2) 用镊子先剥去气室部蛋壳,换一把镊子撕开尿囊膜及羊膜,再换一把镊子小心取出鸡胚,放入无菌培养皿中,去除头部,然后用弯头眼科镊夹起腹部皮肤,剪开腹腔和胸腔除去内脏,用 Hank's 液清洗 2～3 次,吸去液体,洗去红细胞。

(3) 用小剪刀将鸡胚反复剪碎成泥状,加 Hank's 液,吸入细胞培养瓶,稍静置,让组织下沉,吸去液体。用 Hank's 液清洗 2～3 次,吸去液体,洗去红细胞。

(4) 加入适量 0.25%胰蛋白酶溶液,胰蛋白酶的量以能将组织浸泡在胰蛋白酶中为度，一般每个鸡胚加 20 mL 消化液，盖好橡皮塞，置于 37 ℃水浴中消化 20～30 min，消化时每隔 5 min 摇动一次，使组织块散开。当组织块变得疏松、颜色略变白时，从水浴中取出。

（5）消化完毕，在超净工作台中用吸管轻轻吸去消化液，加入 2～3 mL 含小牛血清的培养液，以终止消化。用 Hank's 液洗三次以洗去胰蛋白酶，吸去洗液。然后用吸管反复吹打，使大部分组织块分散成单细胞状态，静置片刻，使得未被消化完的组织自然下沉，然后将上层液通过 100 目不锈钢筛网，制备细胞悬液。将细胞悬液移入无菌离心管中备用。

（6）离心（1000 r/min，10 min），弃去上清液，加入适量培养液，用吸管反复吹打成细胞悬液，用细胞计数法计算每毫升营养液中的细胞数，根据所计算的细胞数，将原液稀释至浓度为 1×10^6 个/mL。将稀释好的细胞悬液接种于培养瓶中，培养液的量以覆盖瓶底为度。

（7）将培养瓶置于 37 ℃、5%CO_2 培养箱中培养。培养时，培养瓶的盖不要拧得太紧，以不会往下掉为度，以便 CO_2 进入。细胞贴壁后延展成长梭形，培养 7～10 d 即可长成致密单层细胞。

流程四：物品的清洗与归位、实验室的整理等

实验结束后，应将实验用器材根据情况进行清洗、整理归位、摆放整齐，打扫实验场地的卫生。

四、工作注意事项

（1）操作时要特别注意无菌操作，以防微生物污染而导致培养失败；
（2）细胞接种浓度不宜过大，否则会影响细胞贴壁和生长；
（3）培养后要注意细胞状态，出现异常情况及时处理。

五、思考题

（1）试述原代培养的概念及优点。
（2）解离释放细胞的方法有哪几种？各有何优缺点？
（3）试述鸡胚成纤维细胞原代培养的操作注意事项。
（4）提示需要更换培养液的因素有哪几点？

项目六 小鼠胚胎成纤维细胞的原代培养

一、项目背景

小鼠胚胎成纤维细胞原代培养作为哺乳动物胚胎干细胞（embryonic stem cell，ES 细胞）培养最早和最常用的方法，由于取材容易、价格低廉，能产生抑制哺乳动物 ES 细胞自主分化和促进 ES 细胞增殖的一些因子，而且可以为 ES 细胞的培养提供类似于体内的微

环境，在研究哺乳动物ES细胞培养中得到广泛的应用。

二、项目目标

(1) 巩固细胞原代培养中常用的组织块消化法的操作要领；

(2) 牢固掌握动物细胞培养中的无菌操作技术；

(3) 培养学生良好的实验设计和实验操作习惯，以及解决问题和分析问题的能力，提高学生的综合素质。

三、工作流程

流程一：工作准备

<table>
<tr><td rowspan="4">教师</td><td>仪器</td><td>超净工作台、CO_2培养箱、倒置显微镜、离心机、酒精灯、离心管、细胞培养瓶、洗耳球、灭菌吸管(弯头和直头)、无菌培养皿、烧杯、三角烧瓶、眼科剪、眼科镊、普通手术剪、普通手术镊、肾形解剖盘、无菌纱布等</td></tr>
<tr><td>材料</td><td>妊娠10～14 d的小鼠</td></tr>
<tr><td>试剂</td><td>灭活的血清、75%酒精或新洁尔灭、Hank′s液、胰蛋白酶、DMEM培养基</td></tr>
<tr><td>教学组织方案</td><td>(1)小组汇报小鼠胚胎成纤维细胞原代培养的实验设计方案及原代培养的技术操作要领与注意事项；
(2)在教师指导、小组同学建议下，修改、完善各组实验方案；
(3)教师审核实验方案，强调实验注意事项，安排操作、观察等各环节的具体时间；
(4)实验操作，前三大组先操作，后三大组观摩与纠错，然后进行互换，各组的组织协调由组长具体负责；
(5)实验的观察按教师指定时间，利用课余时间，以组为单位，由组长具体负责，各组做好实验记录；
(6)各组选出实验效果好的，开展班级观摩活动，针对发生污染或效果不佳的，小组间开展分析讨论；
(7)小组间总结实验心得；
(8)班级开展动物细胞原代培养操作实验心得交流活动</td></tr>
<tr><td>学生</td><td colspan="2">(1)复习原代培养技术的操作要领；
(2)熟练掌握倒置显微镜的使用方法；
(3)了解小鼠胚胎成纤维细胞原代培养的操作流程；
(4)掌握无菌操作的要领，培养无菌操作意识；
(5)初步设计实验方案；
(6)明确项目工作任务的目标要求</td></tr>
</table>

流程二:操作方法

(1) 将妊娠 10～14 d 的小鼠用引颈法处死,然后将其整个浸入盛有 75%酒精的烧杯中 2～3 s,取出后放入已经消毒的肾形解剖盘中,用普通手术剪、手术镊在孕鼠躯干中部环形切开皮肤,并将两侧皮肤分别拉向头、尾把孕鼠反包,暴露躯干部腹壁。用眼科剪、眼科镊沿腹中线纵向切开孕鼠腹肌和腹膜,暴露腹腔器官后取出含有胎鼠的两侧子宫,放入 60 mm 培养皿中,剖开子宫体,取出胎鼠,将胎鼠在 Hank′s 液内洗去血液、羊水、胎膜等杂物后放入另一培养皿中。

(2) 去除胎鼠头、尾及内脏,只留下胎鼠四肢及躯干部分,在 Hank′s 液内清洗 2～3 次去除血污后,放入 60 mm 培养皿或青霉素小瓶内,用眼科剪、眼科镊反复将小鼠胎儿剪切成 1 mm^3 的小块。

(3) 用弯头吸管吸取若干组织小块,置于培养瓶中。把组织小块分散接种到培养瓶底上,以小块相互距离 5 mm 为宜,每 25 mL 培养瓶可接种 20～30 块。

(4) 放置好组织块后,轻轻将培养瓶翻转,使接种组织块的瓶底朝上,然后加入 3～4 mL培养液,盖好瓶盖,做好标记,将培养瓶放置于 CO_2 培养箱内 37 ℃培养 2～4 h。待组织小块略干燥,能牢固贴在瓶壁时,再慢慢翻转培养瓶,使组织液浸泡组织块,静置培养。

若使用消化法培养,则将组织块放入三角烧瓶内,加入 10～30 mL 0.125%胰蛋白酶,37 ℃磁力搅拌消化 20 min。然后加入少量血清终止消化。用几层无菌纱布过滤,取过滤液,800 r/min 离心 5～10 min 收集细胞。弃上清液,加入带有双抗的培养基,放入培养瓶中培养。

流程三:物品的清洗与归位、实验室的整理等

实验结束后,应将实验用器材根据情况进行清洗、整理归位、摆放整齐,打扫实验场地的卫生。

四、工作注意事项

(1) 整个取材操作要迅速,尤其孕鼠浸泡在酒精中的时间不能过长,以保证胚胎细胞的活性;

(2) 细胞接种浓度不宜过大,否则会影响细胞贴壁和生长;

(3) 操作过程中动作一定要轻,减少振动,否则会使组织块脱落,影响贴壁培养;

(4) 要注意无菌操作。

五、思考题

(1) 组织块培养时,怎样做才能使组织块粘贴牢固?

(2) 如何提高原代细胞培养的成功率?

(3) 组织块培养 3～5 d 后换液的目的是什么?

(4) 试述小鼠胚胎成纤维细胞原代培养的操作流程与注意事项。

项目七　培养细胞的死、活鉴别试验

一、项目背景

在细胞培养过程中要随时记录细胞的生长情况，经常测定细胞的存活率，死、活细胞的鉴定在生物学和医学上具有很重要的意义。任何培养瓶内生长的细胞都由死细胞和活细胞组成，从形态上区别死、活细胞是困难的。不同的死、活细胞鉴定方法有各自具体的反应机理，但无论采用何种办法，都是利用了死、活细胞在生理机能和性质上的差异。当细胞死亡时，某些染料能透过变性的细胞膜，与解体的细胞核 DNA 结合，使其着色，从而可以鉴定死细胞与活细胞。常用的染料有台盼蓝、苯胺黑等。

二、项目目标

(1) 掌握培养细胞的死、活鉴别的原理与操作方法；
(2) 熟练掌握染液的配制方法与细胞计数的方法；
(3) 能针对实验结果，对细胞的生长情况进行分析。

三、工作流程

流程一：工作准备

教师	仪器	超净工作台、倒置显微镜、灭菌吸管、盖玻片、染色缸、水浴锅、真空抽滤器、计数板等
	材料	(2～20)×10^6个/L 细胞悬液
	试剂	0.5%台盼蓝(0.5 g 台盼蓝，100 mL BSS) 0.1%苯胺黑(10 mL 1%苯胺黑液，100 mL BSS) 0.15%伊红 Y(生理盐水配制) 0.1%结晶紫(BSS 配制)
	教学组织方案	(1)以组为单位，分别讲述几种细胞活性鉴定的原理与检测方法； (2)教师布置工作任务，每位学生独立操作； (3)选取实验效果好的制片，开展班级观摩； (4)小组讨论实验检测结果； (5)开展班级实验心得交流活动

续表

学生	(1)复习细胞活性鉴定的原理及操作方法，了解细胞活性鉴定的意义； (2)巩固倒置显微镜的使用方法； (3)初步设计实验方案； (4)以组为单位，参与相关试剂的配制； (5)明确项目工作任务的目标要求

流程二：台盼蓝法

将 0.5 g 台盼蓝加热溶解于 100 mL BSS(pH 7.2～7.4)中，过滤后使用。细胞悬液和染液按 1∶1 体积比混合后，加盖玻片，1～3 min 内计数 100～200 个细胞。活细胞圆形透明，死细胞染成蓝色，用活细胞占计数细胞的百分比表示细胞活力。

$$细胞活力=活细胞数/(活细胞数+死细胞数)\times 100\%$$

流程三：苯胺黑(aniline black)法

苯胺黑对细胞毒性小，被染活细胞可以坚持数小时不被裂解杀死。此法常用在微量细胞毒性试验中，能较准确地测定巨噬细胞的活性，其缺点是细胞对苯胺黑的摄取比台盼蓝的慢，黑色的死细胞与未处于焦点的活细胞(不着色)易混淆。

1%苯胺黑液用含小牛血清的 BSS 或 0.9%生理盐水配制，过滤后使用。使用时，将细胞悬液与 2～10 倍体积的 0.1%苯胺黑液混合，静置 5～10 min 后，观察计数，死细胞染成黑色，活细胞不着色。

流程四：伊红 Y(eosin Y)法

将细胞悬液与 7 倍量 0.15%伊红液混合，2 min 后观察，死细胞为桃红色，活细胞不着色。

流程五：结晶紫法

将细胞悬液与 0.1%结晶紫液等量混合后，立即镜检，着色的为活细胞。

死、活细胞的鉴别如图 3-1 所示。

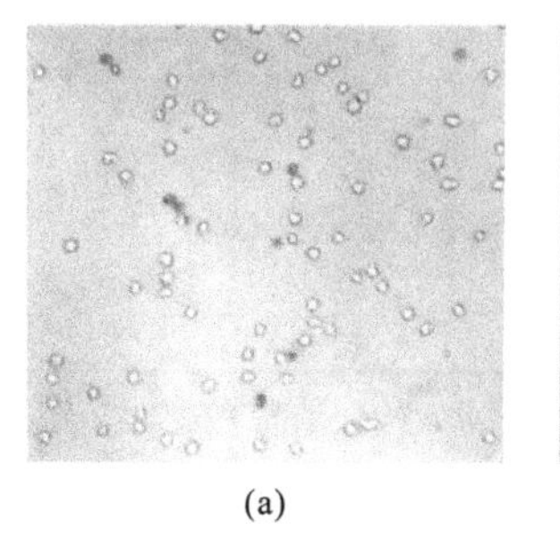
(a)

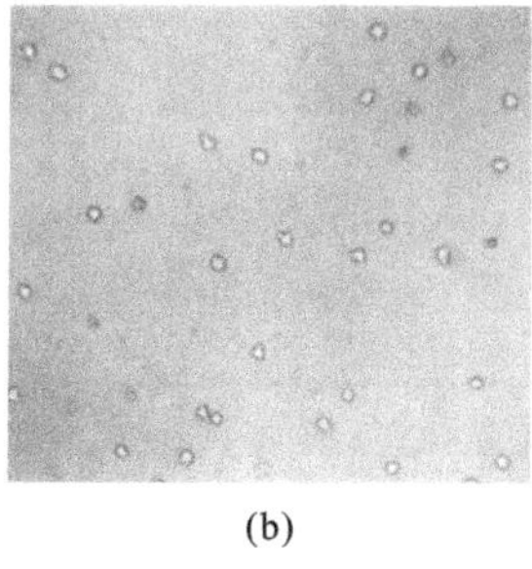
(b)

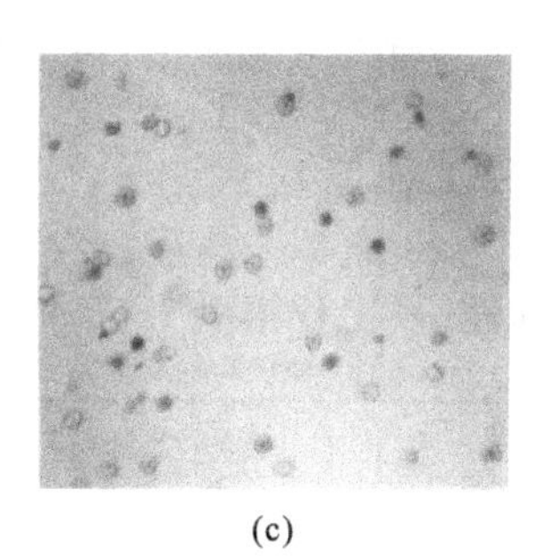
(c)

图 3-1　死、活细胞的鉴别

(a)台盼蓝染色(死细胞蓝色)；(b)伊红 Y 染色(死细胞桃红色)；(c)结晶紫染色(活细胞紫色)

四、工作注意事项

(1) 细胞活性鉴别试验不能区别 10%～20%的细胞活力差异；

(2) 活细胞可能不贴壁或不能长时间生存和繁殖；

(3) 正常活细胞和凋亡细胞不能区分；

(4) 台盼蓝法、苯胺黑法适合细胞活性计数研究，实验细胞悬液浓度为$(2\sim20)\times10^6$个/L。

五、思考题

(1) 台盼蓝法的机理是什么？

(2) 伊红Y法中观察死细胞是桃红色、活细胞不着色，为什么？

项目八　培养细胞的常规检查

一、项目背景

细胞培养后，需要对其生长状况、形态甚至生物学性状连续地进行观察。由于细胞小而复杂，若不借助适当的手段，则难以观察其形态、结构，更难发现细胞内各种组分的组成及功能。细胞接种或传代后，实验者要定时根据细胞种类和实验要求对细胞做常规检查，如观察培养液pH值(颜色变化)、清亮度(是否污染)和细胞生长状态等，随时掌握细胞动态变化，如发现异常情况须及时处理。

二、项目目标

(1) 掌握体外培养细胞的常规检查方法；

(2) 掌握细胞生长曲线的绘制方法；

(3) 能针对实验结果，对细胞的生长情况进行分析与处理。

三、工作流程

流程一：工作准备

教师	仪器	倒置显微镜、相差显微镜、精密pH计、酒精灯、水浴锅、消毒瓶塞、巴氏吸管、酒精棉球、血细胞计数板等
	材料	原代细胞培养物(鸡胚成纤维细胞)、传代细胞培养物(MDCK)
	试剂	0.25%胰蛋白酶溶液、灭活的血清、75%酒精或新洁尔灭、Hank's液、DMEM培养基等

续表

教师	教学组织方案	(1)分组汇报实验方案； (2)教师布置工作任务，强调实验要点； (3)每两人一小组开展工作，观察记录细胞情况，明确处理意见； (4)每两人一组制作细胞生长曲线； (5)以10人左右为一大组开展实验结果讨论； (6)开展班级实验心得交流活动
学生	(1)复习体外培养细胞的常规检查方法； (2)复习细胞计数方法； (3)初步设计实验方案； (4)以组为单位参与相关试剂的配制； (5)明确项目工作任务的目标要求	

流程二：观察颜色、细胞换液

(1) 用精密 pH 计测定培养液 pH 值，新鲜的培养液呈橙红色(pH 7.2 左右)。正常培养若干天的培养液变黄，判断 pH 值是否下降；若颜色变紫，判断 pH 值是否升高。

(2) 健康细胞和衰老细胞的观察对比。

光学显微镜下生长状态良好的细胞均质、明亮、透明度大、折光性强，相差显微镜下可以看清细胞的形态结构，细胞质中有粗大的线粒体颗粒和核。在细胞衰老、机能不良时，细胞质中常出现黑色颗粒、空泡或脂滴，细胞间隙加大，细胞形态变得不规则或失去原有特性。只有生长状态良好的健康细胞才宜进行实验。

根据观察，比较出健康细胞和衰老细胞明显不同之处。

(3) 培养液全换操作：

① 工作台面上放一块较干的酒精棉球，翻转培养瓶，使细胞面朝上；

② 瓶口用火焰消毒后倒去原培养液；

③ 用干酒精棉球吸去瓶口残留液滴(注意瓶口液滴不能流回瓶内)；

④ 从培养瓶侧面加入新培养液(若瓶口留有少量培养液，用干酒精棉球擦去，再迅速通过火焰去除残留酒精)；

⑤ 从瓶侧面加入新培养液，再翻转培养瓶，使得培养液覆盖细胞面，瓶口消毒，加塞。

(4) 培养液半量更换操作：

① 瓶口消毒；

② 从瓶侧面吸去原培养液量的一半；

③ 从瓶侧面补加等体积新培养液；

④ 翻转培养瓶，使得培养液覆盖细胞面，瓶口消毒，加塞。

流程三：细胞生长曲线的测定

细胞生长曲线是观察细胞生长基本规律的重要手段。只有具备自身稳定生长特性的细胞才适合在观察细胞生长变化的实验中应用。因而在细胞系细胞和非建系细胞生长特

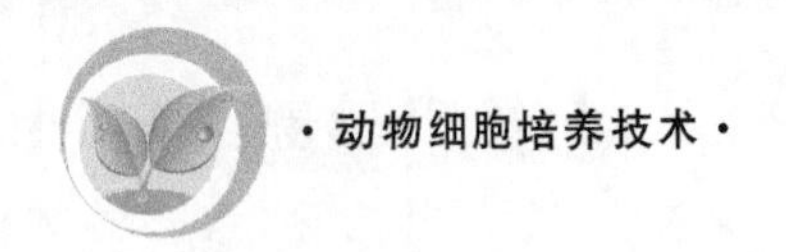

性观察中，细胞生长曲线的绘制是最基本的内容。细胞生长曲线的绘制一般采用细胞计数法进行。

(1) 取生长状态良好的细胞，采用一般传代方法进行消化，制成细胞悬液。经计数后，精确地将细胞分别接种于21～30个大小一致的培养瓶内(常用10 mL培养瓶，也可用24孔培养板)，每瓶细胞总数要求一致。加入培养液的量也要一致。细胞接种数不能过多也不能太少，太少则细胞适应期太长，太多则细胞将很快进入增殖稳定期，要求在短期内进行传代，曲线不能确切反映细胞生长情况。一般接种数量以7～10 d能长满而不发生生长抑制为度。同种细胞的生长曲线先后测定要采用同一接种密度，这样才能做纵向比较；不同种的细胞也要接种细胞数相同，这样才能进行比较。

(2) 酌情每天或每隔一天取出3瓶细胞进行计数，计算均值。一般每隔24 h取一瓶，连续观察1～2周或到细胞总数有明显减少为止(一般需10 d左右)。培养3～5 d后常要给未计数的细胞换液。

(3) 以培养时间为横轴，细胞数(对数)为纵轴，描绘在半对数坐标纸上，连接成曲线后即成该细胞的生长曲线。细胞生长曲线虽然最为常用，但有时其反映的数值不够精确，有20%～30%的误差，需结合其他指标进行分析。现在很多实验室利用培养板，采用MTT法来进行生长曲线的测定，较为简便。

(4) 结果分析。标准的细胞生长曲线近似S形。一般在传代后第一天细胞数有所减少，再经过几天的潜伏期，然后进入对数生长期。达到平台期后生长稳定，最后到达衰退期。

在生长曲线上细胞数量增加一倍的时间称为细胞倍增时间，可以从曲线上换算出。细胞群体倍增时间的计算方法有两种：①作图法，在细胞生长曲线的对数生长期找出细胞增加一倍所需的时间，即倍增时间；②公式法，按细胞倍增时间计算细胞群体倍增时间。

四、工作注意事项

(1) 若发现培养液很快变黄，要注意是否有细菌污染或培养器皿是否洗干净。贴壁细胞培养时若出现混浊，多为污染。悬浮培养的细胞，应将瓶竖起静置1 h，若培养基混浊视为污染，也可在显微镜下仔细观察有无污染现象出现。

(2) 若细胞不良状况没有得到及时纠正，进一步发展可见到部分细胞死亡崩解，漂浮在培养液中，发现这种情况应及时处理，只有生长状态良好的细胞才能进行传代培养和实验研究。

五、思考题

(1) 抗生素处理是目前排除细胞污染最为常用的方法，使用过程中注意的原则有哪些?

(2) 绘制细胞生长曲线对于细胞培养有何意义?

项目九　MDCK 细胞(犬肾细胞)的传代培养

一、项目背景

传代培养是组织培养的常规保种方法之一，也是几乎所有细胞生物学实验的基础。当细胞在培养瓶中长满后就需要将其稀释分种成多瓶，这样细胞才能继续生长。传代培养可获得大量细胞供实验所需。

当原代培养成功以后，随着培养时间的延长和细胞的不断分裂，一方面，细胞之间相互接触而发生接触性抑制，生长速度减慢甚至停止；另一方面，也会因营养物不足和代谢产物积累而不利于生长或发生中毒。此时就需要将培养物分割成小的部分，重新接种到另外的培养器皿(瓶)内，再进行培养。这个过程就称为传代或者再培养。对单层培养而言，细胞 80%汇合或接近全汇合是较理想的传代阶段。

MDCK 细胞属长耳短尾猎犬肾细胞株，它使用的培养基是最常见的 DMEM，加 10%的小牛血清。37 ℃，0.5% CO_2 培养。MDCK 细胞常用来分离和培养流感病毒等。

二、项目目标

(1) 掌握动物细胞的传代培养方法；
(2) 掌握贴壁细胞的传代操作技术；
(3) 培养学生严谨的实验态度。

三、工作流程

流程一：工作准备

教师	仪器	超净工作台、CO_2培养箱、倒置显微镜、离心机、细胞培养瓶、灭菌吸管、无菌培养皿、移液管、小试管、酒精灯
	材料	汇合的 MDCK 细胞(犬肾细胞)
	试剂	Hank's 液、一份 0.25%胰蛋白酶加 1 份 0.02% EDTA 溶液、DMEM 培养液(含10%的小牛血清)

续表

<table>
<tr><td rowspan="2">教师</td><td>教学组织方案</td><td>(1)各组汇报实验方案；
(2)教师布置工作任务，强调各环节的注意事项；
(3)实验操作，前三大组先操作，后三大组观摩与纠错，然后进行互换，各组的组织协调由组长具体负责；
(4)实验的观察按教师指定时间，利用课余时间，以组为单位，由组长具体负责；
(5)各组选出实验效果好的，开展班级观摩活动，针对典型污染的，开展班级分析讨论；
(6)小组间总结实验心得；
(7)班级开展动物细胞传代培养操作实验心得交流活动</td></tr>
<tr><td colspan="2"></td></tr>
<tr><td>学生</td><td colspan="2">(1)复习细胞传代操作的基本流程；
(2)参与相关试剂的配制，各组做好实验材料、器具的准备工作；
(3)观察细胞传代操作视频，牢记各环节的注意事项；
(4)初步设计实验方案；
(5)明确项目工作任务的目标要求</td></tr>
</table>

流程二：操作方法

(1) 取 80%汇合或接近全汇合的 MDCK 细胞，使培养瓶的细胞面向上，将培养液倒入盛污物的三角瓶内(或用吸管吸出培养液)，用约 2 mL Hank's 液清洗 2～3 次。

(2) 向培养瓶内加入胰蛋白酶和 EDTA 混合液约 2 mL，37 ℃下消化。

(3) 室温下，将培养瓶置于倒置显微镜下观察，当发现细胞质回缩，细胞与细胞之间相互接触松散、间隙增大，细胞变圆或出现蜘蛛网状结构时，立即将培养瓶直立，终止消化(约 3 min)。用肉眼观察时可见培养瓶的细胞面出现类似水汽的一层结构，即出现发雾现象。这是由于细胞被消化后部分细胞质回缩，细胞与细胞间出现间隙，有细胞的地方透光性降低，无细胞的地方透光性增加，使得细胞面透光性变得不均匀，产生水汽样结构。

(4) 向瓶内加入等量含小牛血清的培养液中止消化。拍打培养瓶，促使已松动的细胞从瓶壁脱落。然后用吸管将细胞从瓶壁吹打下来，1000 r/min 离心 10 min，去除胰蛋白酶。

(5) 离心完毕，加培养液 5 mL。

(6) 细胞悬液按 1∶2 或 1∶3 的比例分配，接种到 2～3 个培养瓶内，再向各瓶补加营养液至 5 mL，置于培养箱中培养(做好标记)。此后每 3 d 换液 1 次，并注意观察 MDCK 细胞传代培养后的形态变化。

四、工作注意事项

(1) 注意操作中的一些细节，如培养液等不能过早开瓶，移液管、吸管勿碰用过的培养瓶口，要勤过火焰，尤其是瓶口；

(2) 注意胰蛋白酶消化时间不能过长，否则会造成细胞数目上的损失，也会对细胞造成损伤；

(3) 根据细胞的密度、生长速度及实验周期的要求适当调整细胞的接种密度；

(4) 如发现细胞有污染迹象，应立即采取措施，一般应弃去污染的细胞，如果必须挽救，可加含有抗生素的 BSS 或培养基反复清洗，随后在培养基中加入较大量的抗生素，并经常更换培养基等。

五、思考题

(1) 细胞传代培养的目的是什么？

(2) 若细胞消化不足或过消化，应该如何操作才能尽可能保证细胞的数目？

(3) 观察传代培养后不同时期细胞形态的变化，并与原代培养细胞进行比较。

(4) 如何估计是否需要传代和确定传代的方式？

项目十　MDCK 细胞的冷冻与复苏

一、项目背景

在长期的细胞培养过程中可能出现微生物污染或基因型改变等情况，从而导致具有优良特性细胞系的丢失。为防止这些细胞的丢失，细胞可以经快速冷冻并几乎无限期地保存在非常低的温度下，如保存在液氮(－196 ℃)中。细胞冷冻保存是细胞保存的主要方法之一。利用冷冻保存技术将细胞置于－196 ℃液氮中保存，可以使细胞暂时脱离生长状态而将其细胞特性保存起来，在需要的时候再复苏细胞而用于实验。另外，适度地保存一定量的细胞，可以防止因正在培养的细胞被污染或其他意外事件而使细胞丢种，起到细胞保种的作用。

二、项目目标

(1) 掌握动物细胞的冷冻方法；

(2) 掌握动物细胞的复苏方法；

(3) 学会实验设计与统筹安排，培养学生良好的实验习惯。

三、工作流程

流程一：工作准备

教师	仪器	超净工作台、CO_2培养箱、离心机、恒温水浴箱、普通冰箱、低温冰箱、液氮罐、细胞培养瓶、冻存管、吸管、离心管、酒精灯

续表

<table>
<tr><td rowspan="3">教师</td><td>材料</td><td>正常生长的 MDCK 细胞</td></tr>
<tr><td>试剂</td><td>Hank's 液,0.25%胰蛋白酶、细胞培养液、冷冻保存液(10%DMSO、90%完全培养液)</td></tr>
<tr><td>教学组织方案</td><td>(1)各组汇报实验方案;
(2)教师布置工作任务,强调实验的注意事项,安排细胞冷冻保存效果、复苏效果观察的时间;
(3)实验操作,前三大组先操作,后三大组观摩与纠错,然后进行互换,各组的组织协调由组长具体负责;
(4)实验的观察按老师指定时间,利用课余时间,以组为单位,由组长具体负责;
(5)小组开展实验结果讨论;
(6)以大组为单位开展实验心得交流活动</td></tr>
<tr><td>学生</td><td colspan="2">(1)复习动物细胞冷冻保存和复苏的基本原理;
(2)观看视频,对细胞冷冻保存、复苏的基本操作流程及注意事项有一定的认识;
(3)初步设计实验方案;
(4)参与相关试剂的配制与各组实验材料、器材的准备;
(5)明确项目工作任务的目标要求</td></tr>
</table>

流程二:细胞的冷冻

(1) 选择处于对数生长期的 MDCK 细胞,在冷冻保存前一天最好换液。用 0.25%胰蛋白酶消化,制备为均匀分散的细胞悬液。悬浮生产细胞则不需消化处理。

(2) 将细胞收集于离心管中离心(1000 r/min,10 min),弃上清液。

(3) 沉淀加含保护液的培养液,计数,调整至 5×10^6 个/mL 左右。

(4) 将悬液分至冻存管中,每管 1~2 mL。

(5) 将冻存管管口封严。如用安瓿瓶则火焰封口,封口一定要严,否则复苏时易出现爆裂。

(6) 贴上标签,写明细胞种类、冷冻保存日期、代次及冷冻保存支数。

(7) 按下列顺序降温:室温→4 ℃(1 h)→-20 ℃(30 min)→低温冰箱(-80 ℃过夜)或气态氮(过夜)→液氮。

流程三:细胞的复苏

(1) 操作人员应戴防护面罩及手套,防止冻存管爆裂造成伤害。

(2) 自液氮或干冰容器中取出冻存管,检查盖子是否旋紧,由于热胀冷缩过程,此时盖子易松掉。

(3) 将新鲜培养基置于 37 ℃水浴中回温,回温后喷以 70%酒精并擦拭,移入超净工作台内。

(4) 取出冻存管，立即放入 37～39 ℃水浴中快速解冻，轻摇冻存管使细胞悬液在 1 min 内全部熔化，以 70%酒精擦拭冻存管外部，移入超净工作台内。

(5) 取出解冻的细胞悬液，缓缓地加入有培养基的培养容器内(稀释比例为 1∶10～1∶15)，混合均匀，放入 CO_2 培养箱中培养。

(6) 解冻后是否立即去除冷冻保护剂，依细胞种类而异。一般来说，不需要立即去除冷冻保护剂。如果要立即去除，则将解冻的细胞悬液加入含有 5～10 mL 培养基的离心管内，1000 r/min 离心 5 min，移去上清液，加入新鲜培养基，混合均匀，放入 CO_2 培养箱中培养。

(7) 若不需立即去除冷冻保存剂，则在解冻培养后隔日更换培养基。

四、工作注意事项

(1) 从增殖期到形成致密的单层细胞以前的培养细胞都可以用于冷冻保存，但最好为对数生长期细胞，在冷冻保存前一天最好换一次培养液；

(2) 液氮定期检查，随时补充，绝对不能挥发干净，一般 30 L 的液氮能用 1～1.5 个月；

(3) 如使用含 DMSO 的冷冻保存液，因为 DMSO 在室温状态易损伤细胞，所以细胞加入冷冻保存液后应尽快放入 4 ℃环境中；

(4) 采用“慢冻快熔”的方法能较好地保证细胞存活；

(5) 细胞在液氮中可以长期保存，但为妥善起见，冷冻保存一段时间后，最好取出一管细胞复苏培养，检测冷冻保存效果；

(6) 冷冻保存细胞悬液一旦熔化，要尽快离心弃去冷冻保护液，防止冷冻保护剂对细胞产生毒性；

(7) 在复苏细胞过程中，实验人员应有自我保护意识，避免被液氮冻伤。

五、思考题

(1) 冷冻保存液的作用是什么？

(2) 在进行细胞冷冻保存的前一天，为何最好换液？

(3) 细胞冷冻保存和复苏时保证细胞存活率的注意事项有哪些？

项目十一　PRRSV 的 Marc145 细胞培养

一、项目背景

细胞培养在病毒学方面的应用最为广泛，除用于病毒的病原分离外，还可用于研究病毒的繁殖过程及细胞的敏感性和传染性，观察病毒传染时细胞新陈代谢的变化，探究抗体

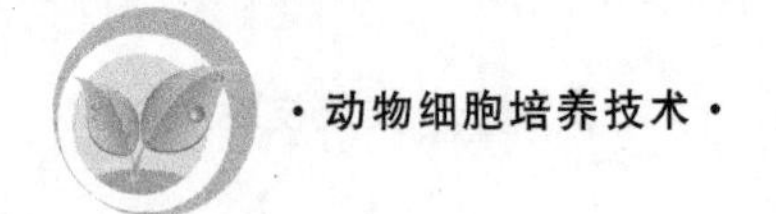

与抗病毒物质对病毒的作用方式与机制，研究病毒干扰现象的本质和变异的规律性，以及病毒的分离和鉴定，抗原的制备及疫苗、干扰素的生产，病毒性疾病诊断和流行病学调查等。

PRRS——猪繁殖与呼吸障碍综合征（俗称蓝耳病），以妊娠母猪的繁殖障碍（流产、死胎、木乃伊胎）及各种年龄猪特别是仔猪的呼吸道疾病为特征，现已成为规模化猪场的主要疫病之一。PRRSV（猪蓝耳病病毒）为一种有囊膜的病毒，呈球形或卵圆形，直径为45～65 nm，呈20面体对称，囊膜表面有较小的纤突，表面相对平滑，核衣壳为立方形，核心直径为25～35 nm。

Marc145细胞（恒河猴肾细胞）为上皮样细胞，可连续培养。PRRSV在Marc145细胞上生长可产生细胞病变效应（CPE）。PRRSV感染Marc145细胞过程可大致分为两个阶段：第一阶段，病毒感染细胞后的20～22 h，仅部分细胞被随机感染，而且Marc145细胞对PRRSV的低感染性与感染剂量无关，因为感染剂量比常规量提高100倍，感染22 h后，仅5.5%的细胞呈PRRSV阳性；第二阶段，感染后的2～3 d，也称为病毒的对数感染期，病毒感染蔓延是通过相邻细胞之间的接触感染，细胞对自由病毒不敏感，并出现感染细胞群。

二、项目目标

(1) 掌握病毒性材料的处理方法；
(2) 掌握PRRSV接种于组织培养细胞的技术；
(3) 掌握病毒的细胞培养技术；
(4) 掌握细胞病变的观察方法；
(5) 培养学生良好的实验习惯。

三、工作流程

流程一：工作准备

教师	仪器	超净工作台、培养箱、离心机、细胞培养瓶、灭菌吸管、剪刀、酒精灯、研钵、水浴锅、倒置显微镜等	
	材料	含PRRSV的病料或病变细胞病毒液、Marc145细胞（恒河猴肾细胞）	
	试剂	1	Hank's液、生理盐水
		2	生长液：DMEM、5%～10%新生牛血清、1%双抗（青霉素和链霉素）
		3	维持液：DMEM、4%～5%新生牛血清

续表

教师	教学组织方案	(1)各组汇报实验方案,大家交流; (2)教师布置工作任务,强调注意事项,各组完善实验方案; (3)两人一小组开展实验操作,统筹安排时间; (4)实验的观察与记录利用课余时间,由各组组长负责; (5)对于病变效果好的,开展班级观摩活动; (6)各组讨论、分析实验结果; (7)班级开展实验心得交流活动
学生	(1)复习伪狂犬病病毒细胞培养的基本流程,了解不同病毒的不同易感细胞; (2)复习细胞的 CPE 的观察方法; (3)参与相关试剂的配制,完成各组实验材料、器材的准备工作; (4)初步设计实验方案; (5)明确项目工作任务的目标要求	

流程二:制备病毒悬液

(1) 将含 PRRSV 的病料剪碎、充分研磨,加生理盐水制备成 1∶10 匀浆,反复冻熔 3 次,3000 r/min 离心,取上清液,过滤除菌,每毫升加青霉素 1000 μg 和链霉素 1000 μg,室温放置 1～2 min。

(2) 将病毒液反复冻熔 3 次,3000 r/min 离心 10 min,取上清液。

流程三:病毒感染和维持

(1) 将 Marc145 细胞培养长成单层。

(2) 弃去细胞培养生长液,用预热至 37 ℃的 Hank's 液(pH 7.2～7.4)清洗 1 次,以除去细胞碎片等。

(3) 滴加病料上清液(或病毒悬液),接种量为生长液的 1/10,标准是使细胞单层都能接触病毒。在 37 ℃下放置 1～2 h,使病毒吸附于细胞膜。期间可以转动细胞培养瓶 2～3 次,目的是使全部细胞都接触到接种物。同时做细胞对照试验。

(4) 弃去接种液,用 pH 7.2 的 Hank's 液将细胞单层清洗 2～3 次,以除去接种液内可能存在的对细胞有毒的物质,如接种粪便等病料尤其要注意。如果接种液就是细胞培养传代病毒,则可省略此步骤。

(5) 按生长液量换加维持液,在 37 ℃培养箱中培养。

流程四:细胞病变的观察

逐日在低倍显微镜下检查 CPE。细胞在接种病毒后,24～48 h 开始出现病变,72～96 h 约达到 80%病变。病变现象:细胞空泡化、圆缩,先灶状脱落,再大片脱落,最后整个细胞裂解、破碎。图 3-2 所示为 PRRSV 感染后,出现 CPE 的 Marc145 细胞。

流程五:病毒收获

CPE 出现在接种病毒后的 48 h,72～96 h CPE 达 80%左右,当细胞出现 80%以上

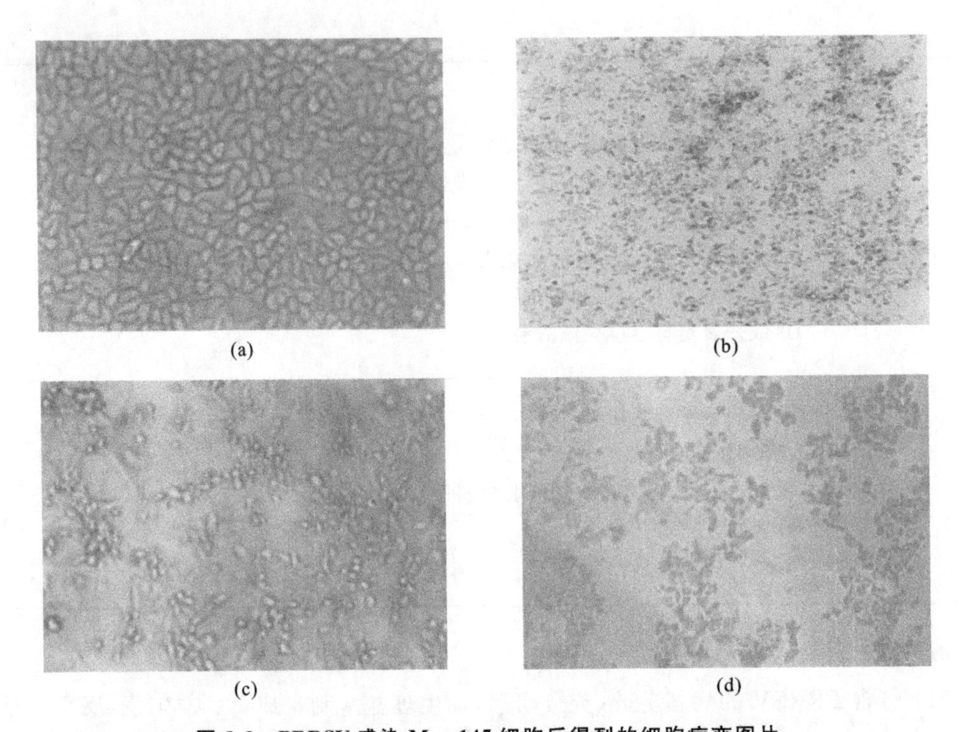

图 3-2　PRRSV 感染 Marc145 细胞后得到的细胞病变图片

(a)长成单层的 Marc145 细胞；(b)、(c)、(d)PRRSV 感染后，出现 CPE 的 Marc145 细胞

CPE 时，即可开始收获病毒。反复传过几代后病变时间可缩短。收获病毒后，－20 ℃冻熔 3 次，混匀病毒悬液，96 孔板测定 $TCID_{50}$。

收液时需要将含毒细胞反复冻熔 2～3 次以破碎细胞，将病毒释放到培养液中。

四、工作注意事项

(1) 分离病毒时应选择易感细胞。

(2) 病毒与细胞的选择方法：禽类的病毒一般选用鸡胚成纤维细胞；PRRSV 选用 Marc145 细胞；PRV 选用 PK15 细胞；FPV 选用 FK81 细胞；CDV 选用 Vero 细胞或 MDCK 细胞；CAV 可选用 MDCK 细胞；

(3) 上述为大多数病毒的常规接种方法。有些病毒(如细小病毒)需要在分裂旺盛的细胞中才能生长，这时病毒接种应在细胞贴壁后不久进行，甚至在细胞分装时接种。还有一些细胞结合性病毒如马立克氏病病毒等，接种的病料必须是完整的感染细胞而非上清液，接种后细胞单层不能用 Hank′s 液将感染细胞洗去。

五、思考题

(1) 在进行细胞培养前，如何处理被接种的病毒性材料？

(2) 利用细胞培养病毒时，如何进行病毒接种？

(3) 常见的细胞病变有哪些？

项目十二 抗伪狂犬病病毒 gG 蛋白单克隆抗体的制备

一、项目背景

单克隆抗体是由可以制造这种抗体的免疫细胞与癌细胞融合后的细胞产生的，这种融合细胞既具有癌细胞不断分裂的能力，又具有免疫细胞产生抗体的能力。融合后的杂交细胞（杂交瘤）可以产生大量相同的抗体。由单克隆抗体做成的抗体药是目前治疗多种疾病的有效方法。单克隆抗体制备涵盖了细胞培养、细胞融合、免疫动物和抗体效价检测等方面的内容。

伪狂犬病病毒（pseudorabies virus，PRV）又称猪疱疹病毒Ⅰ型、传染性延髓麻痹病毒、奇痒症病毒、奥叶兹基氏病病毒，是以引起牛、羊、猪、犬和猫等多种家畜和野生动物发热、奇痒（猪除外）及脑脊髓炎为主要症状的疱疹病毒。由于本病的临床症状类似狂犬病，故用了“伪狂犬病”这一病名。在完成猪瘟净化的地区，伪狂犬病被认为是对经济影响最大的猪病毒病。家畜和野生哺乳动物（包括牛、绵羊、山羊、猫、狗和浣熊等）都是易感动物。这一疾病在这些宿主上通常是致命的。

抗伪狂犬病病毒单克隆抗体的制备在伪狂犬病病毒抗原分析、保护免疫及伪狂犬病诊断中起重要作用。

二、项目目标

(1) 了解杂交瘤技术的基本原理；
(2) 掌握实验动物免疫技术；
(3) 掌握利用杂交瘤技术制备单克隆抗体的方法；
(4) 培养学生良好的实验习惯，以及实验观察、实验记录、实验分析的能力。

三、工作流程

流程一：工作准备

教师	仪器	超净工作台，离心机，倒置显微镜，酶标仪，CO_2培养箱，恒温水浴锅，高压灭菌锅，酒精灯，不锈钢网（55 cm，200 目），解剖盘，血细胞计数板，培养瓶，96 孔和 24 孔培养板，40 孔酶标板，塑料离心管，玻璃离心管，1 mL、5 mL 和 10 mL 移液管，50 mL 和 100 mL 细胞培养瓶，注射器及针头，橡皮塞，70%酒精棉
	材料	8～12 周龄 BALB/c 纯系小鼠、SP2/0-Ag14 骨髓瘤细胞、脾细胞、腹腔巨噬细胞、伪狂犬病病毒（PRV）gG 蛋白（用做抗原）

续表

<table>
<tr><td rowspan="4">教师</td><td rowspan="3">试剂</td><td>1</td><td>RPMI1640 培养基、小牛血清(FCS)、GKN 液、50% PEG 溶液、HT 培养液、HAT 培养液、PBSS-Tween 20 缓冲液</td></tr>
<tr><td>2</td><td>台盼蓝、1 mol/L NaOH 溶液、1 mol/L HCl 溶液、包被液、底物反应液、辣根过氧化物酶、羊(或兔)抗鼠 IgG</td></tr>
<tr><td>3</td><td>青霉素、链霉素</td></tr>
<tr><td>教学组织方案</td><td colspan="2">(1)各组汇报实验方案,大家交流;
(2)教师布置工作任务,强调注意事项,各组完善实验方案;
(3)5~6 人一小组开展实验操作,动物免疫实验在融合前 3 天开始,利用课余时间统筹安排,以组为单位,由组长具体负责,做好实验记录;
(4)骨髓瘤细胞的培养和传代实验利用课余时间完成,由各组组长负责,做好实验记录;
(5)各组在融合实验之前做好各项准备实验,由各组组长负责;
(6)以组为单位进行细胞的融合和单克隆细胞的筛选克隆;
(7)对于融合效果好的,开展班级观摩活动;
(8)各组讨论、分析实验结果,总结实验心得;
(9)班级开展实验心得交流活动</td></tr>
<tr><td>学生</td><td colspan="3">(1)复习单克隆抗体制备的基本流程,掌握各环节所需的原理及操作步骤;
(2)了解单克隆抗体制品应用的重要领域;
(3)观看视频,对单克隆抗体制备的基本操作流程及注意事项有一定的认识;
(4)参与相关试剂的配制,完成各组实验材料、器材的准备工作;
(5)初步设计实验方案;
(6)明确项目工作任务的目标要求</td></tr>
</table>

流程二:动物免疫

(1) 以大肠杆菌表达的猪伪狂犬病病毒(PRV)gG 蛋白作为抗原,并精确定量。

(2) 用戊巴比妥钠对 2 只 8~12 周龄的 BALB/c 纯系小鼠进行麻醉,按每克体重注射 0.05 g 戊巴比妥钠的量对小鼠进行腹腔注射,5 min 后小鼠即进入昏迷状态。

(3) 无菌条件下打开小鼠腹腔,暴露出脾脏,用 1 mL 注射器将含有 30 nggG 蛋白的抗原液 0.1 mL 分别注射到两只小鼠脾脏内。

(4) 将脾脏轻轻复位,缝合伤口,饲养备用。

(5) 免疫 3 天后取脾细胞进行融合。

流程三:细胞悬液的制备

在杂交瘤技术中要使用三种细胞悬液:脾细胞悬液、SP2/0-Ag14 骨髓瘤细胞悬液和腹腔巨噬细胞(用于饲养细胞)悬液。

（1）脾细胞悬液的制备。

取已免疫BALB/c小鼠，于免疫后第3天用眼球放血处死（收集流出血液制备阳性血清），用70%酒精浸泡5 min后，无菌打开腹腔，取出脾脏，去除多余的脂肪组织，用37 ℃ GKN液清洗2～3次。向脾内注射0.2 mL GKN液（使脾脏膨胀以便于细胞散开）后，放入培养皿中，加入5 mL GKN液，用L形6号针头将脾细胞轻轻挤出，用滴管吹打数次以使细胞散开成单细胞状态。

用不锈钢网将此细胞悬液过滤到50 mL塑料离心管中，再加入10 mL GKN液，混匀后，1000 r/min离心5 min，弃上清液，用10 mL GKN液重新悬浮细胞，取0.1 mL均匀细胞悬液进行活细胞计数，其余细胞悬液37 ℃下保存备用。

（2）SP2/0-Ag14骨髓瘤细胞悬液的制备。

将SP2/0-Ag14骨髓瘤细胞用RPMI1640完全培养液作增殖培养，每天传代一次，连续传代3天，使细胞在融合时达到对数生长期。取3～5瓶（50 mL培养瓶）SP2/0-Ag14骨髓瘤细胞，倾去原来的培养上清液，每瓶加入37 ℃GKN液4 mL，将细胞悬浮起来，收集各瓶中细胞液，放入50 mL塑料离心管中，1000 r/min离心5 min（为省时可同脾细胞一同离心），弃去上清液，用10 mL 37 ℃GKN液将细胞悬浮均匀，取0.1 mL进行活细胞计数，其余悬液37 ℃下保存备用。

（3）腹腔巨噬细胞悬液的制备。

杂交瘤细胞开始生长时，需要有饲养细胞，一般用腹腔巨噬细胞作为饲养细胞。取12周龄BALB/c小鼠，拉颈处死，浸入70%酒精中消毒5 min。在解剖盘中无菌打开腹部皮肤，暴露出腹膜，向腹腔中注入10 mL RPMI1640完全培养液，按摩腹部1～2 min后，用注射器抽出腹腔液（一般可抽出8～9 mL），放入50 mL塑料离心管中，37 ℃下保存备用。一般从一只小鼠取出的腹腔巨噬细胞可接种3～5块24孔或96孔培养板。可根据需要接种的培养板数来确定饲养细胞的量。

流程四：细胞融合及HAT筛选

（1）将已计数脾细胞和SP2/0-Ag14骨髓瘤细胞按6∶1的数量比例混合于50 mL塑料离心管中，1000 r/min离心5 min。

（2）弃上清液，轻弹离心管底部，使沉淀细胞松散，40 ℃下预热1～2 min。

（3）边摇边在45 s内向已预热的离心管中匀速加入1 mL 50% PEG溶液。

（4）立即边摇边在90 s内向管内加速加入15 mL 37 ℃ GKN液，室温静置10 min。

（5）1000 r/min离心10 min，弃上清液。

（6）向离心管中加入37 ℃的腹腔巨噬细胞悬液和40 mL HAT培养液，悬浮均匀。

（7）将细胞悬液分种于两块24孔板（0.5 mL/孔）和两块96孔板（0.2 mL/孔）中，置于37 ℃ 5% CO_2培养箱中培养。

（8）每天观察细胞的生长情况。

（9）于融合后第5天，用HAT培养液半量换液；于第10天用HT培养液半量换液；于第14天用HT培养液全量换液。

（10）当杂交瘤细胞长至孔底面积的1/2～2/3时，即可取培养上清液进行抗体检测。

流程五:抗体的检测

1. 酶联免疫吸附法

(1) 将 gG 蛋白用包被液稀释,使该病毒浓度为 0.10 μg/μL。

(2) 将此浓度抗原液按每孔 100 μL 的量分别加入 40 孔酶标板孔中,轻轻振荡,使液体覆盖孔底。

(3) 把酶标板放 4 ℃过夜(或 37 ℃培养 1～2 h)进行包被。

(4) 取出包被好的酶标板,倾去其中液体,用 PBSS-Tween20 缓冲液洗涤酶标板孔,每次洗 3 min,共洗 3 次。

(5) 每孔加入含 1%小牛血清白蛋白(BSA)的 PBSS-Tween20 缓冲液至孔满,室温下封闭 30 min。

(6) 甩去封闭液,用 PBSS-Tween20 缓冲液洗 3 次,每次 3 min。

(7) 每孔加入待测杂交瘤培养上清液 100 μL。留出 4 孔加入 100 μL 阳性血清作为阳性对照,4 孔加入 100 μL HT 培养液作为阴性对照,4 孔加入 PBSS-Tween20 缓冲液 100 μL 作为空白对照。

(8) 在 37 ℃恒温水浴中培养 60～90 min。

(9) 甩去待测上清液及对照液,用 PBSS-Tween20 缓冲液清洗 5 次,每次 3 min。

(10) 每孔加入 100 μL 1∶500 稀释的标有辣根过氧化物酶的羊(或兔)抗鼠 IgG,37 ℃培养 60 min。

(11) 甩去酶标二抗液,用 PBSS-Tween20 缓冲液清洗 5 次,每次 3 min。

(12) 每孔加入 100 μL 邻苯二胺底物反应液,室温下暗处反应 30 min。

(13) 每孔加入 1 滴 2 mol/L H_2SO_4溶液以终止反应,用酶联免疫检测仪进行结果检测。呈现棕褐色反应者为阳性反应。检测出上清液为阳性的培养板孔即为阳性孔,可进行克隆化实验。

2. 双相扩散法

(1) 用含有 0.01% NaN_3和 1%琼脂的磷酸盐缓冲液倒平板,每个 9 cm 培养皿加 18 mL。

(2) 用打孔器在倒好的琼脂平板上均匀打 7 个孔,中央一孔的孔径为 4 mm,周围 6 孔的孔径为 6 mm,中央孔与周围孔的间距为 8～10 mm。

(3) 在中央孔加入待测的杂交瘤培养上清液至孔满,周围孔也分别加入羊(或兔)抗鼠二抗 IgG_1、IgG_{2a}、IgG_{2b}、IgG_3和 IgM 的标准抗体制品至孔满。吸干待测孔中的液体后将培养皿倒置。

(4) 40 ℃放置 5～7 h 或 37 ℃过夜。

(5) 取出琼脂板观察结果,出现沉淀线可初步判定为免疫反应呈阳性,还可根据沉淀线的位置来确定所含抗体的类型。

(6) 有阳性免疫反应的培养上清液原来所在的培养孔即为阳性孔,可进行克隆化实验。

流程六:克隆化

有限稀释法具有简便、快速且适于大规模操作等优点,因此在杂交瘤细胞的克隆化操作中常常使用这种方法。有限稀释法的具体操作如下。

(1) 将阳性孔中的杂交瘤细胞吹打为均匀悬液，取 0.1 mL 进行活细胞计数。

(2) 用含有腹腔巨噬细胞的 RPMI1640 完全培养液对杂交瘤细胞进行梯度稀释，使其浓度分别为 50 个/mL、15 个/mL、5 个/mL。

(3) 把三种稀释度的杂交瘤细胞悬液分种于三块 96 孔培养板孔中(0.2 mL/孔)。

(4) 置 37 ℃ 50% CO_2培养箱中培养。

(5) 培养到第 5 天便可看到较小的细胞克隆，待单细胞克隆长至孔底面积的 1/2～1/3时，再进行抗体检测。阳性孔中的单克隆杂交细胞即为阳性克隆，所分泌的抗体即为单克隆抗体。

四、工作注意事项

(1) 合理设计实验，统筹安排好时间；

(2) 整个制备过程须严格无菌，以确保后续实验能顺利进行；

(3) 尽量提高抗原免疫用抗原的纯度，并保持其活性。同样浓度的抗原，若含有较多的杂质，会明显影响抗体的产生，并为杂交瘤细胞分泌抗体的筛选带来麻烦，获得所需的分泌特异抗体的杂交瘤细胞的概率也小；

(4) 免疫小鼠时，一次同时免疫几只，以免小鼠中途死亡；

(5) 不同抗原的免疫方法不同，除常规免疫方法外，近年来还建立了脾内免疫法及体外细胞免疫法。脾内免疫是将抗原直接注入小鼠的脾脏，具有抗原用量小及免疫周期短的优点；体外细胞免疫是将抗原加入体外培养的淋巴细胞中，使之形成免疫细胞。

五、思考题

(1) 制备单克隆抗体的技术要点是什么?

(2) 影响杂交瘤技术的因素有哪些?

(3) 单克隆抗体的制备流程是什么?

附录

附录 A　组织培养常用术语

随着细胞培养日益广泛地被有关学科众多的科学工作者所采用，不可避免地会在各种术语的理解和使用上出现混乱。因此，将有关术语的含义介绍如下。

* 1. Anchorage-dependent cells or cultures（停泊或贴壁依赖性细胞或培养物）：细胞或培养物只有贴附于不起化学作用的物体（如玻璃或塑料等无活性物体）的表面时才能生长、生存或维持功能。该术语并不表明它们是属于正常还是属于恶性转化。与 surface-dependent cells or cultures（表面依赖性细胞或培养物）以及 substrate-dependent cells or cultures（基质依赖性细胞或培养物）同义。

Anchorage-dependent（贴壁依赖性）：细胞需贴附于底物或支持物上才能生长的性质。

Anchorage-independent（无贴壁性）：不依赖于贴附底物或支持物上生长的性质。

2. Apoptosis（细胞凋亡）：细胞内死亡程序开启而导致细胞自杀（cell suicide）的过程，也常称为程序性细胞死亡（programmed cell death）。细胞凋亡与机体正常发育、形态形成、消除多余的细胞等生理过程密切相关，所以被认为是一种积极的生理性死亡。细胞凋亡的主要形态特征为细胞皱缩、染色质聚集与周边化（margination），以及凋亡小体（apoptotic body）的形成。凋亡小体是染色质碎片、细胞器、细胞质其他成分由细胞膜包裹而成的圆形或椭圆形的结构。细胞凋亡受到某些基因的控制，如 *ced*、*rpr*、*bcl*-2 等。体外培养的正常细胞（如胸腺细胞等）以及癌细胞（如 HeLa 细胞等）均可诱导而发生细胞凋亡。

3. ATCC（American Type Culture Collection）：美国模式培养物收集中心，也称为美国菌种保藏中心，除收集细菌、病毒外，还保藏有大量的细胞株（系），有些可免费赠送作科学研究用，有些需购买得到。该中心的地址是：12301 Parklawn Drive ，Rockville，Maryland 20852，USA.

* 4. Cell culture（细胞培养）：细胞（包括单个细胞）在体外条件下的生长。在细胞培养中，细胞不再形成组织，但在实验室口语中，常将它扩展至组织培养与器官培养。

5. Cell fusion（细胞融合）：在体外培养条件下，经化学试剂（常用 PEG）、病毒（多用灭活仙台病毒）或物理方法（如电脉冲）诱发使两个独立的细胞融合成一个杂种细胞。

* 6. Cell generation time（细胞一代时间）：单个细胞两次连续分裂的时间间隔。可

借助显微电影照相术(cinephotomicrography)来精确确定。

*7. Population doubling time(群体倍增时间):在对数生长期进行计算的细胞增加一倍所需的时间,如从 1×10^6 个细胞到 2×10^6 个细胞的时间间隔。平均群体倍增时间可以通过计算培养结束或收集培养物时的细胞数与接种时的细胞数的比值推算而得。

*8. Cell line(细胞系):原代培养物经首次传代成功后即成细胞系。它由原先已存在于原代培养中的细胞的许多谱系(lineages)组成。如果不能继续传代或传代数有限,可称为有限细胞系(finite cell line),如可连续传代,则称为连续细胞系(continuous cell line),即"已建成的细胞系(established cell line)"。

Sub-line(亚系):由原细胞系分离出的具有与原细胞系不同性状的细胞系。

*9. Cell strain(细胞株):通过选择法或克隆形成法从原代培养物或细胞系中获得的具有特殊性质或标志的培养物。

Sub-strain(亚株):由原细胞株分离出的具有与原株不同性状的细胞株。

10. Cell cycle(细胞周期):细胞从前一次分裂结束开始至本次分裂结束所经历的过程,常分为 4 个时期,即 DNA 合成期(S 期)、有丝分裂期(M 期)、有丝分裂完成至 DNA 合成开始的间隙期(G_1 期)以及 DNA 复制结束至有丝分裂开始的间隙期(G_2 期)。若因某种原因(如乏氧、血清饥饿等)细胞不再沿细胞周期运行,而进入休眠状态,则称为 G_0 期。

*11. Clone(克隆):单个细胞通过有丝分裂形成的细胞群体,它们的遗传特性相同。

12. Cloning efficiency(克隆形成率):向底物接种单细胞悬液能形成细胞小群的百分数。

13. Confluent(汇合或会合):细胞相互连接成片占据所有底物面积。切勿与细胞融合相混淆。

Sub-confluent(近汇合):细胞在底物上生长而接近,但尚未完全汇合。

Super-confluent(超汇合):单层培养细胞附着在底物上生长,汇合后发展成多层状态。

14. Contact inhibition(接触抑制):当一个贴壁生长的体外正常细胞生长至与另一个细胞表面相互接触时,便停止了分裂增殖,虽然相互紧密接触,但不形成交叉重叠生长,也不再进入 S 期。

15. DMEM(Dulbecco's modified Eagle's medium):诺贝尔奖获得者 Dulbecco R. 改良的 Eagle 培养基,多用于哺乳动物与人细胞株(系)的培养。其他常用的培养基还有 Eagle、MEM、RPMI1640、McCoy'3-5A、TC199 等。

16. Explant(外植块):用于体外培养而切下的一小块组织或器官。

17. HeLa cell(海拉细胞):1951 年从一位名叫 Henrietta Lacks 的黑人妇女的子宫颈癌组织所建立的最早的体外人类癌组织,它被广泛用于癌生物学各领域的研究。

18. In vitro malignant transformation(体外恶性转化):细胞在体外培养过程中获得了致瘤性,当把这种细胞接种于适当的动物时,可以产生肿瘤。

19. In vitro transformation(体外转化):细胞在体外培养过程中发生与原代细胞形态、抗原、增殖或其他特性的可遗传的变化,但不具有致瘤性。

20. Lipofectin:一种常用的细胞转染试剂,用该试剂包裹 DNA 可形成脂质体-DNA

复合物，再通过融合可使 DNA 转染入哺乳动物细胞。

21. Minimal medium(最低限度培养基)：大多数细胞能生长在其中的最简单的培养基。需要额外营养成分(如氨基酸类、嘌呤类、糖类或嘧啶类)的突变种不能在此种培养基中生长。

22. Mutant(突变体)：由改变了的或新的基因引起的表型变异体。

23. Transfection(转染)：用生物学的、化学的或是物理学的方法将另一细胞的某个基因(群)转移到培养细胞核内的一种实验手段。

*24. Primary culture(原代培养)：从体内取出细胞或组织的第一次培养。

*25. Passage(传代或传代培养)：不论是否稀释，将细胞从一个培养瓶转移或移植到另一个培养瓶即称为传代或传代培养，也称为再培养。该词与 subculture 同义。

26. Plating efficiency(集落形成率、贴壁效率)：细胞接种到培养器皿内所形成的集落(colony)的百分率。接种细胞的总数、培养瓶的种类以及环境条件(培养基、温度、密闭系统还是开放系统等)均需说明。如果能肯定每个集落均起源于单个细胞，则可使用另一专业术语——克隆形成率(cloning efficiency)。

27. Population density(群体密度)：培养器皿内每单位面积或体积中的细胞数，多用每平方厘米的细胞数表示。

28. Quiescent(休止、静止)：细胞处于不分裂状态，常处于 G_1 期或 G_0 期。

29. Saturation density(饱和密度)：在特定条件下，培养皿内能达到的最高细胞数，当细胞达到饱和密度后细胞群体停止繁殖。在贴壁培养中以每平方厘米的细胞数表示，在悬浮培养中以每立方厘米的细胞数表示。

30. Seeding efficiency(贴壁率)：在一定时间内，接种细胞贴附于培养皿表面的百分率，但应当说明在测定贴壁率时的培养条件。该术语与 attachment efficiency 同义。其含义不能与集落形成率(plating efficiency)相混淆。

31. Stem cell(干细胞)：具有继续分化潜能的细胞，其中胚胎干细胞(embryonic stem cell)可形成机体所有各类型的组织和细胞，甚至发育成一个完整的胚胎，所以又称为全能性(totipotency)干细胞。随着细胞分化，这种分化潜能逐渐受到局限，只能分化有限细胞类型的细胞则称为多潜能(pluripotency)细胞以及多能性(multipotency)细胞，最终成为单能(monopotency)干细胞或定向干细胞(directional stem cell)。

32. Suspension culture(悬浮培养)：细胞或细胞聚集体悬浮于液体培养基中增殖的一种培养方式。淋巴细胞、血液肿瘤细胞等都呈悬浮生长方式。

33. Temperature-sensitive mutant(温度敏感突变体)：只在一定温度下有功能，而在其他温度下无活性的突变体。

34. Thymidine kinase deficient(胸腺嘧啶核苷激酶缺陷)：tk^- 突变体，不能将 DNA 前体胸腺嘧啶磷酸化。tk^- 细胞系对胸腺嘧啶类似物——溴脱氧尿苷有抗性，故常用于哺乳动物体细胞遗传学研究。

35. Karyotype(核型)：一个细胞的全部染色体组成和特征。

*36. Cell hybridization(细胞杂交)：在体外条件下，通过人工培养和诱导将不同种生物或同种生物不同类型的两个或多个细胞合并成一个双核或多核细胞的过程。

37. Idoogram(组型图):细胞染色体按形态特征排列的图形。

38. Diploid cell line or strain(二倍体细胞系或细胞株):具有二倍体核型的细胞系或细胞株。

* 为国际组织培养协会对专业术语的统一规定。

附录 B 组织培养常用缩写词

为了书写简便,避免重复,特别是试剂名称的统一,下面列举了细胞培养中常用的缩写词,以供参考。

英文缩写	英文名称	中文名称
ABC	avidin-biotin-peroxidase complex	卵白素-生物素-过氧化物酶复合物
AO	acridine orange	吖啶橙
BrdU	5-bromodeoxyuridine	5-溴脱氧尿苷
BSA	bovine serum albumin	牛血清白蛋白
CEE	chick embryo extract	鸡胚提取液
CFA	complete Freund's adjuvant	弗氏完全佐剂
CFU	colony forming unit	集落形成单位
DAB	3,3'-diaminobenzidine	3,3'-二氨基联苯胺
DMEM	Dulbecco's modified Eagle's medium	DMEM 培养基
DMSO	dimethyl sulfoxide	二甲基亚砜
DTT	dithiothreitol	二硫苏糖醇
EB	ethidium bromide	溴化乙锭
EDTA	ethylene diamine	乙二胺四乙酸
EGF	epithelial growth factor	上皮生长因子
ELISA	enzyme-linked immunosorbent assay	酶联免疫吸附测定
EPO	erythropoietin	促红细胞生成素
ES	embryonic stem cell	胚胎干细胞
FAA	formalin-acetic acid fixative	甲醛-醋酸固定液
FBS	fetal bovine serum	胎牛血清
FCS	fetal calf serum	小牛血清
HE	hematoxylin and eosin	苏木精-伊红
HBSS	Hank's balanced salt solution	Hank's 平衡盐溶液
HEPES	*N*-2-hydroxyethyl piperazine-*N'*-ethanesulfonic acid	*N*-2-羟乙基哌嗪-*N'*-2-乙磺酸
HGPRT	hypoxanthine guanine phosphoribosyltransferase	次黄嘌呤鸟嘌呤磷酸核糖转移酶

续表

英文缩写	英文名称	中文名称
HRP	horseradish peroxidase	辣根过氧化物酶
HS	horse serum	马血清
IFA	incomplete Freund's adjuvant	弗氏不完全佐剂
IL	interleukin	白介素
IMDM	Iscove's modified Dulbecco's medium	IMDM 培养基
LB	Luria-Betani medium	LB 培养基
MEM	minimum essential medium	极限必需培养基
MPF	maturation promoting factor	成熟促进因子
mRNA	messenger RNA	信使核糖核酸
MTT	3-[4,5-dimethylthiazol-2-yl] 5-diphenyltet razolium bromide	二甲基噻唑二苯基四唑溴盐
NA	numeric aperture	镜口率、数值孔径
NC	nitrofibrocellulous	硝酸纤维素膜
NF	neurofilament	神经丝
NSE	neuron specific enolase	神经元特异性烯醇化酶
OD	optical density	光密度
PAGE	polyacrylamide electrophoresis	聚丙烯酰胺凝胶电泳
PB	physiological buffer	生理缓冲液
PBS	phosphate-buffered solution	磷酸盐缓冲液
PCR	polymerase chain reaction	聚合酶链式反应
PEG	polyethylene glycol	聚乙二醇
PI	propidium iodide	碘化丙锭
PLL	poly-lysine	多聚赖氨酸
RNAase	ribonuclease	核糖核酸酶
rpm	round per minute	每分钟转速
RPMI1640	Roosevelt Park Memorial Institute medium	RPMI1640 培养基
RT-PCR	reverse transcription PCR	逆转录 PCR
SCF	stem cell factor	干细胞因子
SCGF	stem cell growth factor	干细胞生长因子
SDS	sodium dodecyl sulfate	十二烷基硫酸钠
SEM	scanning electron microscope	扫描电镜
SSC	sodium chloride & sodium citrate buffer	氯化钠-柠檬酸钠缓冲液
TAE	Tris-acetate EDTA buffer	TAE 缓冲液

续表

英文缩写	英文名称	中文名称
TBS	Tris buffer saline	Tris 盐缓冲液
TdR	thymidine	胸腺嘧啶脱氧核苷
TE	Tris-HCl EDTA buffer	TE 缓冲液
TEMED	N,N,N',N'-tetramethylethylene diamine	四甲基乙二胺
TK	thymidine kinase	胸腺嘧啶脱氧核苷激酶
Tris	Tris(hydroxymethyl) aminomethane	三羟甲基氨基甲烷(缓血酸胺)
UV	ultraviolet	紫外线

附录C　实验室常用细胞株简介

细胞株名称	ATCC 编号	细胞来源	细胞种类	生长状态	使用培养基
293	CRL-1573	人	胎肾	贴壁、上皮样	MEM/NEAA,10%FBS
2215	无	人	肝癌	贴壁、上皮样	DMEM,15%FBS
127TAg	CRL-2817	小鼠	多能胚胎干细胞	胚胎型	DMEM,10% FBS
293/CHE-Fc	CRL-2368	人	肾	上皮细胞、贴壁	DMEM,10%FBS
3T3-L1	CL-173	小鼠	胚胎成纤维细胞	成纤维细胞	DMEM,10%FBS
3T6	CCL-96	小鼠	胚胎	成纤维细胞、贴壁	DMEM,10%FBS
A431	CRL-1555	人	表皮细胞癌	上皮细胞、贴壁	DMEM,10%FBS
A549	CCL-185	人	肺癌	贴壁、上皮样	F12,10%FBS
A9	CRL-6319	小鼠	结缔组织	成纤维细胞、贴壁	DMEM,10% FBS
AR42J	CRL-1492	大鼠	胰腺肿瘤	贴壁、上皮样	Ham's F-12K,20%FBS
AtT-20	CCL-89	小鼠	垂体肿瘤	上皮细胞、贴壁	F10,15% HS 和 2.5% FBS
B95-8	CRL-2311	绒猴	EB 病毒感染的白血病细胞	成淋样	RPMI-1640,10% FBS
BALB/3T3	CCL-163	小鼠	胚胎	成纤维细胞、贴壁	DMEM,10% FBS
bel7402	无	人	肝癌	贴壁、上皮样	RPMI-1640,15%FBS
BeWo	CCL-98	人	绒毛癌	上皮细胞、贴壁	F-12K,15%F12
BHK-21	CCL-10	仓鼠	肾	成纤维细胞、贴壁	MEM/NEAA,10% FBS
BHL-100	无	人	乳房	上皮细胞、贴壁	McCoy'5A,10% FBS
BRL 3A	CRL-1442	大鼠	肝	上皮细胞、贴壁	MEM/NEAA,10% FBS
BT	CRL-1390	牛	鼻甲骨细胞	成纤维细胞、贴壁	DMEM,10% FBS

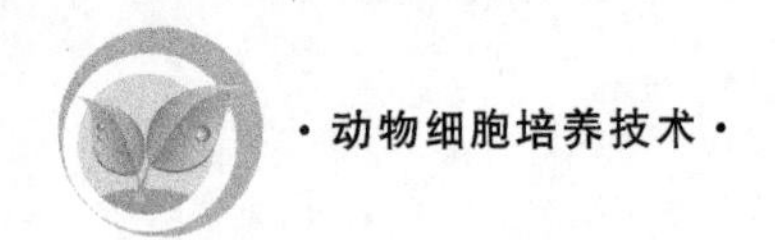

续表

细胞株名称	ATCC 编号	细胞来源	细胞种类	生长状态	使用培养基
Caco-2	HTB-37	人	结肠腺癌	上皮细胞、贴壁	MEM/NEAA,10% FBS
Chang	无	人	肝脏	上皮细胞、贴壁	BME,10% FCS
CHO-K1	CRL-9618	仓鼠	卵巢	上皮细胞、贴壁	F12,10%FBS
CL2	CRL-2514	小鼠	B 淋巴细胞	淋巴细胞、悬浮	RPMI-1640,10%FBS
CL3	CRL-2515	小鼠	B 淋巴细胞	淋巴细胞、悬浮	RPMI-1640,10%FBS
Clone 9	CRL-1439	大鼠	肝脏	上皮细胞、贴壁	F-12K,10%FBS
Clone M-3	CCL-53.1	小鼠	黑素瘤	上皮细胞、贴壁	F12,15% HS 和 2.5% FBS
COS-1	CRL-1650	猴	肾	成纤维细胞、贴壁	DMEM,10% FBS
COS-3	无	猴	肾	成纤维细胞、贴壁	MEM,10% FBS
COS-7	CRL-1651	猴	非洲绿猴肾	成纤维细胞、贴壁	DMEM,10% FBS
CRFK	CCL-94	猫	肾	上皮细胞、贴壁	MEM/NEAA,10% FBS
CV-1	CCL-70	猴	非洲绿猴肾	成纤维细胞、贴壁	MEM/NEAA,10% FBS
D-17	CCL-183	狗	骨肉瘤	上皮细胞、贴壁	MEM/NEAA,10% FBS
DAN	CRL-2130	狗	骨肉瘤	上皮细胞、贴壁	MEM/EBSS,8% FBS
Daudi	CCL-213	人	淋巴瘤患者血液	成淋巴细胞、悬浮	RPMI-1640,10% FBS
DLD-1	CCL-221	人	结肠直肠腺癌	上皮细胞、贴壁	RPMI-1640,10% FBS
DSDh	CRL-2131	狗	骨肉瘤	上皮细胞、贴壁	MEM/EBSS,8% FBS
DSN	CRL-9939	狗	骨肉瘤	上皮细胞、贴壁	MEM/NEAA,10% FBS
Du145	HTB-81	人	前列腺瘤	贴壁、上皮样	MEM/NEAA,10%FBS
EB-3	CCL-85	人	Burkitt 淋巴瘤	淋巴样、悬浮	RPMI-1640,10% FBS
ES-D3	CRL-1934	小鼠	多能胚胎干细胞	胚胎型	DMEM,15% FBS
F9	CRL-1720	小鼠	睾丸畸胎瘤	胚胎型至内胚层	DMEM,15% FBS
GH1	CCL-82	大鼠	垂体肿瘤	上皮细胞、贴壁	F12,15% HS 和 2.5% FBS
GH3	CCL-82.1	大鼠	垂体肿瘤	上皮细胞、贴壁	F12,15% HS 和 2.5% FBS
H9	HTB-176	人	T 细胞淋巴瘤	成淋巴细胞、悬浮	RPMI-1640,10% FBS
H9/HTLV-ⅢB	CRL-8543	人	T 细胞淋巴瘤	成淋巴细胞、悬浮	RPMI-1640,10% FBS
HaK	CCL-15	仓鼠	肾	上皮细胞、贴壁	BME,10%FCS
HCT-15	CCL-225	人	结肠直肠腺癌	上皮细胞、贴壁	RPMI-1640,10% FBS
HeLa	CCL-2	人	宫颈癌	贴壁、上皮样	MEM/NEAA,10%FBS
HeLa S3	CCL-2.2	人	宫颈癌	贴壁、上皮样	F12,10%FBS
Hep-2	无	人	喉癌	上皮细胞、贴壁	MEM,10% FBS 或 RPMI-1640,10% FBS
Hep3B	HB-8064	人	肝癌	贴壁、上皮样	MEM/NEAA,10%FBS

续表

细胞株名称	ATCC 编号	细胞来源	细胞种类	生长状态	使用培养基
HepG2	HB-8065	人	肝癌	贴壁、上皮样	MEM/NEAA,10%FBS
HK-2	CRL-2190	人	肾皮质	贴壁、上皮样	Keratinocyte-Serum Free Medium,5 ng/mL rhEGF
HL-60	CCL-240	人	急性早幼粒细胞白血病	悬浮、粒细胞样	RPMI-1640,20%FBS
HP[HT1080 poly]	CRL-12012	人	纤维肉瘤	上皮细胞、贴壁	DMEM,10% FBS
HT-1080	CCL-121	人	纤维肉瘤	上皮细胞、贴壁	MEM/NEAA,10% FBS
HT-29	HTS-38	人	腺癌	贴壁、上皮样	DMEM/F12 (1∶1),5%FBS
HTC	ICLC 收录 ATL95006	大鼠	肝脏	贴壁、上皮样	MEM/EBSS,10%FBS
HuT 78	TIB-161	人	T 细胞淋巴瘤	成淋巴细胞、悬浮	IMDM,20% FBS
HUVEC	无	人	脐带	内皮细胞、贴壁	F-12K,10% FBS 和肝素盐 100 μg/mL
HX[HT1080 xeno]	CRL-12011	人	纤维肉瘤	上皮细胞、贴壁	DMEM,10% FBS
I-10	CCL-83	小鼠	睾丸癌	上皮细胞、贴壁	F10,15% HS 和 2.5% FBS
IEC-6	CRL-1592	大鼠	正常小肠	上皮样、贴壁	DMEM,5% FBS,胰岛素 0.1 μg/mL
IM-9	CCL-159	人	骨髓瘤患者骨髓	成淋巴细胞、悬浮	RPMI-1640,10% FBS
IMR-90	CCL-186	人	肺	成纤维细胞、贴壁	MEM/NEAA,10% FBS
JAA-F11	CRL-2381	小鼠	B 淋巴细胞	淋巴样、悬浮	DMEM,10% FBS 和 NEAA
JEG-3	HTB-36	人	绒毛膜癌	上皮细胞、贴壁	MEM/NEAA,10% FBS
Jensen	CCL-45	大鼠	肉瘤	成纤维细胞、贴壁	McCoy's 5A,5% FBS
Jurkat	TIB-152	人	急性 T 淋巴细胞白血病	悬浮、淋巴样	RPMI-1640,10%FBS
K-562	CCL-243	人	骨髓性的白血病	成淋巴细胞、悬浮	RPMI-1640,10% FBS
KB	CCL-17	人	口腔癌	上皮细胞、贴壁	MEM/NEAA,10% FBS
KG-1	CCL-246	人	红白血病患者骨髓	骨髓白细胞、悬浮	IMDM,20% FBS
KG-1a	CCL-246.1	人	红白血病患者骨髓	骨髓白细胞、悬浮	IMDM,20% FBS

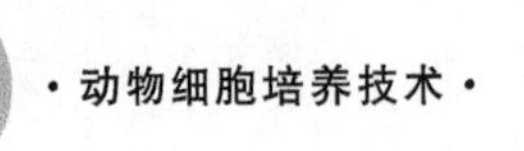

续表

细胞株名称	ATCC 编号	细胞来源	细胞种类	生长状态	使用培养基
L2	CCL-149	大鼠	肺	上皮细胞、贴壁	F-12K,10%FBS
L6	CRL-1458	大鼠	骨骼肌成肌细胞	贴壁	DMEM,10% FBS
LLC-WRC 256	CCL-38	大鼠	癌	上皮细胞、贴壁	199 培养基,5% HS
LnCap	CRL-1740	人	前列腺癌	贴壁、上皮样	RPMI-1640,10%FBS
LO2	无	人	正常肝细胞	贴壁、上皮样	DMEM,15%FBS
M. dunni (Clone Ⅲ8C)	CRL-2017	小鼠	皮肤	成纤维细胞、贴壁	McCoy′s 5A,10% FBS
MARC S5	CRL-2507	小鼠	B 淋巴细胞	悬浮、淋巴样	MEM/NEAA 或 DMEM,20%FBS(灭活)
MCF7	HTB-22	人	乳腺癌	上皮细胞、贴壁	MEM/NEAA,10% FBS,10 μg/mL 胰岛素
MHCC97	无	人	肝癌	贴壁、上皮样	DMEM,15%FBS
MOLT-4	CRL-1582	人	T 淋巴细胞、急性淋巴细胞白血病	悬浮、淋巴样	RPMI-1640,10%FBS
NIH3T3	CRL-1658	小鼠	胚胎	贴壁、成纤维细胞	DMEM,15%FBS
NK-92	CRL-2407	人	淋巴瘤	成淋巴细胞、悬浮	α-MEM,12.5% HS 和 12.5% FBS
NK-92MI	CRL-2408	人	淋巴瘤	成淋巴细胞、悬浮	α-MEM,12.5% HS 和 12.5% FBS
PANC-1	CRL-1469	人	胰腺癌	贴壁、上皮样	DMEM,10%FBS
PC12	CRL-1721	大鼠	肾上腺嗜铬细胞瘤	多角形、松散贴壁、易结团生长	F12,15% HS 和 2.5%FBS
PC3	CRL-1435	人	前列腺腺癌早期、骨转移	贴壁、上皮样	F12,10%FBS
Raji	CCL-86	人	Burkitt 淋巴瘤	淋巴样、悬浮	RPMI-1640,10% FBS
Rat2	CRL-1764	大鼠	Rat2(tk^-)克隆衍生	成纤维细胞样、贴壁	DMEM,5% FBS,30 μg/mL BrdU
RS4;11	CRL-1873	人	急性淋巴细胞白血病	成淋巴细胞、悬浮	RPMI-1640,10% FBS
Saos-2	HTB-85	人	骨肉瘤	上皮细胞、贴壁	McCoy′5A,15% FBS
SMMC7721	无	人	肝癌	贴壁、上皮样	RPMI-1640,15%FBS
SP2/0	ACC146	小鼠	杂交瘤	悬浮	IMDM,7.5%FBS
SW480	CCL-228	人	结肠癌	贴壁、上皮样	10%FBS,L15

续表

细胞株名称	ATCC 编号	细胞来源	细胞种类	生长状态	使用培养基
SW620	CCL-227	人	结肠癌	贴壁、上皮样	10%FBS+2 mmol/L L-Glu+90%L15
THP-1	TIB-202	人	急性单核系白血病、血液	悬浮、单核细胞样	RPMI-1640,10%FBS
U-937	CRL-1593.2	人	淋巴浆母细胞瘤	悬浮、单核细胞样	RPMI-1640,10%FBS
Vero	CCL-81	非洲绿猴	肾	贴壁、上皮样	DMEM,10%FBS
Vero-E6	CRL-1586	非洲绿猴	肾	贴壁、上皮样	MEM/EBSS,10%FBS
WEHI-3	TIB-68	小鼠	骨髓单核细胞白血病	类巨噬细胞、悬浮	IMDM,10% FBS
WI-38	CCL-75	人	胚胎肺	上皮细胞、贴壁	BME,10% FBS
WISH	CCL-25	人	羊膜	上皮细胞、贴壁	BME,10% FBS
WS1	CRL-1502	人	胚胎皮肤	上皮细胞、贴壁	MEM/NEAA,10% FBS
WSS-1[WS-1]	CRL-2029	人	肾	上皮细胞、贴壁	DMEM,10% FBS
XC	CCL-165	大鼠	肉瘤	上皮细胞、贴壁	MEM,10% FBS 和 NEAA
Y-1	CCL-79	小鼠	肾上腺瘤	上皮细胞、贴壁	F10,15% HS 和 2.5% FBS

说明：以上数据来源于 ATCC，建议使用以上推荐的培养基。如果不使用相应的培养基会产生几个方面的后果：①细胞营养不良，影响细胞生长；②细胞分化导致基因表达变化；③细胞休克、死亡。

附录 D　实验室常用细胞目录

细胞代号	细胞名称
3T3 Swiss	Swiss 小鼠胚胎成纤维细胞
A549	人肺癌细胞(能产生 Keratin)
CHOdhfr	二氢叶酸缺陷型中国仓鼠卵巢细胞
CHO-K1	中国仓鼠卵巢细胞
Cyc-tAg	小鼠 T 淋巴细胞瘤(SV40T 抗原转染)细胞
DU145	人前列腺癌细胞
FDC-P1	小鼠正常骨髓细胞
GH3	大鼠垂体瘤细胞
GT1.1	人垂体瘤细胞
HEK-293	人胚肾细胞
HeLa	人宫颈癌细胞
MC3T3-E1	小鼠胚胎成骨细胞

续表

细胞代号	细胞名称
MCF7	人乳腺癌细胞
MDA-MB-231	人乳腺癌细胞
MDA-MB-435 s	人乳腺癌细胞
MDA-MB-453	人乳腺癌细胞
NG108-15	小鼠神经细胞瘤与大鼠神经胶质细胞瘤杂交瘤细胞
NIH3T3	小鼠胚胎成纤维细胞
NTERA-2	人恶性多发性畸胎瘤细胞
P19	小鼠畸胎瘤细胞
PA-1	人卵巢畸胎瘤细胞
PA12	小鼠成纤维细胞
PANC-1	人胰腺癌细胞
PC12	大鼠嗜铬细胞瘤
Saos-2	人骨肉瘤细胞
SH-SY5Y	人骨髓神经母细胞瘤
SK-OV-3	人卵巢腺瘤细胞
U-2 OS	人骨肉瘤细胞
WEHI-3	小鼠血液细胞
Y2	小鼠成纤维细胞
A-204	人横纹肌肉瘤
CaLu-3	人肺腺癌细胞
COS-7	非洲绿猴肾细胞
G-401	人肾癌 Wilms
Hep G2	人肝癌细胞
HFF	人包皮成纤维细胞
HL-60	人白血病细胞
HOS	人骨肉瘤细胞
K-562	人红白血病细胞
LnCap	人前列腺癌细胞
MCF7B	人乳腺癌细胞
MEL	小鼠红白血病细胞
MOLT-4	人淋巴细胞白血病细胞
MRC-5	人胚肺成纤维细胞
NCI-H209	人小细胞肺癌细胞

续表

细胞代号	细胞名称
Raji	人 Burkitt 淋巴瘤细胞
RAMOS	人 B 淋巴细胞瘤细胞
RAMOS(RA. 1)	人 B 淋巴细胞瘤细胞
SF126	人脑瘤细胞
SF763	人脑瘤细胞
SF767	人脑瘤细胞
SK-HEL-1	人皮肤黑色素瘤细胞
SMC	兔主动脉平滑肌细胞
SP2/0-AG14	小鼠骨髓瘤细胞
SW13	人肾上腺皮质瘤细胞
T84	人结肠癌细胞
THP-1	人单核细胞型淋巴瘤细胞
U251	人神经胶质细胞瘤细胞
U-937	人淋巴瘤细胞
Vero	猴肾细胞
BaF3	小鼠原 B 细胞(B 类)
BGC-823	人胃腺癌细胞
BV-2	小鼠小胶质细胞
CC801	人宫颈鳞状上皮癌细胞
CRL	人胰腺癌细胞
CV-1	猴肾细胞
GLC-82	人肺腺癌细胞
Hep-2	人喉癌细胞
HSF	人皮肤成纤维细胞
JEG-3	人绒癌细胞
Jurkat E6-1	人 T 细胞淋巴瘤细胞
LA795	小鼠肺腺癌细胞
M17	人神经母细胞瘤细胞
MDCK	狗肾细胞
MEF	小鼠胚胎成纤维细胞
MG-63	人骨肉瘤细胞
MMQ	大鼠垂体瘤细胞
NCI-H446	人小细胞肺癌细胞

续表

细胞代号	细胞名称
RPMI-8226	人多发骨髓瘤细胞
SF17	人脑瘤细胞
SK-BR-3	人乳腺癌细胞
SMMC-7721	人肝癌细胞
UT-7	人类原巨核细胞白血病细胞(B类)
WISH	人羊膜细胞
Yac-1	小鼠淋巴瘤细胞
HT-1080	人纤维肉瘤细胞
AtT-20	小鼠垂体瘤细胞
FOX-NY	小鼠淋巴瘤细胞
SK-N-SH	人神经母细胞瘤细胞
MDA-MB-157	人乳腺癌细胞
ZR-75-1	人乳腺导管癌细胞
PC-3	人前列腺癌细胞
293T	人胚肾 T 细胞
HCT-8	人结肠腺癌
JEG-3/VP16	人绒癌细胞 VP16 耐药株
JEG-3/VP16-IL-2	人绒癌细胞 VP16 耐药株 IL-2 转染
JEG-3/VP16-TNFa	人绒癌细胞 VP16 耐药株 TNFa 转染
HESF	人胚胎皮肤成纤维细胞
HEPF	人胚肺成纤维细胞

主要参考文献

[1] 章静波,蔡有余,张世馥.细胞生物学研究方法与技术[M].北京:北京医科大学中国协和医科大学联合出版社,1995.

[2] 鄂征.组织培养和分子细胞学技术[M].2版.北京:北京出版社,1997.

[3] 薛庆善.体外培养的原理与技术[M].北京:科学出版社,2001.

[4] 章静波,林建银,杨恬.医学分子细胞生物学[M].北京:中国协和医科大学出版社,2002.

[5] 章静波.组织和细胞培养技术[M].北京:人民卫生出版社,2002.

[6] 张卓然.实用细胞培养技术[M].北京:人民卫生出版社,1999.

[7] 陈瑞铭.动物组织培养技术及其应用[M].2版.北京:科学出版社,1998.

[8] (英)弗雷谢尼 R I.动物细胞培养——基本技术指南[M].5版.章静波,徐存拴,等译.北京:科学出版社,2008.

[9] 程宝鸾.动物细胞培养技术[M].广州:中山大学出版社,2006.

[10] 周珍辉.动物细胞培养技术[M].北京:中国环境科学出版社,2006.

[11] 刘玉琴.细胞培养实验手册[M].北京:人民军医出版社,2009.

[12] 兰蓉,周珍辉.细胞培养技术[M].北京:化学工业出版社,2007.

[13] 谭玉珍.实用细胞培养技术[M].北京:高等教育出版社,2010.

[14] 兰蓉.细胞培养[M].北京:化学工业出版社,2011.

[15] 司徒镇强,吴军正.细胞培养[M].西安:世界图书出版社,2007.

[16] 瓦希利耶夫 J M,捷尔范德 I M.培养中的肿瘤与正常细胞[M].何申,等译.北京:人民卫生出版社,1985.

[17] 高进,章静波.肿瘤学基础及实验[M].北京:北京医科大学中国协和医科大学联合出版社,1992.

[18] 石善榕.免疫组织化学[M].成都:四川科学技术出版社,1986.

[19] 于长隆,曲绵城,陆明.关节软骨细胞的分离及培养技术[J].中国运动医学杂志,1984,3(3):149-152.

[20] 祝和成,姚开泰,顾焕华,等.人体上皮细胞的原代培养[J].湖南医科大学学报,1994,19(6):545-547.

[21] 沈传来.人体表皮细胞培养的研究进展及应用前景[J].国外医学创伤与外科基本问题分册,1995,16(2):78-81.

[22] 杨浩,梁喆,鲍睿,等.体外培养脊髓运动神经元过程中关于提高细胞产率以及活性的技术探讨[J].解剖学杂志,1997,20(3):150-152.

[23] 王关嵩,杨晓静,钱桂兰,等.大鼠平滑肌细胞分离培养的探讨[J].第三军医大学学报,1998,20(4):398-350.

[24] 曾庆富,蒋海鹰,钱仲耒,等.肺泡Ⅱ型上皮细胞的分离纯化及原代培养[J].中国病理杂志,1998,27(5):384-385.

[25] 黄宁,吴琦,李胜富,等.利用气液界面无血清培养原代兔气管上皮细胞的研究[J].细胞生物学杂志,1999,21(1):39-42.

[26] 何元政,刘定干.胰蛋白酶高压消毒[J].生物化学和生物物理进展,1999,26(4):403-404.